Alois Summerer / Paul Maisberger • Teamwork agil gestalten – Das Mitmachbuch

Alois Summerer / Paul Maisberger

Teamwork agil gestalten – Das Mitmachbuch

2., überarbeitete Auflage

HANSER

Bibliografische Information der Deutschen Nationalbibliothek:
Die Deutsche Nationalbibliothek verzeichnet diese Publikation in der Deutschen Nationalbibliografie; detaillierte bibliografische Daten sind im Internet über *http://dnb.d-nb.de/* abrufbar.

Print-ISBN 978-3-446-46209-0
E-Book-ISBN 978-3-446-46597-8
ePub-ISBN 978-3-446-46689-0

www.hanser-fachbuch.de

Lektorat: Lisa Hoffmann-Bäuml
Herstellung: Carolin Benedix
Satz: Kösel Media GmbH, Krugzell
Illustrationen: Katharina Schießl
Coverrealisierung: Max Kostopoulos
Titelmotiv: © shutterstock.com/art-sonik und Marie Smolej
Druck und Bindung: Friedrich Pustet GmbH & Co. KG, Regensburg

Printed in Germany

Vorwort

Liebe Leserin, lieber Leser,

wir freuen uns, Ihnen die zweite Auflage unseres Buches präsentieren zu können. Wir haben das Feedback unserer Leser, unsere neuesten Erkenntnisse und Erfahrungen aus den Beratungen und Schulungen mit eingearbeitet.

»Besonders gerne lese ich das Mitmachbuch, weil ich viele fundierte Informationen und Praxiserfahrungen in unterschiedlicher Gestaltung zur Agilität bekomme. Ich kann selbst reflektieren, eigene Ideen entwickeln und über die Webseite *www.teamwork-agil-gestalten.de* wertvolle Unterlagen für Workshops herunterladen.« Diese und ähnliche Aussagen unserer Leser freuen und motivieren uns, weiterhin einen hohen Mehrwert für Sie zu leisten.

Erfreut waren wir auch, dass uns getAbstract auf der Frankfurter Buchmesse 2019 im Bereich Sachbuch neben neun weiteren Titeln für einen internationalen Buch-Award nominiert hat.

Mit folgenden zusätzlichen Themen haben wir die zweite Auflage für Sie erweitert:

- In Kapitel 3 schildern wir ausführlich, wie Sie Kunden für die agile Zusammenarbeit gewinnen.
- Hilfestellungen zu einer agilen Vertrauenskultur erfahren Sie in Kapitel 4. Dabei nutzen wir die Ergebnisse unserer Vertrauensstudie, die wir für den Mittelstand erstellt haben (*www.as-team.net/downloads/Mittelstandsstudie.pdf*).
- Unser Beraterkollege Petrit Isufi beschreibt seine Erfolgsfaktoren zu Objectives and Key Results (OKR) und wie Sie diese ins Unternehmen erfolgreich implementieren.
- Investieren Sie weiter in sich als agile Führungskraft. Die Themen sind komplex und herausfordernd bei der Umsetzung. Ein differenzierter Fragebogen in Kapitel 6 liefert Ihnen wichtige Impulse.
- Wie sich Teams selbst gut reflektieren und ständig weiterentwickeln können, finden Sie im Kapitel 7.
- Welchen agilen Reifegrad haben das Team und die Organisation? Was gelingt schon gut und was können Sie noch verbessern. Wertvolle Anregungen dazu finden Sie in Kapitel 8.
- Aus gelungenen und misslichen Praxissituationen reflektierten wir in Kapitel 9, wie die Transformation zur agilen Organisation noch verbessert werden kann und was Sie unbedingt beachten sollten.

Welche Erfahrungen haben Sie bisher mit selbstverantwortlicher Teamarbeit und agilen Organisationen gemacht? Was verstehen Sie und andere im Unternehmen unter agiler Führung und selbststeuernden Teams? Wie können Sie ein gemeinsames Verständnis erreichen? Vielleicht beschäftigen Sie sich aus Neugier zum ersten Mal mit dem Thema. Vielleicht sind Sie bereits informiert und wollen die Umsetzung noch verbessern? Oder Sie arbeiten schon als agiler Praktiker und suchen konkrete Hilfestellungen.

Unsere Seminare sind voll und die Beratungen nehmen zu. Das Thema Agilität ist heute in vielen Unternehmen präsent, mit sehr unterschiedlichen Wissensständen. Wir beobachten, dass die Nachfrage enorm steigt, und erleben im beruflichen Alltag, dass die agile Zusammenarbeit Unternehmen einen messbaren Mehrwert bringt, wenn diese kompetent umgesetzt wird.

Dieses Mitmachbuch haben wir für Sie geschrieben, um Sie in Ihrer täglichen agilen Arbeit zu unterstützen und Ihnen auch einen Überblick zu verschaffen, was Sie noch alles anpacken können. Während des Lesens werden Sie selbst aktiv, indem Sie die Übungen bearbeiten. Auf unserer Webseite *www.teamwork-agil-gestalten.de* können Sie in der Lesercommunity Ihre Anfragen stellen und mit Ihren Ideen und Erfahrungen wichtige Anregungen geben. Sie bekommen konkrete Ideen aus der Praxis. Diese sind als Orientierung gedacht. Das einfache Kopieren von diesen Erfahrungen bringt Sie jedoch nicht wirklich weiter. Wichtig ist uns, dass Sie Anregungen so adaptieren, dass sie in Ihren Kontext passen. Lassen Sie sich von unserem Buch inspirieren und entwickeln Sie zusammen mit Kolleginnen und Kollegen sowie Mitarbeitern im Unternehmen eigene agile Umsetzungsschritte.

Auf der Suche nach immer besseren und effektiveren Arbeitsmöglichkeiten und Führungsinstrumenten in Organisationen sind wir vor einigen Jahren den Themen Agilität und Selbstverantwortung begegnet. Einerseits waren wir begeistert von den Möglichkeiten, schneller, kunden- und teamorientierter zu arbeiten. Wir fanden viele einzelne Ansätze und Modelle wieder, die wir bisher in den Seminaren und Coachings angewandt hatten. Andererseits war einiges neu und stellte manche bisherige Praxis völlig auf den Kopf, wie z. B. Servant Leadership, neue Fehlerkultur, eine regelmäßige Retrospektive, in Sprints zu arbeiten, gute Schätzklausuren durchzuführen. Eine weitere Stimme in uns mahnte uns zur realistischen Betrachtung. Wollen Führungskräfte wirklich Macht und Status abgeben, um den Mitarbeitern mehr Mitsprache und Entscheidung zu übertragen? Wie viele Mitarbeiter sind bereit, mehr Selbstverantwortung zu übernehmen und verstärkt im Team zu arbeiten, um bessere Ergebnisse zu erreichen? In welchen Arbeitsfeldern ist Agilität sinnvoll und wo nicht? Inwieweit sind Kunden motiviert, intensiver mitzuwirken und sich auf einen gemeinsamen Entwicklungsprozess einzulassen, ohne Pflichtenheft und Wasserfallstruktur? Die Praxis zeigt, dass kompetente agile Zusammenarbeit bessere Ergebnisse erzielt und sich deshalb auch schnell verbreitet. Es bedarf jedoch, wie immer, einiger Anstrengungen, und es braucht ein klares gemeinsames Verständnis, Ausdauer, Schulung und gute Konzepte, um einen derart starken Wandel in Organisationen zu erreichen.

An unserem Buch haben viele mitgewirkt und es dadurch überhaupt möglich gemacht. Wir bedanken uns herzlich bei vielen Teammitgliedern, Scrum Mastern und Product Ownern, Managern und Geschäftsführern, dass sie uns Einblick in ihre Arbeit gegeben haben und wir sie in der Umsetzung agiler Arbeitsweisen coachen konnten.

Besonderen Dank sagen wir unseren Interviewpartnern, *Thomas Appel*, Senior Partner Development Manager bei der Microsoft Deutschland GmbH, *Dr. Martin Groher*, Mitbegründer und Geschäftsführer der microDimensions GmbH, *Petrit Isufi*, OKR-Experte, selbständiger Coach und Trainer, *Torsten Klein*, CEO bei der it-economics GmbH, *Achim Kopp*, Inhaber und Geschäftsführer der Kopp Schleiftechnik GmbH, *Alexander Leupold*, Embedded-Softwareentwickler bei der Zühlke Engineering GmbH, *Halina Maier*, Inhaberin und Geschäftsführerin der Agile Sales Company GmbH, *Dr. Kai Rödiger*, Agile Coach und Scrum Master bei der Seibert Media GmbH, *Christopher Voth*, Agile Transition Coach bei der Zühlke Engineering GmbH, *Gaby Wander*, Inhaberin von MiShu, *Narges Weber*, Referentin Personalentwicklung bei der Check24 GmbH.

Vielen Dank auch an Frau Lisa Hoffmann-Bäuml vom Hanser Verlag, die uns als Lektorin intensiv begleitet hat, sowie Katharina Schießl, die mit ihren Illustrationen und Grafiken Aussagen auf den Punkt gebracht hat. Vielen Dank auch an Claudia Maier für die Mitgestaltung und Abbildungen im Buch. Das Buch hat an Qualität gewonnen, weil Gabriela Maisberger, Eva Summerer und Ruth Wegmer klares Feedback zu Verbesserungen gegeben haben. Dafür vielen Dank!

Wir wünschen Ihnen gute Anregungen und eine erfolgreiche Umsetzung!

Alois Summerer und Paul Maisberger

Inhalt

Interviews mit Experten aus der Praxis

Einleitung

»Agile Unternehmen erzielen bis zu fünfmal häufiger höhere Margen und stärkeres Wachstum als ihr Wettbewerb!« (Boston-Consulting-Studie 2017).

Warum ein Mitmachbuch?

Mit diesem Buch werden Sie selbst aktiv und agil. Bearbeiten Sie die einzelnen Kapitel. Machen Sie sich im Buch Ihre Notizen. Nehmen Sie sich Zeit für einzelne Übungen sowie zum Reflektieren. Überlegen Sie sich am Ende, was Sie an Ideen und Anregungen weiter bedenken oder umsetzen wollen. Lassen Sie sich von diesem Buch inspirieren und entwickeln Sie eigene Ideen und Aktivitäten, um die agile Praxis damit zu verbessern.

Nutzen Sie jedes Kapitel wie einen kleinen Sprint. Ein Sprint ist ein Zeitfenster, meist in Wochen gerechnet. Sie arbeiten z. B. ein Kapitel pro Woche durch. Am Ende jedes Kapitels können Sie sich Ihre wesentlichen Gedanken und Aktivitäten notieren. Schreiben Sie diese in das Themen-Backlog am Ende des Kapitels. Ein Backlog ist eine Liste mit allen Aufgaben, die für Sie relevant sind. Daraus wird im Kapitel 10 des Buches Ihr Umsetzungs-Backlog für Ihre weiteren Aktivitäten. Schätzen Sie den Zeitaufwand pro Maßnahme und legen Sie klare Prioritäten fest. Setzen Sie sich Sprints, also Zeitfenster von zwei bis vier Wochen, in denen Sie einzelne Aufgaben umsetzen. Am Ende des Sprints können Sie sich in einer persönlichen Retrospektive oder auch im Austausch mit anderen Personen Gedanken machen, wie Sie diese umgesetzt haben und was Sie weiter tun wollen. Eine Retrospektive ist ein Rückblick auf den Sprint mit den jeweiligen Stärken und Verbesserungen. Ihre Maßnahmen können Sie gleich wieder in das Umsetzungs-Backlog schreiben und im kommenden Sprint ausführen.

Zur Vertiefung diverser Themen haben wir mit Unternehmen Interviews geführt und stellen Ihnen die zentralen Ergebnisse in den einzelnen Kapiteln vor.

Alle Arbeitsunterlagen erhalten Sie auch als Download auf unserer Buchwebseite *www.teamwork-agil-gestalten.de/download*

Geschichtliche Wurzeln der Agilität

Über Agilität wird gern und oft nur im Zusammenhang mit Softwareentwicklung geredet und geschrieben. Mittlerweile werden agile Methoden jedoch in vielen Branchen und Funktionsbereichen von Unternehmen mit zunehmendem Erfolg eingesetzt. Die Berichterstattung darüber nimmt stetig zu.

Agilität wird häufig als eine der neuen Managementmoden dargestellt, dabei reichen ihre Wurzeln bis in die 1940er-Jahre zurück. In den 1990er-Jahren schufen die japanischen Wissenschaftler Ikujiro Nonaka und Hirotaka Takeuchi im Rahmen ihrer Forschungen zum Wissensmanagement und zur Organisationsentwicklung die Grundlagen von Scrum und übertrugen erstmalig den Begriff Scrum (Gedränge) aus dem Rugby in das Management.

Das Agile Manifest aus dem Jahr 2001 wird von vielen Verfassern als die »Geburtsstunde« der agilen Bewegung gesehen. Tatsächlich wurden aber bereits in den 1940er-Jahren bei Lockheed Martin in Amerika Flugzeuge nach agilen Prinzipien entwickelt.

Einen starken Einfluss hatte das Iacocca Institute der amerikanischen Lehigh University im Jahr 1991 mit seinem Report »21st Century Manufacturing Enterprise Strategy«. Dieser wurde als Reaktion auf die japanischen Wettbewerber erstellt. Bereits 1992 erfolgte die Gründung des Agile Manufacturing Enterprise Forums (AMEF). Es entwickelte sich unter dem Namen Agility Forum zu der zentralen Anlaufstelle für Unternehmen aus Werkzeugmaschinen-, Luftfahrt- und Elektronikindustrie. Damit war eine schnelle Verbreitung der innovativen Ideen in der amerikanischen Industrie sichergestellt.

Jeff Sutherland (2014) und Ken Schwaber, zwei amerikanische Softwareentwickler, wendeten bei der Guinness Peat Aviation den Entwicklungsprozess nach Scrum-Regeln an und präsentierten bei der Konferenz der OOPSL 1995 ihre Ergebnisse einem breiteren Publikum.

Im Februar 2001 trafen sich 17 Experten der Softwareentwicklung in Utah und schufen das Agile Manifest mit vier Werten und zwölf Prinzipien als Basis für ihre Vorstellungen zur Entwicklung von Software (siehe Anlage 1).

Ken Schwaber und Jeff Sutherland entwickelten im Jahr 2011 den Scrum Guide, auf den sich heute viele Praktiker in der täglichen Anwendung beziehen (scrum by the book). Dieser Guide wird mittlerweile regelmäßig weiterentwickelt und an neue Erfahrungen angepasst und kann kostenlos unter dem Schlagwort Scrum Guide heruntergeladen werden.

Ihr roter Faden durch das Buch

- *Mindmap der Agilität*
  Sie bekommen einen ersten Überblick über die komplexe agile Landschaft und können sich orientieren. Gut geeignet für Anfänger, die sich mit verschiedenen Begrifflichkeiten vertraut machen wollen.
- Kapitel 1: *Wohin geht die Reise?*
  Zu Ihrer besseren Orientierung in der VUKA-Welt stellen wir Ihnen das PESTEL-Modell vor und bieten Ihnen mit der externen Themenwolke eine Vorlage zu Ihrer individuellen Themenwolke.
- Kapitel 2: *»Von wo aus starten Sie?« – Welchen Entwicklungsstand hat Ihr Unternehmen?*
  Sie erhalten Ideen für Ihre Reisevorbereitung zum Projekt »agile Zusammenarbeit« und führen den Test »Wie agil sind Sie schon?« durch. Sie erhalten dadurch einen Überblick über den aktuellen agilen Ausprägungsgrad im Unternehmen/im Team.
- Kapitel 3: *Kunden im agilen Kontext*
  Sie erfahren, wie Sie Ihre Kundengewinnung agil gestalten können.
- Kapitel 4: *Gemeinsame Werte bewusst und konkret leben*
  Aus der »Wertewolke« zu allgemeinen Werten leiten wir die zentralen agilen Werte ab und zeigen auf, wie diese in der täglichen Zusammenarbeit gelebt werden.
- Kapitel 5: *Agile Frameworks und Werkzeuge*
  Sie lernen verschiedene agile Vorgehensweisen kennen und wie diese durch Teamarbeit erfolgreich umgesetzt werden können. Einzelne Werkzeuge können Ihre agile Teamarbeit wesentlich bereichern.
- Kapitel 6: *Führung ist notwendig – aber anders*
  Sie erfahren, wie sich die Wechselwirkungen zwischen Führungskraft und Teammitgliedern auf die Selbstverantwortung auswirken und wie Sie diese steigern.
- Kapitel 7: *Teamdynamik steuern*
  Lernen Sie, das Team zu einer guten Performance zu entwickeln, und unterstützen Sie eine konstruktive Gruppendynamik, die zur Leistung und Zusammenarbeit motiviert.
- Kapitel 8: *Vorteile nutzen – Hindernisse überwinden*
  Neben Flexibilität und Schnelligkeit bietet agiles Arbeiten eine Fülle weiterer Vorteile, wie z. B. steigende Mitarbeiter- und Kundenzufriedenheit. Zusätzlich beschäftigen wir uns mit den am häufigsten vorkommenden Hinder-

zungen und zeigen Wege zu deren Überwindung auf.

nissen, wie Silodenken, unrealistischen Schätzungen und zeigen Wege zu deren Überwindung auf.

- **Kapitel 9:** *Design und Koordination der agilen Transformation*
  In klaren Schritten zeigen wir Ihnen Möglichkeiten auf, wie Sie agile Teamarbeit in die Organisation einführen und erfolgreich damit arbeiten können.
- **Kapitel 10:** *Starten Sie!*
  »Es gibt nichts Gutes, außer Sie tun es!« Formulieren Sie Ihre Erkenntnisse aus den einzelnen Kapiteln und die notwendigen Aufgaben in Ihrem Themen-Backlog. Wählen Sie sich Aufgaben für die nächsten Sprints.

> Erstellen Sie am Ende der einzelnen Kapitel Ihr Themen-Backlog. Notieren Sie hier, welche Aktivitäten Sie aus dem jeweiligen Kapitel für sich ableiten wollen. Ihr Aktionsplan sollte sich dann an diesen Aktivitäten orientieren.

Aus Gründen der besseren Lesbarkeit wird bei Personenbezeichnungen die männliche Form gewählt. Es ist jedoch immer die weibliche Form mit gemeint.

Bild 0.1 gibt Ihnen einen Überblick über agile Zusammenarbeit.

▶ **Bild 0.1** Mindmap der Agilität

MINDMAP DER AGILITÄT

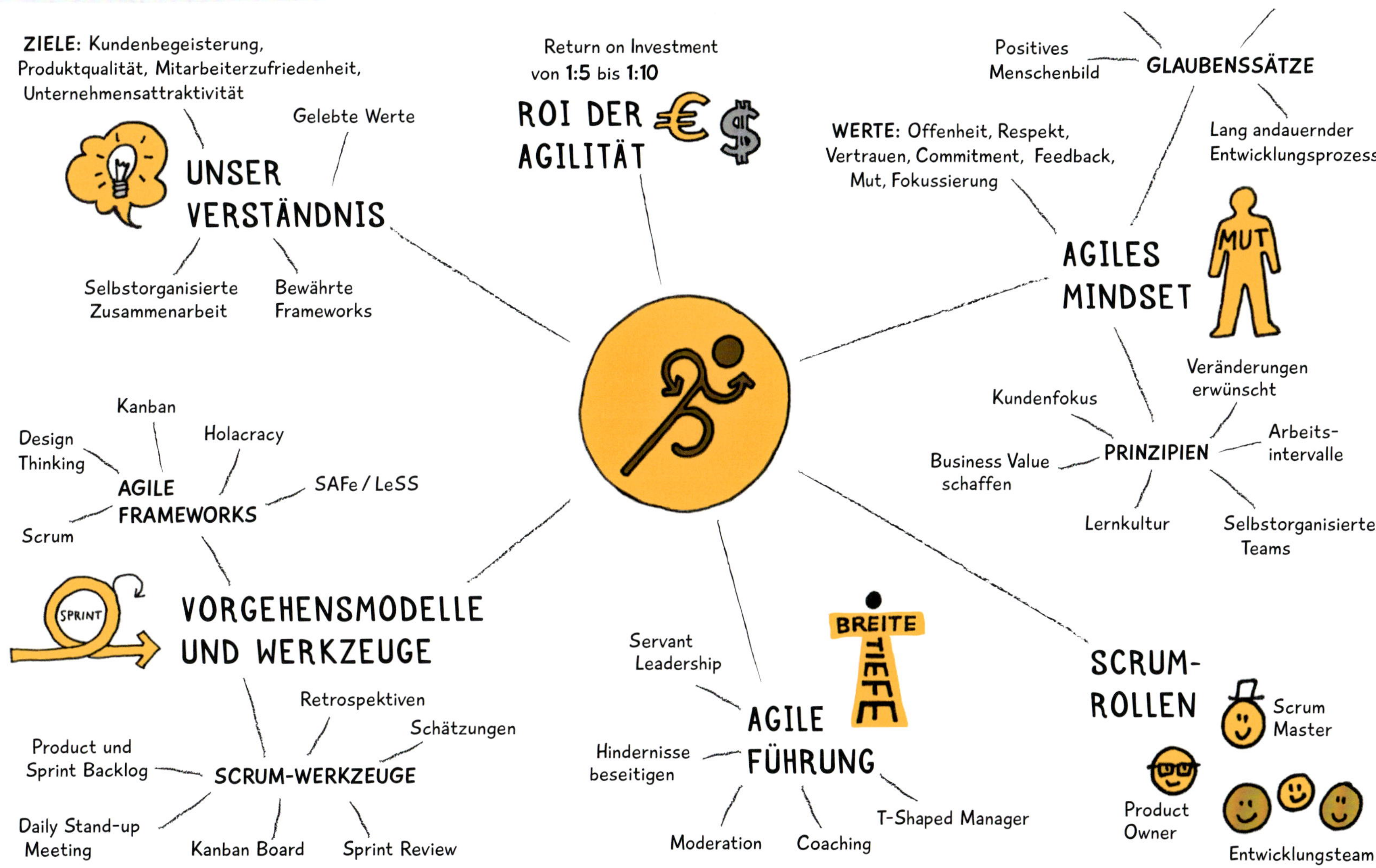

Sechs zentrale Elemente unserer agilen Mindmap

- *Unser Verständnis der Agilität*

  Agilität ist eine Haltung, eine Unternehmenskultur mit gelebten Werten. Es gibt klare Vorgehensweisen und Werkzeuge, die die Selbstorganisation von Einzelpersonen, Teams und Organisationen unterstützen. Ziele der agilen Zusammenarbeit in einem komplexen und volatilen Umfeld sind: die Kundenzufriedenheit zu steigern, bessere Produkte in kürzerer Zeit zu liefern, die Mitarbeiterzufriedenheit zu erhöhen, ständige Verbesserungen umzusetzen und eine hohe Attraktivität des Unternehmens für junge Mitarbeiter zu erreichen.

- *Ergebnisse der agilen Zusammenarbeit*

  Während Change-Programme in Unternehmen selten eine Erfolgsquote von mehr als 30 % erreichen, erzielen agile Projekte einen ROI (Return on Investment) von eins zu zehn bis eins zu fünf. Details dazu finden Sie bei David F. Rico unter *www.davidfrico.com*, der sich intensiv mit den Erfolgen unterschiedlicher Projektmethoden beschäftigt hat. Vertiefende Informationen und eine Auswertung der diversen Studien finden Sie in seinem Buch *The Business Value of Agile Software Methods*. Mit diesen fundierten Ergebnissen können Sie Ihre eher finanzwirtschaftlich orientierten Entscheider sicher überzeugen.

- *Mindset der Agilität*

  Wir sind überzeugt davon, dass Agilität mehr braucht als Rahmenwerke und Werkzeuge. Nachhaltiger Erfolg bei agilen Projekten ist nur zu erzielen, wenn alle Beteiligten und Betroffenen von gemeinsam gelebten Werten und Grundüberzeugungen ausgehen. Dieses gemeinsame Set gilt es zu entwickeln.

- *Scrum-Rollen (Vertiefung in Kapitel 5)*

  Im *Scrum Guide*, der »Bibel« für Agilisten, werden drei zentrale Rollen definiert. Das sind der Product Owner, das Entwicklungsteam und der Scrum Master.

- *Agile Führung (Vertiefung in Kapitel 6)*

  Das Prinzip der Selbstorganisation von Teams schließt die Notwendigkeit von Führung bei agiler Zusammenarbeit nicht aus. Von Führungskräften werden allerdings besonders Fähigkeiten wie agile Kompetenz, Moderation und Coaching verlangt.

- *Vorgehensmodelle und Werkzeuge (Vertiefung in Kapitel 5)*

  Eher technisch orientierte Menschen setzen hier ihren Schwerpunkt der Agilität. In diesem Kapitel finden Sie praktische Hinweise, wie Sie agile Werkzeuge konkret anwenden.

01 Wohin geht die Reise?

Bild 1.1
Aktuelle und zukünftige Herausforderungen für Sie und Ihr Unternehmen

Fragen, die in diesem Kapitel beantwortet werden

- Welche grundlegenden Herausforderungen kommen auf Unternehmen zu?
- Wie können Sie sich in einer VUKA-Welt orientieren (VUKA: Volatilität, Unsicherheit, Komplexität, Ambiguität)?
- Wie können Sie PESTEL zur Orientierung nutzen für politische Faktoren wie Regulation, Wettbewerbsaufsicht usw. (PESTEL: Political, Economical, Social, Technological, Environmental, Legal)?
- Wie unterstützt Sie die Themenwolke?
- Wie erstellen Sie Ihre eigene Themenwolke?
- Wie arbeiten Sie mit der Wirkmatrix?
- Was erwarten die Generationen X, Y und Z von Ihnen und Ihrem Unternehmen?
- Welche Kompetenzen sind künftig gefragt?

1.1 Start mit Olli

Olli sollten Sie kennen. Nein, heute mal nicht Olli Kahn, den ehemaligen Torhüter vom FC Bayern, oder Oliver Welke von der »heute-show«. Wir meinen Olli, den ersten selbstfahrenden Kleinbus, dessen Teile zu 40 % aus dem 3-D-Drucker kommen (*https://localmotors.com*) und der über künstliche Intelligenz verfügt (Bild 1.2). Diese stellt ihm die Software Watson vom amerikanischen IT-Konzern IBM zur Verfügung. Hersteller dieser Innovation ist Local Motors aus Phoenix/ Arizona, ein flexibles Unternehmen mit flachen Hierarchien, das unter anderen Siemens als Partner gewinnen konnte. Mittlerweile ist das Unternehmen auch in Berlin mit einer Niederlassung aktiv.

Olli ist ein gutes Beispiel für den tief greifenden Wandel, der unserer Gesellschaft bevorsteht.

Weitere Informationen zu Olli finden Sie auf der Webseite des Unternehmens (*www.localmotors.com*). Das Video »First 3D Printed Supercar – A New Way To Build Cars« zeigt, wie das funktioniert.

Olli vereinigt in sich gleichzeitig die großen Herausforderungen für

- die Wirtschaft allgemein,
- die Unternehmen und
- jede einzelne Person.

Aber die Veränderungen kommen noch viel näher – bis ins eigene Wohnzimmer. Alexa, die digitale Assistentin von Amazon, und Home von Google sollen helfen, den Alltag zu organisieren. Eine Art Lautsprecher, ausgestattet mit einem Sprachsteuersystem, hört auf Sie, redet mit Ihnen und hält vielfältige Informationen ganz individuell für Sie bereit. Bei Tests von *Computer Bild* haben beide Systeme gut abgeschnitten. Google will Sie in Ihrem »smart home« mit diversen Steuerungsaufgaben (z. B. Heizung) unterstützen.

Und weiter geht's im Kinderzimmer. Dort hält Cayla Einzug. Die Puppe vom britischen Hersteller Vivid Imaginations war bereits unter den Top Ten der Spielzeuge im Jahr 2014 vertreten. Sie vereinigt mobiles Internet, künstliche Intelligenz und Spracherkennung in einem »Kinderspielzeug«. Sie kann Fragen der Kinder wörtlich aufnehmen und sinnvoll beantworten.

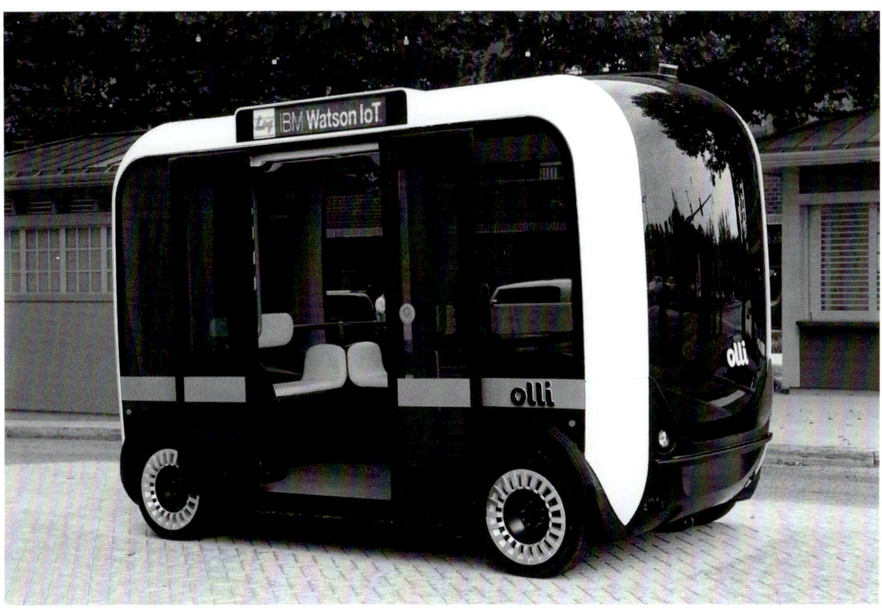

Bild 1.2 Olli, der erste selbstfahrende Kleinbus (*www.localmotors.com*)

1.2 Sich nicht täuschen lassen

Egal, welche Herausforderungen auf Sie zukommen, Sie sollten gerüstet sein. »Das Glück bevorzugt denjenigen, der vorbereitet ist«, konstatierte schon vor ca. 200 Jahren der französische Mikrobiologe Louis Pasteur. Amazon konnte nur deswegen in so kurzer Zeit so schnell Marktanteile gewinnen, weil die Buchhandlungen das Internet erst mal weitgehend ignoriert haben.

Wir wollen Sie dabei unterstützen, bessere Einschätzungen zu treffen, wie die Beteiligten in den folgenden Beispielen und Aussagen:

- So empfahl bereits 1899 Charles H. Duell als Leiter des US-Patentamts die Schließung der Patentämter, er meinte: »Alles, was erfunden werden kann, ist bereits erfunden worden.«
- 1901 sagte Gottlieb Daimler, ausgewiesener Fachmann für Autos: »Die Nachfrage nach Kraftfahrzeugen wird eine Million nicht überschreiten, allein schon aus Mangel an verfügbaren Chauffeuren.« Er konnte damals ja noch nicht mit selbstfahrenden Autos rechnen.
- Eine Steigerung bot 1903 der Leiter der Michigan Savings Bank mit der Aussage: »Das Reitpferd wird es immer geben, doch das Automobil ist lediglich eine vorübergehende Modeerscheinung.«
- Ähnlich weit daneben lag 1927 Harry Warner von Warner Brothers beim Tonfilm: »Wer zum Teufel will denn Schauspieler sprechen hören?«
- Der IBM-Gründer Thomas Watson meinte 1945: »Der Bedarf an Computern wird weltweit nicht mehr als fünf Stück betragen.«

Wie man mit Voraussagen dagegen richtigliegen kann, zeigte John Naisbitt (1982), der amerikanische Zukunftsforscher. In seinem weltweiten Bestseller *Megatrends* mit mehr als neun Millionen Auflage formulierte er unter anderem folgende Megatrends:

- Von der Industrie- zur Informationsgesellschaft.
- Von Zentralisation zu Dezentralisation.
- Von Hierarchien zu Verbundenheit, Verflechtung und gegenseitiger Abhängigkeit.
- Je mehr »High Tech«, desto mehr »High Touch« (damit meinte er Empathie und Wertschätzung).

Fast 40 Jahre später kann man neidlos anerkennen, dass er in allen wesentlichen Punkten richtiglag. Mit High Touch umschreibt er die sogenannten Soft Factors und ergänzt damit Hard Facts, wie die betriebswirtschaftlichen Kennzahlen (Kosten, Durchlaufzeiten), um Soft Facts, wie Wissen, Motivation, Stimmungen, Sozialkompetenz, Zusammenarbeit und Unternehmenskultur.

Auf der Basis dieser Erfahrungen empfehlen wir Ihnen daher, vermeiden Sie um alles in der Welt Aussagen wie: »Das kann ich mir nicht vorstellen.« Studien zeigen, dass Unternehmer und Manager sich wenig mit der Zukunft ihres Unternehmens beschäftigen. Und Sie?

Reservieren Sie genügend Zeit, um sich mit Gegenwart und Zukunft Ihres Unternehmens gleichzeitig zu beschäftigen. Und holen Sie sich interne (Delegation) und externe Unterstützung (Experten) bei diesen anspruchsvollen Aufgaben. Wer sich zu sehr auf das »daily business« fixiert, hat keine Zeit und Energie, Potenziale für die Zukunft zu entwickeln und aufzubauen. Beispiele dafür sind Manager, die kurzfristig Aktienkurse nach oben treiben und nach ihrem Ausscheiden Unternehmen in Turbulenzen bringen, weil sie aus Kostengründen keine Vorkehrungen für die Zukunftsfitness ihrer Unternehmen getroffen haben. Geschönte Ertragserwartungen sollten Analysten »einlullen«.

1.3 Nahsicht und Fernsicht – immer mit Umsicht

Bauen Sie sich Ihr eigenes Modell der Vorschau (siehe Wirkmatrix; Bild 1.5) und unterscheiden Sie zwischen Nahsicht und Fernsicht (Bild 1.3). Wir halten eine Vorschau für die nächsten zwei Jahre im Bereich »Führung und Zusammenarbeit« für gut machbar. Beim Thema Fernsicht bietet sich eine Zeitperspektive von acht bis zehn Jahren an. Viele Trendprognostiker haben sich auf diesen Zeitrahmen eingestellt. Wählen Sie einige Themen aus der nachstehenden Themenwolke (Bild 1.4) zur Beobachtung und Bearbeitung aus. Konzentrieren Sie sich auf die Felder Kultur, Führung, Zusammenarbeit, Technologie, Markt, Kunde und Wettbewerb. Gewöhnen Sie sich diese Outside-in-Sicht an und sehen Sie Ihr Leistungsportfolio als mittelfristig veränderlichen Gestaltungsfaktor an.

Ein Beispiel: Als Aufsichtsrat in einem Softwareunternehmen haben wir den Vorstand unterstützt, ein umfassendes Frühwarnsystem für die Bereiche Kunde, Markt, Wettbewerb, Produkte (Technologie), Mitarbeiter und Zusammenarbeit sowie Finanzen und Controlling (mit Key Performance Indicators) zu entwickeln und zweimonatlich an den Aufsichtsrat zu berichten. Für die weitere Entwicklung des Unternehmens hin zu mehr Stabilität und Ertrag war dies eine entscheidende Maßnahme. Unternehmensintern sprachen wir dabei von Stabiflex.

Einen Schritt weiter geht Fredmund Malik (2013). Der St. Galler Wirtschaftsprofessor bietet sechs Schlüsselgrößen für die Beurteilung des Unternehmenserfolgs an und empfiehlt diese

Bild 1.3
Beides im Blick: Was passiert heute, was passiert morgen?

gleichzeitig als »Cockpit« für Unternehmen (Nahsicht):

- Marktstellung des Unternehmens mit Marktanteil, Qualität, Kundennutzen, Bekanntheitsgrad und Image,
- Innovationsleistung mit Time-to-Market, Hit- versus Flop-Rate und Umsatzanteil mit »neuen« Produkten,
- Produktivitäten in den Bereichen Arbeit, Kapital, Zeit,
- Attraktivität für gute Mitarbeiter,
- Liquidität,
- Gewinn.

Malik hält es für möglich, mit diesen sechs zentralen Faktoren bis zu ca. 80 % des Erfolgs eines Unternehmens einzuschätzen. Für ihn sind Kundennutzen und Produktivität die zentralen Faktoren. Diese Faktoren gehören zum »Kopfkino« eines Entscheiders. Das heißt, wenn er nachts aus dem Schlaf gerissen würde, müsste er diese quasi »runterrasseln« können.

Zu wenig Fernsicht ist existenzgefährdend.

Bild 1.4 Themenwolke der internen und externen Herausforderungen

Experten, die sich mit den auf uns zukommenden Entwicklungen beschäftigen, sprechen von einer VUKA-Welt. VUKA ist die Verdichtung von Volatilität (Unbeständigkeit), Unsicherheit, Komplexität und Ambiguität (Ambivalenz, Mehrdeutigkeit) in einem Akronym. VUKA ist eine pauschale Zustandsbeschreibung einer sich neu entwickelnden »Wirtschaftsordnung«.

	Markt	Kunden	Wettbewerber	Produkte	Services	Wertschöpfungskette	Geschäftsmodell	Kernprozesse	Führung	Zusammenarbeit	Kompetenzen
Generation X, Y											
Digitalisierung											
Disruption											
Wandlungsfähigkeit											
lernende Organisation											
Unternehmenskultur											
Komplexität											

Bild 1.5 Wirkmatrix

- Volatilität meint auch Flüchtigkeit und soll ausdrücken, dass sich die Rahmenbedingungen um uns herum schnell verändern können. Unternehmen müssen also schneller, wendiger, flexibler kurz agiler werden.
- Unsicherheit: Planbarkeit und Vorhersagbarkeit waren gestern. Höchste Reagibilität und Adaptionsfähigkeit sind gefragt.
- Komplexität begegnen Sie nicht (!) mit Vereinfachung, wie viele empfehlen, sondern mit mindestens gleicher, wenn nicht höherer Komplexität als das System, auf das Sie Einfluss nehmen wollen.
- Ambiguität verlangt nach Agilität. Wie das geht, zeigen wir Ihnen an vielen Stellen dieses Buches.

1.3.1 Die Themenwolke zur ersten Orientierung

Aus dieser globalen VUKA-Sicht haben wir aus diversen Quellen (Schwab, Klaus (2009); Mićić, Pero (2006)) die in Bild 1.4 dargestellte Themenwolke zu den zentralen globalen Herausforderungen und Entwicklungen abgeleitet.

Wenn selbst die *Bild*-Zeitung bereits im Jahr 2016 mit dem Aufmacher »22 neue Techniktrends« auf den Markt ging und damit auf die Zukunftsmesse CES in Las Vegas hinwies, kann man davon ausgehen, dass die Technologiediskussion in der Mitte der Gesellschaft angekommen ist.

Viele der von uns genannten Themen finden Sie mit Schwerpunkt Technologie im genannten Buch von Schwab (2009) und mit den Schwerpunkten nach PESTEL bei Mićić. Zur Balance mit den eher weichen Themen wie Management und Zusammenarbeit empfehlen wir Ihnen die »Moonshots« von Gary Hamel. Gemeinsam mit 36 Managementexperten wurden bereits im Mai 2008 die Grundlagen für die Entwicklung des Managements 2.0 gelegt. Die vielen Anregungen und Thesen fanden allerdings keine breite Diskussion und Anwendung.

Hier nur kurz einige der Moonshots:

- Richten Sie natürliche, flexible Hierarchien ein. (Damit werden formale Hierarchien durch natürliche Hierarchien ersetzt, in denen Status und Einfluss von den Beiträgen abhängen und nicht von der Position.)
- Befreien Sie Arbeit von der Arbeit. Sorgen Sie für Begeisterung, Fantasie und Einfallsreichtum. Menschen sind im Flow am produktivsten.
- Lassen Sie alle bei der Vorgabe der Richtung mitwirken.

Und ähnlich »provokant« geht es weiter mit 22 »ermunternden« Thesen. Bei Garry Hamel (2013), einem amerikanischen Managementvordenker, können Sie sich im Buch *Worauf es jetzt ankommt* weiter anregen oder provozieren lassen.

Nachfolgend einige zentrale Begriffe und Themenbereiche, die Sie berücksichtigen sollten:

- Disruption geht zurück auf den österreichischen Ökonomen Joseph Alois Schumpeter und den amerikanischen Innovationsforscher Clayton Christensen. Er wird meist in Zusammenhang mit den Umbrüchen, die durch die Digitalisierung ausgelöst werden, verwendet. Ein Beispiel sind die Fintechs, Unternehmen, die im Bereich der Finanzdienstleistungen für erhebliche Unruhe sorgen, da sie in der Regel kundennäher sind, schneller und kostengünstiger produzieren. Disruptionen wirken sich meist auf die Geschäftsmodelle etablierter Anbieter aus und »treiben« Kunden zu den Newcomern.

- Digitalisierung: Alle (!) reden davon. Sie ist einerseits Chance und andererseits das Schreckgespenst in der gegenwärtigen Diskussion. Nach Computerisierung und Internet kommt jetzt die digitale Transformation. Ganz nach dem Motto: »Alles, was digitalisiert werden kann, wird digitalisiert.« Nach Christoph Keese (2016) umfasst der Begriff Digitalisierung fünf unterschiedliche Gebiete, wie
  - den Grad, zu dem ein Produkt auf analoge oder digitale Methoden zugreift,
  - den Grad der Vernetzung eines Produkts,
  - die Art und Weise, wie Produkte mit ihren Bedienern kommunizieren,
  - den Grad, zu dem Prozesse an digitale Möglichkeiten angepasst wurden,
  - den Umfang, in dem neue Geschäftsmodelle aufgegriffen werden.
- Mit Empathie wird die Fähigkeit, vor allem aber die Bereitschaft verstanden, Empfindungen, Emotionen und Motive anderer Personen zu verstehen und angemessen auf deren Gefühle zu reagieren. Eine wichtige Grundlage für Empathie ist eine ausgeprägte Selbstwahrnehmung.

Denis Mourlane (2015) bietet einen wissenschaftlich fundierten und praxiserprobten Überblick zu diesem Thema.

- IoT (Internet of Things oder Internet der Dinge) ist einer der technologischen Hypes und beschreibt die intensive Vernetzung von Fertigungsanlagen, Aggregaten, Robotern usw. mithilfe von Sensoren. Die Diskussionen zu diesem Thema finden in Deutschland meist unter dem Begriff Industrie 4.0 statt.
- Anwendungen der künstlichen Intelligenz (KI) werden erhebliche Steigerungsraten zugeschrieben. Ihre Hauptanwendungsgebiete sind beim autonomen Fahren, in Expertensystemen und bei der Auswertung umfangreicher Datenbestände (Big Data). Einige befürchten die weitgehende Übernahme »menschlicher« Kompetenzen durch Maschinen. Mit der Robotik werden Systeme geschaffen, die »intelligente« Verhaltensweisen von Lebewesen nachvollziehen können. Experten, wie der Forscher Stephen Hawking, sehen in der KI eine Bedrohung für Menschen. Zumindest werden Menschen zunehmend im Arbeitsmarkt bedroht, wenn nicht gar verdrängt.

- Mentale Modelle sind individuelle Denkmodelle, auf die Menschen zur Veranschaulichung und Vereinfachung von Sachverhalten immer wieder zurückgreifen. Ihr »Bild« von Mitarbeitern ist z. B. durch viele Vorerfahrungen geprägt und nur schwierig zu verändern.

Sich in der dargestellten Themenvielfalt zu orientieren und die wichtigsten daraus zur Bearbeitung auszuwählen braucht Übung. Im folgenden Abschnitt erhalten Sie Vorschläge, mit denen sie erfolgreich agieren können (z. B. Themen-Owner installieren).

Einige Unternehmen, mit denen wir zusammenarbeiten, installieren interne Spezialisten als »Themen-Owner«. Das sind Mitarbeiter, die sich auf bestimmte Themenbereiche spezialisiert haben, dort über tiefes Know-how verfügen und dieses ständig aktualisieren und weiter vertiefen. Gehen Sie selbst mit gutem Beispiel voran und werden Sie Themen-Owner, z. B. für die Digitalisierung oder eine andere zentrale Herausforderung für Sie und Ihr Unternehmen. Vertiefen Sie Ihr Wissen mit einschlägigen Fachzeitschriften, gönnen Sie sich regelmäßige Weiterbildung und tauschen Sie sich mit Experten z. B. aus Universitäten aus. Halten Sie dann zu Ihrem Thema Vorträge bei Branchentreffen oder sonstigen Gelegenheiten und schreiben Sie Fachartikel in Ihren wichtigen Branchenmedien. So erwerben Sie sich einen Expertenstatus und haben die Möglichkeit, durch Sachkunde bei potenziellen Kunden Interesse für Ihr Unternehmen zu wecken. Das war im eigenen Unternehmen über Jahre hinweg die zentrale und gleichzeitig erfolgreichste Strategie zur Neukundengewinnung. Wir haben uns dabei auf die Themen Hightech-Marketing, integrierte Kundenkommunikation, Employer Marketing und CAD/CAM/CIM-Anwendungen in der Industrie konzentriert.

Bitten Sie ausgewählte Mitarbeiter, sich um spezielle Themen zu kümmern, und tauschen Sie sich mindestens monatlich über neueste Entwicklungen aus. Bilden Sie z. B. folgende Untergruppen:

- Technologie und Wertschöpfungskette mit Ihren Entwicklern, Ingenieuren und Mitarbeitern aus der Produktion,
- Markt, Kunde, Wettbewerb, Angebotsportfolio mit Vertrieb und Marketing,
- Führung und Zusammenarbeit mit den Personalverantwortlichen und ausgewählten Führungskräften,
- Geschäfts- und Ertragsmodelle mit Ihren Kaufleuten und Controllern.

Im eigenen Unternehmen haben wir dieses Vorgehen als »interne Rollen« definiert und entsprechend positiv bewertet. Alle zwei Monate haben wir uns eine »Auszeit« genommen und die erarbeiteten Ergebnisse gemeinsam mit dem gesamten Team intensiv diskutiert.

Erstellen Sie gemeinsam mit Ihren Themenspezialisten Ihr unternehmensindividuelles Themenfeld mit maximal fünf bis sieben Einzelthemen (bei mehr Themen verlieren Sie die Übersicht) und bewerten Sie diese nach Wichtigkeit, zeitlichem Eintreten, Auswirkungen auf Ihr Geschäftsmodell und nach Chancen und Risiken. Ja, noch ein Meeting zusätzlich. Aber dieses sichert Ihnen Ihre »Überlebensfähigkeit«!

Bild 1.5 zeigt ein Beispiel einer Wirkmatrix, in der zentrale Themen mit ihren möglichen Auswirkungen in Verbindung gebracht werden. Diese Vorgehensweise zusätzlich zum »daily business« ist

- machbar,
- dringend erforderlich,
- wesentlicher Bestandteil Ihrer Selbstentwicklung,
- Basis der Zukunftsfitness Ihres Unternehmens.

Finden Sie mit Ihren Kollegen und Mitarbeitern Ihre eigenen Themen aus Kunden-, Branchen- und Unternehmenssicht. Zur Bewertung haben sich in der Praxis Noten von 1 bis 4 bewährt. Je nach »Reife« und Intensität der Themen:

- hochaktuell und hohe intensive Auswirkung,
- hochaktuell und mittlere Auswirkung,
- noch nicht aktuell und niedrige Auswirkung,
- noch nicht aktuell und Auswirkungen noch nicht erkennbar.

Sie können so auf einen Blick erkennen, bei welchen Themen Sie sofortigen Handlungsbedarf in Ihrem Unternehmen haben. Sie machen sich damit auch von medialen »Hypes« und vom Marketingdruck einiger Hersteller unabhängig.

Verwenden Sie die erarbeiteten Informationen nicht nur in exklusiven Strategiezirkeln, sondern sorgen Sie für eine breite Diskussion im Unternehmen. Stellen Sie die Ergebnisse z. B. in Mitarbeiterversammlungen oder in internen Wikis vor und nutzen Sie die »Weisheit der Vielen«. Mitarbeiter sind damit über wichtige Entwicklungen informiert und einbezogen. Vermitteln Sie Ihrer »Mannschaft« die Gewissheit, dass Sie sich für die Zukunft rüsten und im zunehmend schärferen Wettbewerb bestehen können. Unterschätzen Sie dabei den gewaltigen Identifikations- und Motivationsschub bei Ihren Kollegen nicht. Den Ängsten um Arbeitsplatzverluste haben Sie damit einige gute Argumente entgegenzusetzen.

Mit dieser Vorgehensweise haben Sie zwar die Herausforderungen im Blick, aber noch nicht bewältigt. Je nach Unternehmen werden zur Bearbeitung dabei unterschiedliche Aktivitäten eingeleitet. Manche gönnen sich einen Trip ins Silicon Valley und hoffen, den dortigen »Spirit« zu erfassen und ins eigene Unternehmen implementieren zu können. Sie können das auch schneller und billiger haben. Lesen Sie das Buch *Silicon Germany: Wie wir die digitale Transformation schaffen*. Christoph Keese (2016) lebte 2013 für einige Zeit in Palo Alto, kennt also die »Spiele« im Valley und gilt als einer der relevanten Digitalisierungsexperten. Das Verlagshaus Springer, bei dem er angestellt ist, erzielt bereits zwei Drittel seines Umsatzes und drei Viertel des Gewinns aus Aktivitäten im Netz. Einige begnügen sich zum Lernen mit Stippvisiten in die ausgeprägten Berliner und Münchner Gründerszenen zum Lernen. Und es rentiert sich. Allein die dort herrschende Aufbruchsstimmung und der meist grenzenlose Optimismus sind ansteckend.

Die Mehrheit der Unternehmen hat für ausgewählte Themen Pilotprojekte mit kurzem Zeithorizont in Teilbereichen des Unternehmens durchgeführt und bei positiven Erfahrungen flächendeckend im Gesamtunternehmen umgesetzt.

Unternehmen wie Siemens, Metro, Telekom usw. treten als Venture-Unternehmen auf und beteiligen sich an agilen, technologisch führenden Start-ups in der Hoffnung, die Lernerfahrungen in den Konzern zu integrieren oder gleich ganz zu »schlucken«. Manche meinen, mit allgemeinem Duzen statt Siezen, Ablegen der Krawatten und einer Reise ins Valley sei schon der erste Schritt in die Zukunft zum agilen Unternehmen getan. Achtung: Die Bretter sind dicker!

In einigen Unternehmen haben wir sogenannte Disruptionsteams aufgebaut und gemeinsam überlegt, wie wir das eigene Unternehmen »zerlegen« können. Dabei wurden unter anderem folgende Fragen gestellt:

- Wenn wir Wettbewerber wären, wo würden wir angreifen?
- Welche Schlüsselpersonen des Unternehmens würden wir versuchen abzuwerben?
- Durch welche Aktionen (z. B. Preiskampf) könnten wir das Unternehmen schwächen?
- Welche Key-Kunden können wir abwerben?
- Welche Möglichkeiten gibt es, am Ruf des Unternehmens zu »kratzen«?

- Können wir Schlüsselpartner (z. B. Lieferanten) des Unternehmens abspenstig machen?
- Welche Schwachstellen gibt es in Systemen des Unternehmens?

1.3.2 Mit PESTEL Ordnung schaffen

Differenzierter als mit der VUKA-Welt können Sie Ihre Themen noch mit der STEP-Analyse ordnen. Einige Autoren wie Mićić (2013) verwenden dafür das Akronym PESTEL.

Dabei stehen

- **P (Political)** für politische Faktoren, wie Regulation, Wettbewerbsaufsicht, ganz aktuell die Diskussionen um den Verbrennungsmotor,
- **E (Economical)** für ökonomische Faktoren, wie Konjunktur, Branchentrends, Arbeitsgesellschaft (Work 4.0),
- **S (Social)** für soziokulturelle Faktoren, wie Werte, Lebensstile, Demografie,
- **T (Technological)** für technologische Faktoren, wie Produkte und Prozesse,
- **E (Environmental)** für umweltrelevante Aspekte wie Klimaschutz,
- **L (Legal)** umschreibt alle gesetzlichen Bestimmungen, z. B. die Kürzungen der Förderungen von alternativen Energien im neuen EEG (Erneuerbare-Energien-Gesetz).

Mit einiger Übung kann es Ihnen gelingen, »reife« Themen zu antizipieren und damit rasch einen entscheidenden Vorsprung gegenüber

Einblicke I: *Softwareentwicklung* bei Microsoft

Von der Wasserfallmethode zum agilen Unternehmen

Die **Developer Division (DevDiv)** ist mit 4300 Beschäftigten unter anderem für die Entwicklung von Visual Studio verantwortlich und machte folgende Erfahrungen: Noch vor ca. fünf Jahren wurde einheitlich nach der »Wasserfallmethode«, einer damals bewährten Projektorganisationsform, gearbeitet. In der Gruppe, die »Visual Studio Cloud« verantwortet, waren 467 Mitarbeiter in 35 Teams zusammengefasst. Zu dieser Zeit dauerte ein Softwareentwicklungszyklus rund zwei Jahre. Marktveränderungen und Wettbewerber veranlassten

Microsoft dazu, mit schnelleren Zyklen zu reagieren. In einigen Teams wurde mit neuen agilen Entwicklungsmethoden unter Einsatz von Scrum, einer damals schon bewährten neuen Projektform, experimentiert. Der nachhaltige Erfolg zeigte sich in der Verkürzung des Entwicklungszyklus auf drei Wochen (!).

Als Folge daraus arbeiteten 2016 alle 4300 Mitarbeiter in der Softwareentwicklung nach agilen Methoden und Verfahren. Diese Transformation hatte erhebliche Auswirkungen auf jeden Aspekt der Arbeitsumgebung. So wurden einige Bürogebäude von individuellen Büros zu »collaborative team rooms« umgestaltet. Die erwartete »open communication« brauchte allerdings einige Versuche, bis das heutige Modell mit separaten Teambüros, rekonfigurierbaren Rollschreibtischen und »meeting areas« unterschiedlicher Größe und möglichst großen Fenstern mit Blick ins Freie als Lösung standen. Mittlerweile wurden mehr als 100 weitere Gebäude entsprechend umgestaltet; unter anderem auch die neue Deutschland-Zentrale in München.

Der Mensch im Mittelpunkt

»Mit der Digitalisierung erleben wir den größten Wandel der Arbeitswelt seit der industriellen Revolution… Mobile Arbeit und das Home Office sind an vielen Stellen selbstverständlich geworden… Eine neue Generation von Wissensarbeitern bringt einen neuen Anspruch an die Arbeitswelt mit, der von Flexibilität, Selbstbestimmung und persönlicher Entfaltung bei maximaler Sicherheit untermauert ist… Der Kampf um die besten Talente hat begonnen… Die Logik des Arbeitsmarktes kehrt sich um: ›Jobs follow people‹.« »**Microsoft** hat als Vorreiter Vertrauensarbeitsort und -zeit fest in den Arbeitsverträgen und in der Unternehmenskultur verankert. Rund 90% aller Mitarbeiter nutzen heute diese flexiblen Arbeitsbedingungen.« Sabine Bendik, Vorsitzende der Geschäftsführung, kommentiert wie folgt: »Mit diesem Konzept des Work-Life-Flow stellen wir die Menschen in den Mittelpunkt, emanzipiert von Raum und Zeit.«

Arbeitsort und -zeit frei wählen

Interview mit Thomas Appel, Microsoft München, Senior Partner Development Manager

Thomas Appel arbeitet als Channel Executive Partner und unterstützt die Microsoft-Partner bei deren digitaler Business-Transformation, um sie selbst in die Lage zu versetzen, den eigenen Kunden den richtigen Service für deren digitale Business-Transformation anzubieten und bei der Umsetzung zu unterstützen.

Der gelernte Wirtschaftsinformatiker ist seit 1993 bei Microsoft, hat aber aufgrund der vielen Veränderungen den Eindruck, schon mindestens bei fünf Unternehmen gearbeitet zu haben. »Wir arbeiten in vielen unterschiedlichen virtuellen Teams ohne klassische Hierarchie zusammen, sehr wohl mit Leadership und Mentor-Funktion.«

»Die freie Wahl von Arbeitsort und -zeit ist für mich persönlich optimal und für meine Familie sehr von Vorteil. Meine Frau arbeitet in Amsterdam, wo in der Regel auch mein Homeoffice ist. Nur aufgrund dieser Flexibilität sowie der Tatsache, dass sich mein Büro, also Dokumente, Anwendungen und Daten, im Wesentlichen in der Cloud befinden, kann ich von jedem beliebigen Ort aus arbeiten und Beruf und Familie problemlos unter einen Hut bringen.«

Sein Fazit lautet: »Überall auf diesem Planeten lernen Menschen und Unternehmen in zunehmenden Maße, wie sie mithilfe von Cloud-gestützten Technologien beliebige Produkte, Services, Arbeit, Prozesse, Kommunikation und Zusammenarbeit besser, einfacher, transparenter, also kurz kunden- und nutzerfreundlicher gestalten können.

Um auf die vielfältigen Veränderungen im Markt zu reagieren oder besser diese selbst zu initiieren, brauchen Unternehmen eine dynamische Kombination von Arbeit, Kapital, Organisation und (neuer) Führung. Für mich persönlich sind Anwendungen auf der Basis der künstlichen Intelligenz ein wesentliches Kriterium für das zukünftige Wachstum unserer Wirtschaft. Beispiele sind die Diskussionen um selbstfahrende Autos, Lkws, Schiffe oder um intelligente Bots für beliebige, interagierende Anwendungen im Internet.«

Ihren Wettbewerbern zu erringen. Dafür brauchen Sie allerdings viel Neugier (Test dazu bietet Carl Naughton (2016)) und unterstützende »Trüffelschweine« für relevante Entwicklungen.

1.3.3 Zu viel Nahsicht wird zur Nabelschau

Nach den eher globalen Faktoren wollen wir uns jetzt mit den konkreten und bereits absehbaren Herausforderungen für Sie persönlich und Ihr Unternehmen beschäftigen. Haben Sie bereits Maßnahmen ergriffen, um den Know-how-Abfluss durch die ausscheidenden Mitarbeiter (Alterung der Belegschaft) und deren eingespielte Netzwerke zu Kunden und Partnern zu stoppen? Es ist nicht leicht, geeignete Fach- und Führungskräfte zu gewinnen. Haben Sie sich schon auf den sich wandelnden Arbeitsmarkt eingestellt? Sind Sie bei der Rekrutierung neuer Mitarbeiter innovativer, kreativer und bewerberorientierter geworden und stellen Sie sich auf deren Erwartungen ein? Was antworten Sie z. B. einem Bewerber, der Sie fragt, warum er sich ausgerechnet bei Ihnen bewerben soll? Er hat sich schließlich bereits auf dem Arbeitgeber-Bewertungsportal Kununu über Ihr Unternehmen schlaugemacht. Wie stellen Sie sich insgesamt auf die nachkommenden Generationen Y und Z ein? Tabelle 1.1 zeigt eine Übersicht der Generationen.

Soziologen und Demografen versuchen, den unterschiedlichen Generationen generelle Verhaltensweisen, Werte, Erfahrungen usw. zuzuordnen. Sie als Entscheider können die Ergebnisse nutzen und im Umgang mit den jeweiligen

Mitarbeitern stärker auf deren individuelle Erwartungen und Bedürfnisse eingehen.

Tabelle 1.1 Verschiedene Generationen in einem Unternehmen

Generation	Kohorte
Traditionalisten	geboren vor 1946
Babyboomers	geboren 1946–1964
Generation X	geboren 1965–1976
Generation Y	geboren 1971–1998
Generation Z	nach 1998 geboren und als Generation Zukunft bezeichnet

Kennen Sie die Wünsche und Erwartungen der nachkommenden Generationen? Die »Jungen« sind anspruchsvoller geworden und wollen

- die flexible Gestaltung von Arbeitsort und Arbeitszeit,
- einen guten Ausgleich von Arbeit und Freizeit,
- die Übernahme verantwortungsvoller Aufgaben,
- eine intensive Beteiligung bei Entscheidungen,
- Kommunikation auf Augenhöhe,
- regelmäßige, aktuelle und umfassende Informationen,
- zeitnahe Rückmeldung zu erledigten Aufgaben (Feedback),
- Weiterbildung und persönliche Entwicklung,
- Zukunftsorientierung,
- Transparenz, Offenheit und Wertschätzung,
- Arbeit, die Sinn macht,
- das Unternehmen sollte insgesamt auf einen höheren Zweck ausgerichtet sein.

Die »Jungen« haben auch klare Erwartungen an Sie als Kollege und Chef.

1.4 Führungskraft der Zukunft

In vielfachen Untersuchungen und Befragungen von Hochschulabsolventen und Berufsanfängern wurden sieben Eigenschaften, die sie von einer guten Führungskraft erwarten, immer wieder genannt (Rust 2009):

- kommunikativ,
- ermutigend,

- kooperativ,
- inspirierend,
- delegationsfreudig,
- kreativ,
- gerecht.

Wie schneiden Sie ab? Wie werden Sie von Ihren Mitarbeitern eingeschätzt? Überprüfungen des Selbstbildes mit Fremdbildern sind oft sehr aufschlussreich. Trauen Sie sich. Sie können nur Entwicklungschancen gewinnen.

Kompetenzen bestimmen den Erfolg!

Für den eigenen und den Unternehmenserfolg mindestens genauso wichtig wie die genannten Eigenschaften sind zusätzlich noch Ihre aktuellen Kompetenzen, die wie folgt unterteilt werden können:

- Fachkompetenz,
- Methodenkompetenz,
- persönliche Kompetenz,
- soziale Kompetenz,
- Führungskompetenz.

Je nach Branche und Unternehmen sind diese Kompetenzfelder unterschiedlich gefragt. Für einige Unternehmen hat der Umgang mit Social

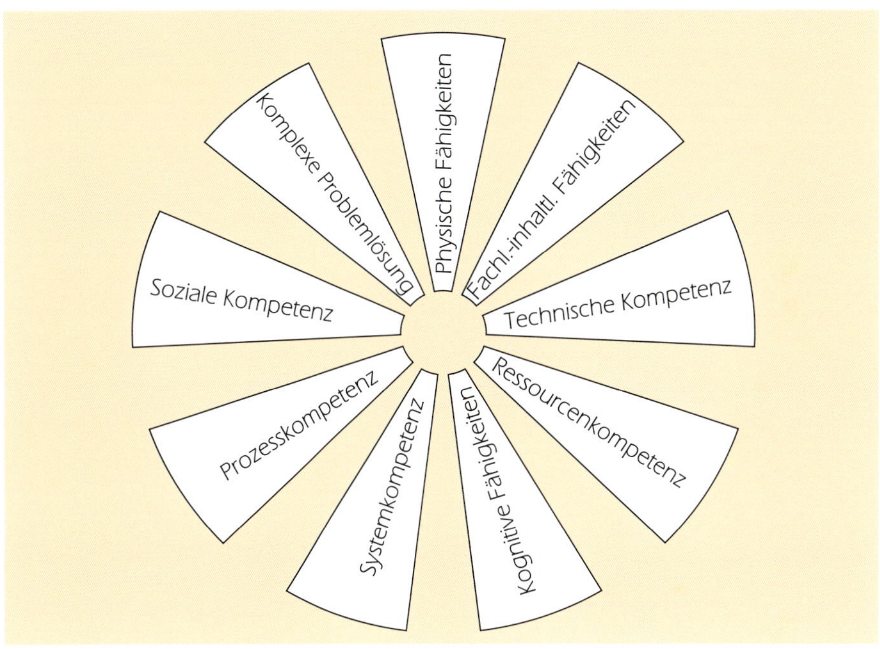

Bild 1.6 Rad der Kompetenzen

Media und Digitalkompetenz einen sehr hohen Stellenwert. Eine Befragung für den »Future of Jobs Report« in 15 Ländern und in zehn Wirtschaftszweigen ergab die in **Bild 1.6** dargestellten Zukunftskompetenzen (Schwab 2016).

Darüber sollten Sie nachdenken

Welche Entscheidungen sollten Sie kurzfristig treffen, um eine Aufbruchstimmung zu generieren?

Welche wichtigen Herausforderungen/Themen haben Sie aktuell auf Ihrem Radarschirm?

Mit welchen Kollegen, Freunden/Experten können Sie sich über relevante Themen austauschen?

Bei welchen Mitarbeitern können Sie das Thema »Agilität« als Projekt andocken?

Entwickeln Sie sich Ihre eigene Themenwolke mit relevanten externen Herausforderungen:
Wirkmatrix: Stellen Sie sich Ihre eigenen Kriterien zusammen, markieren Sie relevante Zusammenhänge mit X und leiten Sie erforderliche Maßnahmen ab.

Welche Entscheidungen aus dem Vorjahr sollten Sie aus heutiger Sicht revidieren?

Kennen Sie wirklich alle Ihre persönlichen Stärken? Mindestens zehn benennen:

Erledigen Sie das auch für die Ihnen zugeordneten Mitarbeiter.

Welches Bild haben Sie von Ihrem Unternehmen (Uhrwerk: alles geordnet und geregelt/ Garten: vieles wächst und gedeiht)? Oder?

Wie optimistisch sind Sie eingestellt? Beschreiben Sie sich auf einer Skala von 1 (gering) bis 10 (hoch).

Wie neugierig sind Sie? Absolvieren Sie den Neugier-Test im Buch *Neugier* von Naughton.

1.5 Fazit

Wir haben uns bei der Betrachtung der Zukunftsthemen stark an der technologischen Entwicklung orientiert. Mit dem Hinweis auf die Moonshots von Hamel und Kollegen wollten wir dennoch die Managementthemen wenigstens erwähnen. Noch tiefer in dieses Thema dringt die amerikanische Professorin Vlatka Hlupic (2014) mit *Management Shift* ein. Sie hat die umfangreiche Literatur von Managementvordenkern intensiv gesichtet, ausgewertet und mit dem 6-Box-Leadership-Modell eine exzellente Vorlage zur Orientierung entwickelt. Vertiefende Informationen dazu im genannten Buch.

Unser Vorschlag: Entwickeln Sie Ihre Personalverantwortlichen in Ihrem Unternehmen hin zu strategischen Partnern. Die Themenwolke hilft Ihnen dabei.

Mit dem Disruptions-/Innovationsteam »zerstören« Sie Festgefahrenes und schaffen Raum für neue Ideen.

Verabschieden Sie sich von alten und überholten Welt- und Menschenbildern. Anregungen dazu und viele ausgezeichnete Praxisbeispiele bietet Frederic Laloux (2015, 2016) mit *Reinventing Organizations* und dem illustrierten Leitfaden dazu. Er zeigt nachvollziehbar den Weg zu einem neuen Organisationsmodell auf und stellt Unternehmen vor, die den Weg bereits gegangen sind.

Werden Sie zum »Treiber« des Wandels in Ihrem Unternehmen, mindestens aber in Ihrem Verantwortungsbereich. Machen Sie Experimente und tauschen Sie sich mit Kollegen darüber aus.

Orientieren Sie sich daran, was alles geht! Nicht daran, was alles nicht geht. Vom »weg von« zum »hin zu«. Werden Sie vom Rückspiegelfahrer zum vorausschauenden Frontscheibenfahrer!

Verabschieden Sie sich von langatmigen und frustrierenden Branchen- und Verbandstreffen. Machen Sie mal einen Versuch mit dem Querdenkerklub auf *www.querdenker.de*.

Empfehlung für das Themen-Backlog:

Führen Sie einen Workshop zur Entwicklung Ihrer eigenen Wirkmatrix durch.

IHR THEMEN-BACKLOG

Bitte notieren Sie Ihre Erkenntnisse und ersten Aufgaben, die Sie aus diesem Kapitel gewonnen haben.

Arbeitsunterlagen zum kostenlosen Download finden Sie unter: *www.teamwork-agil-gestalten.de/download*

1.6 Literatur und Links

Anderson, Kai; Uhlig, Jane: *Das agile Unternehmen*. Campus, Frankfurt am Main 2015

Brandes, Ulf et al.: *Management Y*. Campus, Frankfurt am Main 2014

Burkhart, Steffi: *Die spinnen, die Jungen*. Gabal, Offenbach am Main 2016

DGFP e. V. (Hrsg.): *Megatrends: Zukunftsthemen im Personalmanagement analysieren und bewerten*. Bertelsmann, Gütersloh 2012

Elssamadisy, Amr: *Agile Adoption Patterns*. Addison Wesley, Boston MA 2009

Foegen, Malte; Kaczmarek, Christian: *Organisation in einer Digitalen Zeit*. wibas, Darmstadt 2016. Sehr übersichtlich aufbereitet und visualisiert. Gute individuell anpassbare Vorlagen. Für Einsteiger in agiles Arbeiten sehr zu empfehlen.

Gloger, Boris; Margetich, Jürgen: *Das Scrum-Prinzip*. Schäffer-Poeschel, Stuttgart 2014

Hamel, Gary: *Worauf es jetzt ankommt*. Wiley-VCH, Weinheim 2013. Eine gute Vorlage für die Erneuerung des Managements. Bereits im Vorwort erläutert er seine fünf zentralen Punkte: Werte, Innovation, Anpassungsfähigkeit, Leidenschaft und Ideologie. Mit den 25 Moonshots gibt er eine Steilvorlage für Entscheider, die ihr Unternehmen weiterentwickeln wollen.

Heitger, Barbara; Serfass, Annika: *Unternehmensentwicklung*. Schäffer-Poeschel, Stuttgart 2015

Hlupic, Vlatka: *The Management Shift*. Palgrave Macmillan, Basingstoke 2014. Sie sieht die Mitarbeiter als größten Aktivposten für Unternehmen. Mit umfangreichen Recherchen und Auswertung der relevanten Führungsliteratur schafft Sie die Grundlagen für Ihr 6-Box-Leadership-Modell, das wir im Buch aufgreifen. Sie zeigt Wege zu neuem Denken und Arbeiten in Unternehmen auf.

Hofert, Svenja: *Agiler führen*. Springer Gabler, Wiesbaden 2016. Sie hilft Ihnen, sich agilen Gedanken anzunähern, und beschreibt praxisbewährte Ideen, wie das Teamklima für Leistung und Innovation verbessert werden kann.

Keese, Christoph: *Silicon Germany: Wie wir die digitale Transformation schaffen*. Knaus, München 2016. Er deckt die Schwächen der deutschen Unternehmen im Zeitalter der Digitalisierung auf, zeigt aber gleichzeitig Wege zu ihrer Bewältigung. Sehr anregend.

Klös, Hans-Peter; Rump, Jutta; Zibrowius, Michael: *Die neue Generation*. Roman Herzog Institut, München 2016

Laloux, Frederic: Reinventing Organizations. Vahlen, München 2015

Laloux, Frederic: *Reinventing Organizations visuell*. Vahlen, München 2016. Beide Bücher sind sehr inspirierend und optimistisch und lenken die Aufmerksamkeit der Leser auf neue Möglichkeiten der Zusammenarbeit. Viele gute Praxisbeispiele aus der europäischen Wirtschaft.

Malik, Fredmund: *Management. Das A und O des Handwerks*. Campus, Frankfurt am Main 2013

Mićić, Pero: *Das ZukunftsRadar. Die wichtigsten Trends, Technologien und Themen für die Zukunft*. Gabal, Offenbach am Main 2006

Mourlane, Denis: *Emotional Leading. Die Kunst, sich und andere richtig zu führen*. dtv, München 2015

Naisbitt, John: *Mind Set! Wie wir die Zukunft entschlüsseln*. Hanser, München 2007. Seine in *Megatrends* ungewöhnlich exakten Vorhersagen basieren auf speziellen Denkmustern, die er Mind Sets nennt. Sehr anregend für veränderungswillige Unternehmer und Führungskräfte.

Naughton, Carl: *Neugier. So schaffen Sie Lust auf Neues und Veränderung*. Econ, Düsseldorf 2016

Nowotny, Valentin: *Agile Unternehmen*. Business Village, Göttingen 2016. Erfolgreiche Unternehmen müssen fokussiert, schnell und flexibel handeln und bereit sein, sich von überholten Denkmustern und Welt- und Menschenbildern zu verabschieden. Schrittweise zeigt er auf, wie Unternehmen ihre Prozesse gestalten sollten, um ein agiles Unternehmen werden zu können.

Parment, Anders: *Die Generation Y*. Springer Gabler, Wiesbaden 2013

Petry, Thorsten: *Digital Leadership*. Haufe, Freiburg im Breisgau 2016. Zeigt, wie in Zeiten des digitalen Umbruchs Unternehmens- und Personalführung wirksam modifiziert und gestaltet werden können. Sein Schwerpunkt liegt auf agilen und partizipativen Führungsansätzen.

Pfläging, Nils: *Organisation für Komplexität*. Redline, München 2015. Extrem gut visualisiert stellt er dar, wie Arbeit wieder lebendiger wird und zu Höchstleistung führt. Kurz, aber gut und anregend.

Roghé, Fabrice et al.: *Boosting Performance Through Organization Design, Studie Boston Consulting Group*. *https://www.bcg.com/publications/2017/people-boosting-performance-through-organization-design.aspx*. Abgerufen am 14. 12. 2017.

Rust, Holger: *Die »Dritte Kultur im Management«*. VS Verlag für Sozialwissenschaften, Wiesbaden 2009

Sahota, Michael: *An Agile Adoption and Transformation Survival Guide*. InfoQ, Karlsruhe 2012

Schwab, Klaus: *Die Vierte Industrielle Revolution*. Pantheon, München 2009. Der Gründer und Vorsitzende des Weltwirtschaftsforums (WEF) stellt die relevanten technologischen Entwicklungen ausführlich dar und setzt sich mit deren Chancen und Risiken auseinander.

Schwab, Klaus: *The Future of Jobs*. *http://www3.weforum.org/docs/WEF_Future_of_Jobs.pdf*. World Economic Forum, 2016

Simon, Herrmann: *Hidden Champions des 21. Jahrhunderts*. Campus, Frankfurt am Main 2007

Sutherland, Jeff: *The Art of Doing Twice the Work in Half the Time*. Crown Publishing Group, New York City 2014. Als einer der Väter von Scrum und Unterzeichner des Agilen Manifests zeigt er wesentliche Entwicklungen auf und bietet Einblick in viele Unternehmensbeispiele.

www.localmotors.com
www.querdenker.de

02 Von wo aus starten Sie?

Bild 2.1
Der Weg ist oft steinig und voller Hürden, aber es lockt eine wunderbare Aussicht

Fragen, die in diesem Kapitel beantwortet werden

- Warum wollen Sie agile Zusammenarbeit in Ihrem Unternehmen, Bereich, Team realisieren?
- Welche Erwartungen an die agile Zusammenarbeit haben Sie?
- Welches Verständnis von Agilität haben Sie?
- Gibt es Situationen, die Sie veranlassen, den Start des Projekts »agile Zusammenarbeit« intensiv zu hinterfragen oder gar zu verschieben?
- Wie sieht Ihre Reisevorbereitung aus (Stationen, Begleiter, Ausstattung, Fitness)?
- Wie gestalteten Sie Ihren Weg zur Agilität mit Methoden aus dem Change Management?
- Wodurch wird Ihr Denken als Entscheider bestimmt (Managementkonzepte)?
- Welche Kultur kennzeichnet Ihr Unternehmen?
- Welche sind die zentralen Elemente der agilen Kultur?
- Wie sieht Ihr agiler Reifegrad aus? Fragebogen zur Selbsteinschätzung.

2.1 Die zentrale Frage: Why?

Sie hören und lesen viel von der neuen »Wunderwaffe« für Unternehmen? Agil sollen Unternehmen sein, dadurch schneller, flexibler, kostengünstiger. Doch wer sich intensiver mit diesem Thema beschäftigt, findet Stichworte wie Reagibilität, Business Value, Kundenfokus und Attraktivität.

Nein, es ist nicht damit getan, eilig einige Prozesse zu optimieren und neue Techniken einzuführen. Die Entwicklung zum wirklich agilen Unternehmen braucht Zeit und einen drastischen Kulturwandel. Fachleute rechnen je nach Ausgangssituation mit ein bis drei Jahren für die erfolgreiche Umsetzung agiler Konzepte. Die Vorreiter der agilen Zusammenarbeit zeigen es. Sie haben sich Zeit genommen und ihre Unternehmen einschneidend verändert und umgestaltet. Dazu haben sie viele der folgenden Elemente entwickelt und verbessert:

- Veränderungswille und -fähigkeit,
- Vertrauenskultur,
- Lern- und Experimentierkultur,

- Kundenfokus,
- Feedback,
- Selbstorganisation,
- Teamempowerment,
- Ergebnisorientierung,
- Innovation,
- gelebte Wertebasis,
- agiles Mindset und agile Haltung.

Zugegeben, das klingt nach richtig Anpacken. Mit weniger Anstrengung sind Erfolge jedoch extrem unwahrscheinlich.

Nehmen Sie sich die elf Punkte intensiv vor und bewerten Sie diese auf einer Skala von 1 bis 100. Erst für sich selbst, dann mit Ihrem Team. Und wie sehen die Ergebnisse aus? Sind Sie überrascht? Gar enttäuscht? Beunruhigen Sie die Unterschiede zwischen Ihrer Einschätzung und der des Teams? Zumindest wird Ihnen klar werden, wo noch viel Arbeit vor Ihnen liegt. Sie können, wie viele Unternehmen, einen Kurztrip zur Agilität starten und wie diese scheitern. Wir wollen hingegen Ihren Erfolg und empfehlen Ihnen, den anspruchsvolleren Weg zu gehen. Es gibt mittlerweile Hunderte erfolgreicher agiler Unternehmen (vgl. Liste im Anhang). Einige davon sind gern zum Erfahrungsaustausch bereit. Nehmen Sie Kontakt auf und nutzen Sie deren umfangreiche Erfahrungen.

Als sehr offen haben wir die Mitarbeiter bei wibas (*www.wibas.com*) erlebt. Das Unternehmen veröffentlicht ein ausgezeichnetes Kundenmagazin, das Sie kostenlos bestellen können. Es ist sehr gut gestaltet und extrem praxisorientiert. Der Geschäftsführer des Unternehmens, Malte Foegen, hat bereits in vierter Auflage das Buch *Der ultimative Scrum Guide* (2014) veröffentlicht. Für alle, die sich für Scrum als agiles Framework entscheiden, ist dies eine lohnenswerte Lektüre.

Gute Erfahrungen haben wir auch mit dem Wiesbadener Unternehmen Seibert Media gemacht. Ein Besuch auf deren Website lohnt sich in jedem Fall. Sie finden viele vertiefende Informationen rund um agile Zusammenarbeit.

Lesen Sie dazu auch unser Interview mit Kai Rödiger, agiler Coach bei Seibert Media, Kapitel 8.

2.2 Erwartungen an die Agilität

Was ist von agiler Zusammenarbeit zu erwarten? VersionOne, ein amerikanisches Beratungsunternehmen, liefert jährlich den *State of Agile*

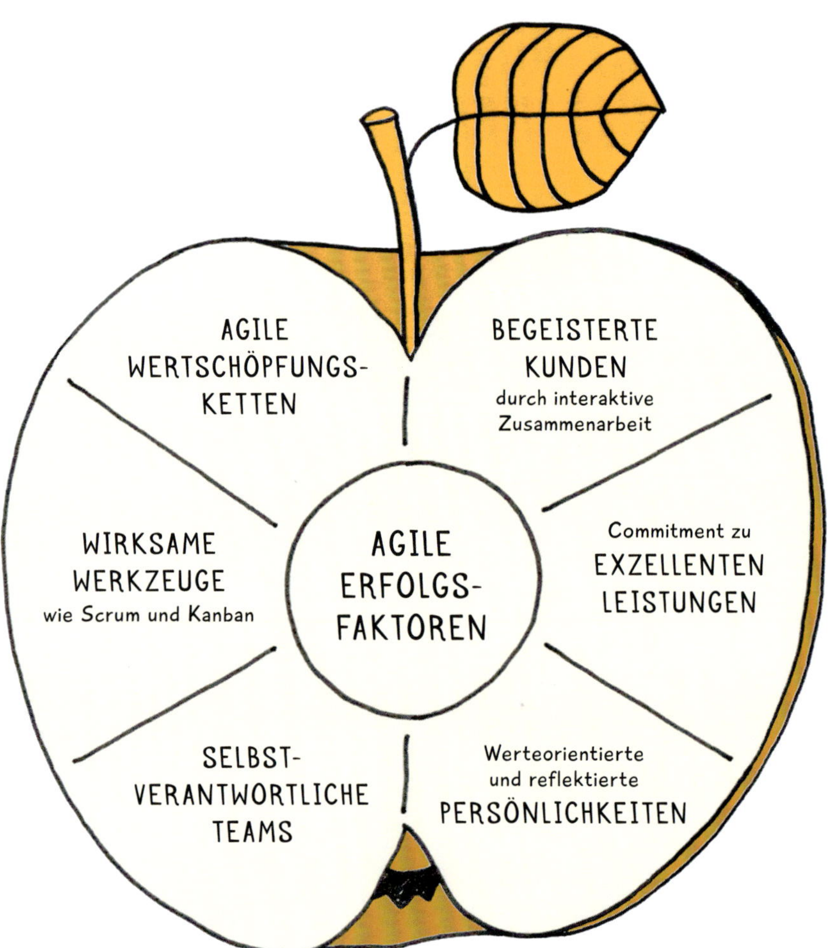

Report (*www.stateofagile.versionone.com*) mit Informationen aus agilen Unternehmen. Unter den zentralen Erwartungen der Befragten führen die folgenden zehn Punkte die Prioritätenliste an:

- Beschleunigung der Produktauslieferung,
- Steigerung der Fähigkeit, wechselnde Prioritäten zu managen,
- Produktivitätssteigerung,
- besserer Überblick über Projekte,
- Reduzierung von Projektrisiken,
- Verbesserung der Stimmung in den Teams,
- Verbesserung der Auslieferwahrscheinlichkeit,
- verteilte Teams besser managen,
- Verkürzung der Zeit von der Idee bis zur Marktreife (Time-to-Market, idea to cash),
- Senkung der Projektkosten.

Die Kosten werden erst an letzter Stelle aufgeführt. Offensichtlich überwiegen die anderen Faktoren. **Bild 2.2** gibt einen Überblick der agilen Erfolgsfaktoren.

Bild 2.2 Erfolgsfaktoren der Agilität

Erfahrung aus Kundenprojekten

Interview mit Torsten Klein, it-economics GmbH

Torsten Klein ist CEO der 2003 gegründeten it-economics GmbH mit 150 Mitarbeitern in Deutschland, der Schweiz und Bulgarien. Das IT-Beratungshaus konzipiert und implementiert maßgeschneiderte Software für die Finanzdienstleistungs-, Energie- und Medienbranche und betreut klassische und agile Projekte vom Start bis zum Rollout und darüber hinaus. Seine Erfahrungen mit agiler Arbeit fasst er wie folgt zusammen:

»Die Initialzündung für uns kam durch Projekte klassischer Methodik, bei denen häufig erst im Verlauf des Projekts deutlich wurde, wo die wirklich zeitintensiven Herausforderungen lagen. Hinzu kam, dass sich mit dem Projektfortschritt oftmals kundenseitig die Anforderungen deutlich veränderten. Der Zeitdruck und der damit verbundene Stress zeigten uns, gerade als Dienstleister, dass es etwas Besseres brauchte als die etablierten Projektmanagementmethoden. Im Zuge der Digitalisierung spüren immer mehr Unternehmen und Branchen genau den gleichen Veränderungsdruck wie wir bereits vor Jahren und tun gut daran, agile Methoden einzuführen.

Durch Selbststudium, Fachveranstaltungen und »Open Spaces« haben wir uns mit agilen Methoden auseinandergesetzt. Mit dem steigenden Anteil agiler Projekte haben wir unsere Mitarbeiter dann zunehmend über Trainings zum Scrum Master, Scrum Product Owner, Scrum Developer oder zum Kanban Management Professional (KMP) zertifiziert. Das Wertvollste ist aber sicherlich der umfangreiche Erfahrungsschatz, der über die Jahre in unterschiedlichsten Projekten und

Kundenumgebungen gewachsen ist. Wiederkehrende Auszeichnungen, wie die als »Beste Berater« zeigen, dass unsere Projekte von diesen Erfahrungen enorm profitieren. Seit einiger Zeit schulen und zertifizieren wir auch selbst und geben so das theoretisch und vor allem auch das praktisch erworbene Wissen an unsere Kunden und Berater weiter.

Agile Transitionen scheitern vor allem daran, dass Anpassungen in Eigenregie oft nur halbherzig vorgenommen oder klassische Projektmanagementmethoden einfach nur mit agilen Begriffen überschrieben werden, die volle Unterstützung des Topmanagements fehlt und die Mitarbeiter im Unklaren bleiben, wie es mit ihnen weitergeht. Ein anderes Problem sind Altsysteme und technische Infrastrukturen, die agiles Arbeiten ausbremsen.

Agilität ist in erster Linie ein Wandel in der Unternehmenskultur: Dazu braucht es Zeit, Freiraum und Commitment. Die wichtigste Voraussetzung ist, dass Management und Mitarbeiter umfassend geschult werden und transparent kommuniziert wird. Dazu braucht es erfahrene Trainer und Coaches, die den Wandel begleiten. Zudem muss das Management geschlossen hinter dem Change stehen und die neue Entscheidungs- und Fehlerkultur vorleben und fördern. Nach einer gelungenen agilen Transition haben Unternehmen dafür effizientere Teams mit echtem Zusammenhalt, Freude bei der Arbeit, steigende Kompetenz und eine offenere Feedbackkultur. Agiles Arbeiten führt zu weniger Arbeit in die falsche Richtung und steigender Wirtschaftlichkeit.«

2.3 Gemeinsames Verständnis von Agilität entwickeln

Sie kennen die Geschichte vom Turmbau zu Babel? Ein wirres Durcheinander war das damals! Klären Sie vor Ihrem Projektstart, wie Sie die unterschiedlichen Ansichten über Agilität auf einen gemeinsamen Nenner bringen können.

Wenn Sie in Ihrem Unternehmen noch wenig Wissen zur agilen Zusammenarbeit aufgebaut haben, empfehlen wir Ihnen dringend, einen erfahrenen agilen Coach zur Entwicklung Ihrer Ansichten zur Agilität einzuschalten oder eigene agile Coaches im Unternehmen zu entwickeln.

Nehmen Sie sich ausreichend Zeit zur Klärung dieser grundlegenden Fragen in Ihrem Team und mit Ihren Kollegen, es lohnt sich. Nichts ist schlimmer für Mitarbeiter, als ständig mit neuen »Change-Projekten« quasi überfallen zu werden. Untersuchungen zeigen, dass rund 70 % dieser Vorhaben wegen mangelhafter Vorbereitung im Sand verlaufen (vgl. Studien der Standish Group, *www.Standishgroup.com*).

Machen Sie es anders und besser. Beziehen Sie alle Ihre Mitarbeiter schon vor dem Start der späteren Pilotprojekte intensiv in die neuen Entwicklungen mit ein nach dem Motto »Betroffene zu Beteiligten machen«. Klären Sie, was Sie unter agiler Zusammenarbeit verstehen und erwarten, setzen Sie sich überprüfbare Ziele. Weniger Widerstand ist Ihre sichere Belohnung.

Auch das Führungsteam muss in die Diskussion einbezogen werden, nämlich als Ihre Sponsoren und Promotoren für erfolgreiche Projekte. Wir raten Ihnen dringend, auch den Betriebsrat von Anfang an zu integrieren. Dafür bietet sich z. B. ein Pilotprojekt zu einer möglichen Betriebs-

Agilität ist eine Haltung, eine Unternehmenskultur mit gelebten Werten. Es gibt klare Vorgehensweisen und definierte Werkzeuge, die die Selbstorganisation von Einzelpersonen, Teams und Organisationen unterstützen. Ziele der agilen Zusammenarbeit in einem komplexen und volatilen Umfeld sind:

- die Kundenzufriedenheit zu steigern,
- bessere Produkte in kürzerer Zeit zu liefern,
- die Mitarbeiterzufriedenheit zu erhöhen und
- eine hohe Attraktivität des Unternehmens für junge Mitarbeiter zu erreichen.

vereinbarung zum Thema »Erstellung eines Weiterbildungskonzepts« an. Erarbeiten Sie dieses Konzept mit agilen Methoden und Arbeitsweisen. Weitere Hinweise finden Sie unter Abschnitt 9.4.

In der amerikanischen Literatur zur Agilität taucht immer wieder das Kürzel »WIIFM« auf, es steht für »What is in for me?«. Dabei wird versucht, den Nutzen von Agilität aus der Sicht aller Betroffenen darzustellen. Manche bezeichnen dies auch als Stakeholder-Analyse. Für die spätere, zielgruppengenaue Kommunikation zu Ihrem Projekt ist das eine empfehlenswerte Vorgehensweise. Weitere Informationen zur Stakeholder-Analyse mit dem Schwerpunkt »Verhaltensaspekte« finden Sie in **Kapitel 6**.

Nachfolgend einige Vorschläge und Argumente, wie Sie Mitarbeiter und Kollegen für Ihr Projekt zur agilen Zusammenarbeit gewinnen können:

- Entscheider und Finanzverantwortliche überzeugen Sie eher mit strategischen und finanziellen Argumenten wie Zukunftsfitness des Unternehmens und seine starke Stellung im Wettbewerb sowie dem nachgewiesenen höheren ROI (Return on Investment) bei agilen Pionieren.
- Personalverantwortliche gewinnen Sie mit dem Argument der steigenden Arbeitgeberattraktivität durch den Einsatz agiler Methoden.
- Kollegen mit Ingenieurausbildung erreichen Sie leichter mit klaren Methodenansätzen wie Scrum und deren disziplinierter Arbeitsweise.
- Mitarbeiter gewinnen Sie nicht nur mit rationalen Argumenten. Sie müssen klar aufzeigen, welchen Nutzen die agile Zusammenarbeit bringt. Aus der Erfahrung agiler Unternehmen ist bekannt, dass die Zufriedenheit der Mitarbeiter dadurch erheblich steigt. Selbstorganisierte Teams bieten steigende Entscheidungskompetenz und Übernahme von Verantwortung.

Menschen im Mittelpunkt

Interview mit Christopher Voth, Zühlke Engineering

Seit Anfang 2017 bin ich bei der Zühlke Engineering GmbH als agiler Coach in der Beratung tätig.

Meine Erfahrungen aus dem klassischen Projektmanagement mit ständigen Budget- und Zeitüberschreitungen führten schon 2010 zur Beschäftigung mit dem Management Framework Scrum. Ich absolvierte eine Ausbildung zum Scrum Master bei der Scrum Alliance und nahm diese Rolle in einem Softwareprojekt wahr. Als Scrum Master kam mir der »Servant Leader« sehr entgegen, da dies meiner Haltung als Führungskraft entspricht. Später erfolgte noch eine Ausbildung zum Product Owner bei der scrum.org.

Durch die aktive Teilnahme in agilen Communitys, wie Agile Tuesday in München, konnte ich meine Erfahrungen weiter vertiefen.

Mit dem agilen Vorgehen steht der Mensch endlich wieder im Mittelpunkt und kann Werte wie Fokus, Commitment, Transparenz, Mut und Respekt leben. Dieses Wertesystem entspricht auch grundlegend meiner Haltung.

Bis heute bin ich als agiler Coach aktiv mit den Zielen, Teams produktiver zu machen und Scrum Mastern sowie Product Ownern zu helfen, agile Prinzipien besser zu verstehen und umsetzen zu können.

Das größte Hindernis war das mittlere Management, das in der Regel mehrere Monate brauchte, um seine Komfortzone zu verlassen und agiles Vorgehen anzuerkennen.

In den Feedbackprozessen und Retrospektiven sehe ich wirksame Mittel, um Verbesserungen zu erzielen.

Der Mehrwert der agilen Arbeit liegt für mich in folgenden Punkten:

- Time-to-Market verkürzen,
- Qualität hat höchsten Stellenwert,
- ständiges und schnelleres Liefern von Software-Releases, die den Geschäftswert der Kunden erhöhen,
- zunehmende Mitarbeiterzufriedenheit und autonomes Arbeiten der Teams.

2.4 Projektstart überprüfen

Vor dem Start Ihres Projekts sollten Sie die Ausgangssituation (Status quo) in Ihrem Unternehmen einer kritischen Überprüfung im Hinblick auf folgende Faktoren unterziehen:

- Wie stark ist Ihr Unternehmen hierarchisch geprägt?
- Ist »command and control« Ihr vorherrschendes Führungsverhalten?
- Sind Mitarbeiter und Führungskräfte von gescheiterten Change-Projekten frustriert und demotiviert?
- Ist »servant leadership« ein Fremdwort bei Ihren Führungskräften?
- Macht Teamarbeit in Ihrem Arbeitskontext keinen Sinn?
- Sind Mitarbeiter und Führungskräfte auf intensive Kommunikation weder eingestellt noch vorbereitet (z. B. ehrliches Feedback, kontroverse Diskussionen)?
- Beharren Ihre Führungskräfte auf ihrer Macht und können nicht loslassen? Werden Entscheidungen zentral, ohne Einbeziehung der Mit-

arbeiter, getroffen? Wie sieht es mit Delegation von Verantwortung aus?

- Vertragen sich die gelebten Werte nicht mit den agilen Werten (diese werden in Kapitel 4 ausführlich dargestellt)?
- Gibt es weder Erfahrung noch aktuelles Know-how zur agilen Zusammenarbeit?
- Steht Ihr Führungsteam der agilen Arbeitsweise skeptisch bis ablehnend gegenüber?

Betrachten Sie unbedingt vor dem Start Ihres Projekts die Ausgangssituation (Status quo) in Ihrem Unternehmen. Nur wenn die Ausgangsposition klar ist, kann eine Reise geplant werden!

Es besteht vermutlich Nachbesserungsbedarf, um Ihr Projekt erfolgreich auf den Weg zu bringen. Wir wollen Ihnen mit »Agilität« auf keinen Fall Luftschlösser und »Wolkenkuckucksheime« »andrehen«. Welche Voraussetzungen für Ihren Projekterfolg ganz grundsätzlich bestehen, zeigen wir Ihnen mit folgender Übersicht nach dem Knoster-Modell. Dabei werden die folgenden fünf Faktoren betrachtet:

1. Es gibt eine klare Vision, ein gemeinsames Verständnis von Agilität.
2. Alle Beteiligten verfügen über die erforderlichen Fähigkeiten und Fertigkeiten (Skills).
3. Das Belohnungssystem im Unternehmen ist auf Teambelohnung statt auf Individualbelohnung ausgerichtet.
4. Das Projekt wird mit ausreichenden Finanzmitteln und sonstiger Ausstattung unterstützt.
5. Es liegt ein Aktionsplan (Roadmap) vor.

Je nach Konstellation erhalten Sie die folgenden Ergebnisse:

1 + 2 + 3 + 4 + 5 = erfolgreiches Projekt
2 + 3 + 4 + 5 = Konfusion
1 + 3 + 4 + 5 = Angst
1 + 2 + 4 + 5 = Widerstand
1 + 2 + 3 + 5 = Frustration

2.5 Reise-/Projektvorbereitung

Wir vergleichen Ihr Projekt mit einer ausgedehnten Reise, und die sollten Sie gut vorbereiten. Die folgenden sieben Punkte können dabei nützlich sein:

1. Reiseziel,
2. Reisestationen,
3. Reisebegleiter,
4. Reisebudget,
5. Grundkenntnisse in der Sprache des Ziellandes,
6. gesundheitliche und sonstige Fitness,
7. Reiseliteratur.

Zum besseren Verständnis der sieben Punkte hier noch einige kurze Anmerkungen:

- Zu 1.: Stellen Sie sich vor, wie Ihr Unternehmen nach der erfolgreichen Umsetzung des Projekts seine Zusammenarbeit gestalten wird (Zielbild).
- Zu 2.: Auch Ihr Projekt braucht eine klare Etappenplanung (Roadmap) zu den einzelnen Phasen. In den Kapiteln 9 und 10 finden Sie dazu mehr.
- Zu 3.: Allein werden Sie keinen Erfolg haben. Holen Sie sich einen erfahrenen agilen Coach ins Haus oder bilden Sie interne agile Coaches aus. Dauert länger, hat aber viele Vorteile. Installieren Sie mit Kollegen ein agiles Umsetzungsteam. Holen Sie sich die Unterstützung Ihrer Topentscheider für das Projekt ein.
- Zu 4.: Nur wenn Ihre Topentscheider bereit sind, qualifizierte Mitarbeiter, ausreichende Finanzmittel, Zeiten für die Projektarbeit und die sonstige Ausstattung zur Verfügung zu stellen, können Sie Ihr Projekt erfolgreich gestalten.
- Zu 5.: Nichts freut Bewohner eines Reiselandes mehr, als wenn der Besucher wenigstens teilweise ihre Sprache beherrscht. Versuchen Sie, sich den agilen Wortschatz zu eigen zu machen, z. B. mithilfe des Glossars am Ende dieses Buches.
- Zu 6.: Mit dem Fragebogen »Wie agil sind Sie schon?« am Ende dieses Kapitels können Sie testen, wie weit Sie schon auf dem Weg zur Agilität fortgeschritten sind.
- Zu 7.: Wir haben Ihnen in jedem Kapitel und am Ende dieses Buches die relevante Literatur zusammengestellt.

Mit diesen Vorüberlegungen und der umfangreichen Vorbereitung können Sie sich mit hoher Erfolgszuversicht auf den in der Regel schwierigen Weg machen.

Bewahren Sie sich für unvorhersehbare Ereignisse, die Ihnen sicher begegnen werden, eine ausreichend hohe Flexibilität.

2.6 Agil werden – ein herausfordernder Change-Prozess

Sie sollten Ihre Vorbereitung dennoch nicht unnötig komplex werden lassen. Puristische Agilisten raten zu einem schnellen Start mit Sprints. Unsere Erfahrungen zeigen jedoch, dass nicht ausreichende Vorüberlegungen eher zum Scheitern als zum Erfolg führen. Sie haben mit IT-Projekten, wie der Einführung einer ERP-Software, oder Ähnlichem einige Erfahrungen sammeln können, wie Sie Neuerungen in Ihr Unternehmen implementieren. Dennoch empfehlen wir Ihnen, sich mit modernen Methoden des Change Managements, wie z. B. »The Lean Change Method« von Jeff Anderson, zu beschäftigen. Er empfiehlt, mit folgenden Elementen zu arbeiten:

- Dringlichkeit des Vorhabens, z. B. wegen mangelhafter Zusammenarbeit mit Kunden,
- Betroffene und Beteiligte, z. B. Vertrieb und Marketing,
- Vision, Stellung des Unternehmens in der Zukunft, z. B. höhere Kundenzufriedenheit,
- Zielbild, z. B. 60 % der Kunden sind aktive Empfehler,
- durchzuführende Aktionen planen, Schulung, Training, Coaching, eventuell Einschaltung externer Experten,
- Commitment/Vereinbarungen, z. B. zeitliche Verfügbarkeit der Beteiligten,
- Nutzen, Ergebnisse, z. B. Erhöhung der Empfehlerquote durch Kunden,
- Erfolgskriterien, z. B. Steigerung des Net Promoter Scores (NPS) um x %,
- Kommunikation, Kommunikation, Kommunikation.

Etwas einfacher ist das ADKAR-Modell (Awareness, Desire, Knowledge, Ability, Reinforcement), das wir Ihnen im Kapitel 9 ausführlicher vorstellen.

Entwickeln Sie ein zu Ihrem Unternehmen passendes Vorgehensmodell, mit dem Sie genügend flexibel sind und in das Sie die Betroffenen und Beteiligten gut integrieren können. Standardmodelle bieten in der Regel sehr brauchbare Vorlagen, müssen aber an den jeweiligen Kontext des Unternehmens angepasst werden. Wichtig ist, dass Sie Ihre Mitarbeiter »mitnehmen« können und der »Change« ohne große Widerstände bewältigt werden kann.

Auf die immer wieder auftretenden Hindernisse gehen wir in Kapitel 9 genauer ein.

2.7 Entwicklung von Managementkonzepten und deren Weiterentwicklung

Überlegen Sie sich, von welchen Konzepten Sie während Ihrer Ausbildung und dann in Ihrer Berufspraxis geprägt wurden und die immer noch Ihre Entscheidungen und das Verhalten gegenüber Kunden und Mitarbeitern bestimmen. Passen die dort vertretenen »Grundüberzeugungen« noch, oder hat sie der »Zeitgeist« obsolet gemacht? Haben wesentliche Aussagen und Empfehlungen noch Bestand in der sich dramatisch wandelnden Wirtschaftswelt?

In Bild 2.3 haben wir nur einige der wichtigsten Entwicklungen im Management aufgegriffen, die die Arbeitswelt und das Managementdenken beeinflusst haben:

1. Wissenschaftliche Betriebsführung

Diese Managementlehre, auch »Scientific Management« genannt, geht zurück auf Frederick W. Taylor und stellt die technische Effizienz der Arbeit nach rationellen wissenschaftlichen Aspekten in den Vordergrund ihrer Überlegungen. Taylor hatte eine ingenieurwissenschaftliche Ausbildung, und es ging ihm um strenge Prinzipien zum rationellen Einsatz von Menschen und Maschinen im Produktionsprozess. Er entwickelte Methoden- und Zeitstudien zur Planung der Arbeit mit maximaler Effizienz. Seine grundlegenden Prinzipien waren:

- Trennung von Planung und Ausführung und weitgehende Arbeitsteilung,
- strenge Kontrolle der Arbeitsausführung,
- finanzielle Anreize auf der Basis von Zeitstudien (Grundlage für Akkordarbeit).

Diese Prinzipien bildeten die Grundlagen für die Fließbandarbeit. Zwischenmenschliche Beziehungen betrachtete er als leistungshindernd.

2. Bürokratische Organisation

Der Soziologe Max Weber hat in seiner Bürokratietheorie unter anderem folgende Merkmale definiert:

- Trennung von Aufgabe und Person,
- starke Bindung an feste Regeln,
- Hierarchieprinzip,
- Arbeitsteilung und Expertentum.

Seine Theorie fand zunächst eine weite Verbreitung in staatlichen Institutionen, hielt aber auch Einzug in Großunternehmen. Heute versuchen Unternehmen, die ausgeprägte »Bürokratisierung« zu überwinden und starre Regeln durch Ziele zu ersetzen.

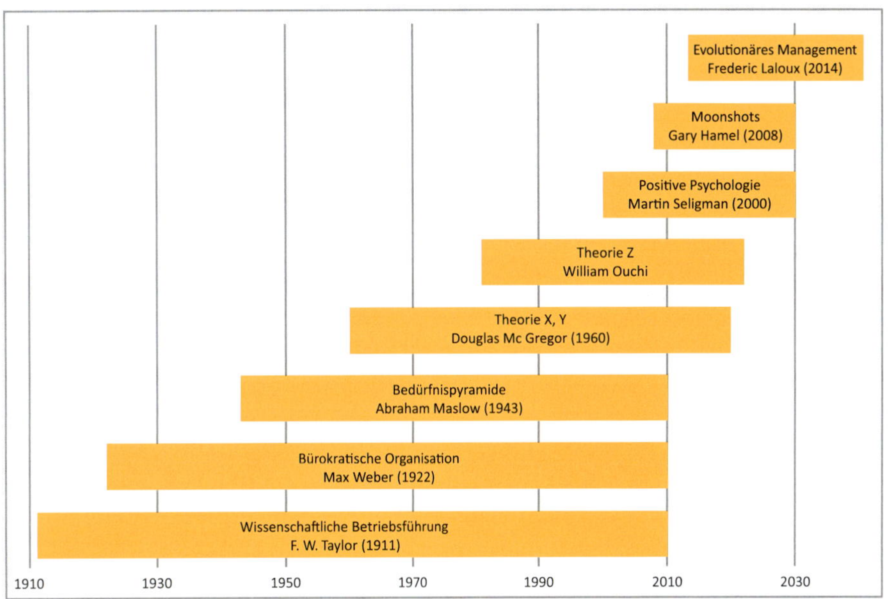

Bild 2.3 Managementkonzepte

3. Bedürfnispyramide nach Maslow

Sie ist eine sozialpsychologische Theorie und kategorisiert menschliche Bedürfnisse und Motivationen in fünf Stufen:

- Stufe 5: Selbstverwirklichung, als Wachstum der Persönlichkeit, mit Entfaltung und Realisierung von Ideen.
- Stufe 4: Individualbedürfnisse wie Anerkennung, Geltung, Status.
- Stufe 3: Soziale Bedürfnisse wie Freundschaft, Zugehörigkeit.
- Stufe 2: Sicherheitsbedürfnisse wie materielle und berufliche Sicherheit (Arbeitsplatz).
- Stufe 1: Physiologische Bedürfnisse wie Nahrung, Schlaf.

Dieses Orientierungsmodell ist nicht eins zu eins auf alle Menschen und Situationen übertragbar und muss individuell angepasst werden. Man geht davon aus, dass heute die Stufen 1 bis 4 im Wirtschaftsalltag weitgehend erfüllt werden und deshalb das Erreichen der Stufe 5 angestrebt wird.

4. Theorien X, Y und Z

Diese Managementtheorien vertreten zwei völlig konträre Menschenbilder. So unterstellt Theorie X, dass Menschen unwillig und von Natur aus faul sind und Arbeit vermeiden, wo es nur geht. Viele sehen in ihr die Grundlage der hierarchischen Unternehmensführung mit »command and control«.

Der amerikanische Professor Douglas McGregor entwickelte die Theorie Y und unterstellte, dass Arbeit für Menschen einen hohen Stellenwert besitzt und eine wichtige Quelle der Zufriedenheit darstellt. Nach ihm sind Menschen grundlegend leistungsbereit und von innen motiviert. Er fordert, Bedingungen zu schaffen, die Menschen motivieren, z. B. durch mehr Selbstbestimmung, höhere Verantwortung, flexiblere Organisationsformen sowie durch Gruppen- und Projektarbeit.

Die Theorie Z wurde vom Japaner William Ouchi auf der Basis der Arbeiten von McGregor weiterentwickelt. Sie beinhaltet unter anderem folgende Prinzipien:

- Entscheidungsfindung erfolgt kollektiv und einvernehmlich,
- es werden keine formalisierten Entscheidungs- und Verhaltensregeln vorgegeben,
- interpersonelle Beziehungen sind von großer Bedeutung.

5. Positive Psychologie und Positive Leadership

Der amerikanische Psychologe Martin Seligman gilt als einer der Begründer der Positiven Psychologie, die sich mit den positiven Aspekten des Menschen wie Optimismus, Vertrauen, individuelle Stärken und Solidarität beschäftigt. Die Übertragung dieser Prinzipien in die Unternehmenspraxis führte zur Entwicklung des Positive-Leadership-Konzepts mit einem Welt- und Menschenbild, das unter anderem

- Menschen als lern- und entwicklungsfähig sieht,
- bestehende Potenziale weiterentwickelt,
- stärker auf Prozesse als auf Strukturen achtet,
- auf Erfolg und Entwicklung ausgerichtet ist.

Dabei stehen Stärken, Ressourcen und Potenziale von Menschen und Unternehmen im Zentrum.

6. Moonshots

Im Jahr 2008 traf sich eine Gruppe von Managementvordenkern und -praktikern unter Leitung von Gary Hamel und diskutierte über die mögliche Zukunft des Managements. Sie formulierten dabei 25 wagemutige Herausforderungen für Führung und Zusammenarbeit. Wir haben zehn davon herausgegriffen und neu formuliert und stellen Sie Ihnen vor.

- Stellen Sie sicher, dass Management einem höheren Zweck dient.
- Hinterfragen Sie die Grundüberzeugungen des Managements.
- Überwinden Sie die Nachteile formaler Hierarchien.
- Bauen Sie Furcht ab und Vertrauen auf.
- Vermindern Sie Kontrolle und setzen Sie sie richtig ein (ist die Kontrolle gut, ist das Vertrauen besser).
- Fördern Sie Diversität.
- Lassen Sie sich weniger von der Vergangenheit bestimmen.
- Empowern Sie Ihre Teams.
- Steigern Sie die Autonomie Ihrer Mitarbeiter.
- Sorgen Sie für eine Aktualisierung des Mindsets Ihrer Manager.

Diese Liste kann nicht einfach abgearbeitet und umgesetzt werden. Sie soll Sie anregen, über Ihre Überzeugungen und Einstellungen, vor allem aber Ihr Menschenbild nachzudenken. Weitere Anregungen dazu finden Sie im Buch *Reinventing Organizations* von Frederic Laloux (2015). Er stellt eine Reihe von Unternehmen vor, die mit evolutionärem Management nachweislich nachhaltige Erfolge erzielen. »Gutes Management« ist eine der wichtigsten Grundlagen für agile Zusammenarbeit. Weiterführende Informationen dazu finden Sie in Kapitel 6.

7. Evolutionäres Management

Vertreter dieser Disziplin plädieren dafür, im Unternehmen geeignete Rahmenbedingungen zu schaffen, damit sich Mitarbeiter und Unternehmen selbständig entwickeln und selbst organisieren können. Hier klingen bereits einige Grundprinzipien der agilen Zusammenarbeit an.

Mit der internen Themenwolke können Sie sich einen raschen Überblick über notwendige Anpassungen zu evolutionären Rahmenbedingungen für Agilität verschaffen. Wie in Kapitel 1 mit der externen Themenwolke empfehlen wir

Ihnen, aus unserer Vorlage eine für Ihre aktuelle Situation passende Themenübersicht zu erstellen und zu bearbeiten.

2.8 Unternehmenskultur und agile Zusammenarbeit

Die agilen Experten sind sich einig: Agile Zusammenarbeit ist nicht mit der Einführung einiger Methoden und Werkzeuge, wie z. B. Scrum, zu erledigen. Sie halten vielmehr eine Veränderung der Unternehmenskultur für erforderlich. Es wird bei Ihnen nicht anders sein, wenn Sie Erfolg haben wollen. Die Frage ist: Wie können Sie vorgehen? Wir werden Ihnen im Folgenden passende Kulturtypen präsentieren, die zentralen Gestaltungselemente der Unternehmenskultur vorstellen und aufzeigen, wie ein Kulturwandel gelingen kann.

2.8.1 Kulturen verstehen

Das amerikanische Softwareunternehmen VersionOne versteht sich als Plattform für Agilität und bietet Produkte und Services rund um das agile Framework SAFe an. Es führt seit Jahren den »State of Agile Development Survey« durch. Dort nennen die Befragten als Haupthindernis für die agile Transformation die »mangelnde Fähigkeit, die Unternehmenskultur zu verändern«. In Kapitel 8 beschäftigen wir uns ausführlicher mit weiteren Hindernissen und deren Bewältigung.

Um Kulturen verändern zu können, muss man sie erkennen und verstehen.

Viele Unternehmen sind nicht nur durch eine einzige gemeinsame Kultur gekennzeichnet, sondern bestehen aus unterschiedlichen Teilkulturen, z. B. in der IT, in Marketing und Vertrieb, bei Ingenieuren, bei Controllern usw. In der agilen Community stützen sich die Experten bei den Kulturtypen in der Regel auf das Schneider-Kulturmodell mit folgenden vier Ausprägungen, in Klammern deren Verbreitung:

- *Kollaborationskultur* (47 %) mit der Kernaussage: »Wir sind erfolgreich durch intensive Zusammenarbeit.« Typische Kennzeichen dieses Typs sind Vertrauen, Zusammenhalt, Partnerschaft, Diversität.
- *Kontrollkultur* (3 %) mit der Aussage: »Wir sind erfolgreich mit intensiver Kontrolle aller Vorgänge und Prozesse.« Sie ist gekennzeichnet durch Standardisierung, Hierarchie, Sicherheit, Vorhersagbarkeit, Stabilität und Ordnung.
- *Kultivationskultur* (41 %) mit der Aussage: »Wir haben Erfolg, indem wir unsere Mitarbeiter entwickeln und wachsen lassen.« Die Kennzeichen sind: visionäre Ausrichtung, Wachstum, Kreativität, Ausrichtung auf einen »höheren« Zweck, evolutionäres Management.
- *Kompetenzkultur* (9 %) mit der Aussage: »Wir sind erfolgreich, weil wir die Besten sind.« Ihre Kennzeichen: Effizienz und Effektivität, Professionalisierung, Expertentum, besondere Fähigkeiten und Fertigkeiten.

Es gelingt Ihnen vermutlich auf Anhieb, sich mit Ihrem Unternehmen einem der Typen zuzuordnen. Für eine exakte Bestimmung verweisen wir auf das Organizational Culture Assessment Instrument (OCAI) von Kim S. Cameron (2011). In seinem Buch *Diagnosing and Changing Organizational Culture* finden Sie die erforderlichen Details. Wenn Sie dieses Thema vertiefen wollen, empfehlen wir Ihnen die *Harvard Business Review* vom Januar/Februar 2018 und den *Harvard Business Manager* vom März 2018. Dort wurden die Ergebnisse der umfangreichen Forschungsarbeiten der Personalberatung Spencer Stuart ausführlich dargestellt. Sie arbeiten mit folgenden Kulturstilen und deren Ausprägungsgraden: Ergebnisorientierung mit 89 %, Fürsorge mit 63 %, Ordnung mit 15 %, Zweck mit 9 %, Sicherheit mit 8 %, Lernen mit 7 %, Autorität mit 4 %, Freude, Happiness mit 2 %

Da Mehrfachnennung möglich war, ergeben sich mehr als 100 %.

2.8.2 Gestaltungselemente der Unternehmenskultur

Professorin Sonja Sackmann (2004) von der Universität der Bundeswehr forscht seit Jahren international zu den Themen Unternehmenskultur und Organisationsentwicklung. In Ihrem Buch *Erfolgsfaktor Unternehmenskultur* stellt sie die Ergebnisse vor und untermauert diese durch praktische Beispiele z. B. von BMW, Lufthansa,

Grundfos, Henkel, Hilti und Novo Nordisk. Sie verwendet dabei folgende zehn Charakteristika einer erfolgsunterstützenden Unternehmenskultur:

- klare Identität, gemeinsame Zielorientierung und -umsetzung,
- konsequente Ausrichtung auf den Kunden,
- Innovations-, Lern- und Entwicklungsorientierung,
- partnerschaftliches und kulturkonformes Führungsverhalten,
- Führungskontinuität,
- Unternehmertum im Unternehmen,
- Selbstverständnis eines Corporate Citizen,
- engagierte, transparente und qualifizierte Unternehmensaufsicht,
- Orientierung an profitablem, nachhaltigem Wachstum,
- grundlegende Überzeugungen, Haltungen und Werte.

Anhand dieser zehn Charakteristika können Sie eine Kulturdiskussion und -entwicklung in Ihrem Unternehmen anstoßen.

Mit dem Organizational Culture Assessment Instrument (OCAI) von Kim S. Cameron (2011) und der Checkliste von Professorin Sonja Sackmann haben Sie hervorragende Materialien, die Sie auf Ihrem Weg zum Kulturwandel bestens unterstützen können.

Für Ihren Weg zur agilen Zusammenarbeit bieten die Kulturtypen »Kollaboration« und »Kultivation« die günstigsten Ausgangsvoraussetzungen. Sie sind mit den folgenden fünf Dimensionen der agilen Kultur in weitgehender Übereinstimmung:

- Kultur des Vertrauens, Ergebnisorientierung,
- Übernahme von Verantwortung,
- Flexibilität,
- Kultur der ständigen Verbesserung.

2.9 Fragebogen »Wie agil sind Sie schon?«

Zum Abschluss dieses Kapitels bieten wir Ihnen noch den nachstehenden Fragebogen zu Ihrer Selbsteinschätzung: Wo stehen Sie? Welchen Weg müssen Sie noch zurücklegen?

Wie agil sind Sie schon?

Schätzen Sie realistisch Ihr Team/Ihren Verantwortungsbereich nach den folgenden Kriterien ein:

0	1	2	3	4
nicht vorhanden	schwach vorhanden	durchschnittlich vorhanden	gut vorhanden	sehr gut vorhanden
0 %	25 %	50 %	75 %	100 %

1. Arbeiten im volatilen Umfeld

	0	1	2	3	4	5
Unsere Kunden und Märkte sind sehr volatil, komplex und instabil.	☐	☐	☐	☐	☐	☐
Kunden ändern häufig ihre Anforderungen während der Bearbeitung.	☐	☐	☐	☐	☐	☐
Die Wettbewerber nutzen bereits erfolgreich agile Arbeitsformen.	☐	☐	☐	☐	☐	☐
Wir sind im Unternehmen gut vernetzt und nutzen ein »Radarsystem«, um Entwicklungen in den Zielmärkten frühzeitig zu erkennen.	☐	☐	☐	☐	☐	☐
Der technische Wandel/Serviceinnovationen verlangen von uns eine höhere Flexibilität und Kreativität.	☐	☐	☐	☐	☐	☐

Summe __________

2. Unternehmenskultur und Veränderungsbereitschaft	0	1	2	3	4	5
Immer mehr Aufgaben werden in Projektarbeit durchgeführt.	☐	☐	☐	☐	☐	☐
Wir besitzen eine hohe Veränderungskompetenz.	☐	☐	☐	☐	☐	☐
Wir haben in der Vergangenheit Change-Projekte erfolgreich umgesetzt.	☐	☐	☐	☐	☐	☐
Wir schaffen mit unserer agilen Arbeit einen messbaren Mehrwert für unser Unternehmen.	☐	☐	☐	☐	☐	☐
Unsere jetzige Unternehmenskultur bietet gute Voraussetzungen für agile Zusammenarbeit.	☐	☐	☐	☐	☐	☐
	Summe ______					

3. Verhalten und Werte	0	1	2	3	4	5
Die Menschen sind das Wertvollste in unserem Unternehmen.	☐	☐	☐	☐	☐	☐
Wir schaffen Rahmenbedingungen, die Menschen zur Höchstleistung motivieren.	☐	☐	☐	☐	☐	☐
Unsere Werte sind so formuliert, dass wir diese als klare Orientierung nutzen können.	☐	☐	☐	☐	☐	☐
Im gegenseitigen Feedback geben wir uns auch Rückmeldung zur Umsetzung unserer Werte.	☐	☐	☐	☐	☐	☐
Wir haben gemeinsame Werte definiert, an denen wir das tägliche Handeln ausrichten (z. B. Vertrauen, Offenheit, Respekt, Commitment, exzellente Leistungen, Transparenz, Unterstützung, Feedback).	☐	☐	☐	☐	☐	☐
	Summe ______					

4. Persönlichkeit im agilen Umfeld	0	1	2	3	4	5
Wir achten im Unternehmen auf ein positives Menschenbild.	☐	☐	☐	☐	☐	☐
Wir haben klare Vorstellungen, was eine agile Persönlichkeit auszeichnet.	☐	☐	☐	☐	☐	☐
Ich sehe mich als eine agile Persönlichkeit.	☐	☐	☐	☐	☐	☐
Wir achten auf die Einstellungen/Überzeugungen unserer Mitarbeiter und Führungskräfte zu agilen Arbeitsweisen.	☐	☐	☐	☐	☐	☐
Unser Kommunikationsverhalten fördert Kreativität, Eigenverantwortung und Ergebnisqualität.	☐	☐	☐	☐	☐	☐
	Summe ______					

5. Agile Führung	0	1	2	3	4	5
Mitarbeiter übernehmen im Team im gegenseitigen Wechsel selbst die Moderation und legen die Arbeitsschwerpunkte eigenverantwortlich fest.	☐	☐	☐	☐	☐	☐
Die Führungskraft coacht das Team und einzelne Mitarbeiter zur Verbesserung der agilen und selbstorganisierten Arbeit und der abgestimmten Vorgehensweisen.	☐	☐	☐	☐	☐	☐
Die Führungskraft beseitigt zeitnah Behinderungen des Teams, damit dieses möglichst effektiv und effizient arbeiten kann.	☐	☐	☐	☐	☐	☐
Die Führungskraft ist der Ansprechpartner für die internen/externen Kunden und klärt deren Aufträge an das Team.	☐	☐	☐	☐	☐	☐
Wir reflektieren nach jedem Zeitabschnitt (Sprint) unsere Arbeitsweise und Methoden und verbessern diese kontinuierlich.	☐	☐	☐	☐	☐	☐
	Summe ______					

6. Agile Teams	0	1	2	3	4	5
Die Rollen im Team sind geklärt, und jeder füllt diese professionell aus (Führung/Scrum Master, Kundenvertreter/Product Owner, Teammitglieder).	☐	☐	☐	☐	☐	☐
Unsere Aufgaben, Kompetenzen und Verantwortung sind uns allen im Team klar, und wir organisieren unsere Arbeitsprozesse eigenständig.	☐	☐	☐	☐	☐	☐
Wir treffen im Team klare Entscheidungen, wer an welchen Themen arbeitet und welche Prioritäten wir setzen.	☐	☐	☐	☐	☐	☐
Die Absprachen mit dem Kunden zu Arbeitsmenge und Qualität in einer bestimmten Zeit sind für uns bindend.	☐	☐	☐	☐	☐	☐
Wir reflektieren unsere selbstorganisierte Zusammenarbeit regelmäßig nach jedem Zeitabschnitt (Sprint), geben uns Feedback und arbeiten kontinuierlich an Verbesserungen (Verhalten und Methoden).	☐	☐	☐	☐	☐	☐
Summe ______						

7. Chancen nutzen – Konflikte und Widerstände klären	0	1	2	3	4	5
Durch die agile Zusammenarbeit sehen wir große Chancen, unsere Wettbewerbssituation zu verbessern.	☐	☐	☐	☐	☐	☐
Unser Topmanagement steht zur agilen Arbeit und unterstützt diese tatkräftig.	☐	☐	☐	☐	☐	☐
Widerstände und Bedenken gegen agile Zusammenarbeit werden ernst genommen und geklärt.	☐	☐	☐	☐	☐	☐
Wir haben klare Konzepte zur Einführung agiler Organisationsformen.	☐	☐	☐	☐	☐	☐
Wir nehmen bewusst in Kauf, dass während der Umstellung auf agile Arbeitsweisen eine Leistungseinbuße entsteht.	☐	☐	☐	☐	☐	☐
Summe ______						

8. Agile Werkzeuge und Vorgehensweisen

	0	1	2	3	4	5
Wir orientieren uns an bewährten agilen Werkzeugen wie z. B. Scrum und passen diese unseren Prozessen an.	☐	☐	☐	☐	☐	☐
Wir achten auf eine effiziente Meetingkultur mit aktiver Beteiligung und konkreten Ergebnissen.	☐	☐	☐	☐	☐	☐
Wir arbeiten in iterativen Prozessen und halten Terminabsprachen strikt ein.	☐	☐	☐	☐	☐	☐
Wir nutzen digitale Tools, um Prozesse zu beschleunigen und transparent zu machen.	☐	☐	☐	☐	☐	☐
Unsere Arbeitsfortschritte sind für Kunden wie Management jederzeit einsehbar.	☐	☐	☐	☐	☐	☐

Summe ______

9. Kundenbegeisterung durch agile Zusammenarbeit

	0	1	2	3	4	5
Ein wesentliches Ziel der agilen Zusammenarbeit ist die Steigerung der Kundenzufriedenheit.	☐	☐	☐	☐	☐	☐
Der Verantwortliche auf Kundenseite koordiniert deren Anforderungen und ist der Ansprechpartner für das Team.	☐	☐	☐	☐	☐	☐
Bei der Leistungsvereinbarung mit dem Kunden achten wir auf unsere verfügbaren Ressourcen.	☐	☐	☐	☐	☐	☐
Der interne/externe Kunde wird intensiv in die Arbeitsprozesse mit eingebunden.	☐	☐	☐	☐	☐	☐
Änderungen aus Kundenanforderungen sind erwünscht und selbstverständlich.	☐	☐	☐	☐	☐	☐

Summe ______

Auswertung:

Nehmen Sie die Summe zu jedem Kapitel und tragen Sie die Zahlen in das Spinnennetz ein (Bild 2.4).

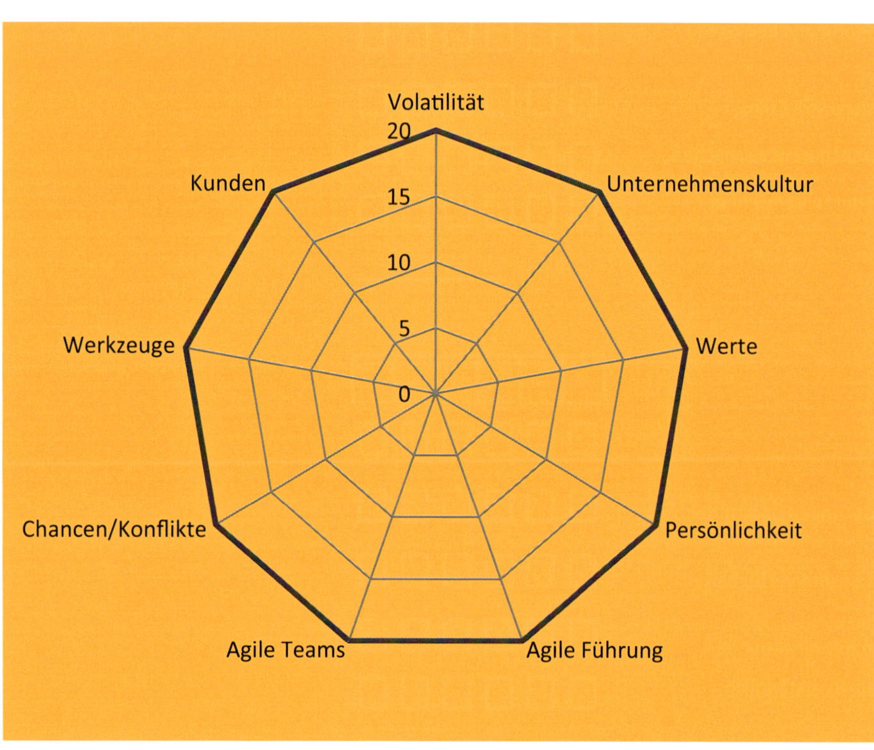

Bild 2.4 Selbstverortung: Wo liegt der Startpunkt?

2.10 Genereller und funktionsbezogener Einsatz der agilen Zusammenarbeit

Mit der Auswertung des Fragebogens »Wie agil sind Sie schon?« haben Sie für sich persönlich und auch für Ihr Team einen aktuellen Überblick, wie weit die Entwicklung zur agilen Zusammenarbeit bereits gediehen ist. Mit den folgenden Ausführungen wollen wir Ihnen zeigen, wo Agilität in der Unternehmenspraxis sinnvoll und ergebnisorientiert eingesetzt wird.

Wo Agilität generell sinnvoll ist

Agilität hat sich längst aus der Nische der Softwareentwicklung heraus in viele Branchen und Funktionsbereiche von Unternehmen sehr erfolgreich entwickelt.

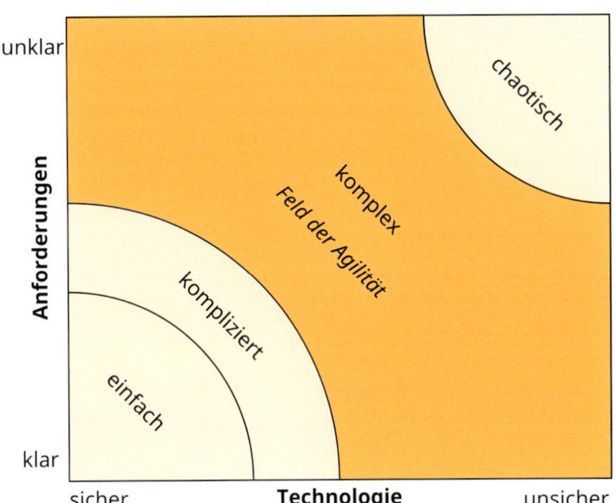

Bild 2.5 Cynefin-Modell

- **Einfach:** Eindeutiger Zusammenhang zwischen Ursache und Wirkung.
- **Kompliziert:** Zusammenhang zwischen Ursache und Wirkung ist klar.
- **Komplex:** Gültige Antworten sind schwer zu finden, Wirkungen nur teilweise bekannt. Hier liegt das Feld der Agilität.
- **Chaotisch:** Zusammenhänge zwischen Ursache und Wirkung in der Regel nicht feststellbar, weil sie sich beständig ändern und keine überschaubaren Muster existieren.

Komplexe Sachverhalte sind sowohl von den Anforderungen her wie auch bei ihrer Bearbeitung nicht eindeutig zu bestimmen und meist unklar.

Wo Agilität im Unternehmen sinnvoll ist

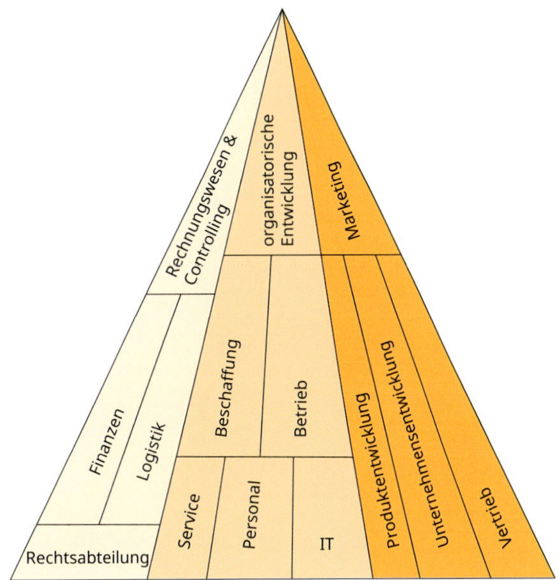

Bild 2.6 Agile Anwendungsbereiche: je gelber die Bereiche markiert sind, desto sinnvoller ist die agile Zusammenarbeit

Das Beratungsunternehmen Capgemini hat in seiner Studie »Agile Organizations Study 2017« die Potenziale der agilen Zusammenarbeit im praktischen Einsatz ermittelt und in Bild 2.6 dargestellt.

Sie haben damit eine gute Orientierung für Ihr eigenes Vorgehen.

Empfehlung für das Themen-Backlog:

Werten Sie den Fragebogen »Wie agil sind Sie schon?« zunächst selbst und dann mit Ihrem Team aus, führen Sie die Ergebnisse in der Radargrafik nach Bild 2.4 zusammen und diskutieren Sie eventuelle Abweichungen.

IHR THEMEN-BACKLOG

Bitte notieren Sie Ihre Erkenntnisse und ersten Aufgaben, die Sie aus diesem Kapitel gewonnen haben.

Arbeitsunterlagen zum kostenlosen Download finden Sie unter: *www.teamwork-agil-gestalten.de/download*

2.11 Literatur und Links

Anderson, Jeff: *The Lean Change Method*. CreateSpace Independent Publishing Platform, Scotts Valley 2013. Anderson bietet mit seinem Buch einen ausgezeichneten Leitfaden zum agilen Change.

Berner, Winfried: *Culture Change*. Schäffer-Poeschl, Stuttgart 2012. Zeigt Ihnen, wie Kulturveränderungen gelingen können.

Cameron, Kim S.: *Diagnosing and Changing Organisation Culture*. Jossey-Bass, San Francisco 2011. Bietet mit dem Competing Values Framework eine gute Orientierung zur Typologie von Kulturen.

Capgemini: *Agile Organizations Study*. Paris, 2017

Claßen, Martin: *Change Management aktiv gestalten*. Luchterhand, München 2008. Er stellt die Erfolgsfaktoren in den Mittelpunkt.

Doppler, Klaus: *Change, wie Wandel gelingt*. Campus, Frankfurt am Main 2017. Der »Altmeister« des Change lässt Sie an seinen umfangreichen Erfahrungen teilhaben.

Gergs, Hans-Joachim: *Die Kunst der kontinuierlichen Selbsterneuerung*. Beltz, Weinheim 2016. Ein guter Leitfaden für Ihr Change Management.

Foegen, Malte et al.: *Der ultimative Scrumguide 2.0*. Wibas, Darmstadt 2014

Hehn, Svea von; Cornelissen, Nils I.; Braun, Claudia: *Kulturwandel in Organisationen*. Springer, Berlin 2016. Setzt sich mit dem Erfolg der Kultur in Organisationen auseinander.

Höfler, Manfred et al.: *Abenteuer Change Management*. Frankfurter Allgemeine Buch, Frankfurt am Main 2014. Handfeste, gut visualisierte Tipps.

Kolbusa, Matthias: *Umsetzungsmanagement*. Springer Gabler, Wiesbaden 2013. Hilft Ihnen, zähe und schwierige Umsetzungen positiv zu gestalten.

Krüger, Wilfried: *Excellence in Change*. Springer Gabler, Wiesbaden 2006. Viele Praxisbeispiele und eine umfangreiche Toolbox erwarten Sie.

Little, Jason: *Lean Change Management*. Happy Melly Express, Rotterdam 2014. Zeigt Ihnen, wie Sie mit Widerstand umgehen können.

Maximini, Dominik: *The Scrum Culture*. Springer, Berlin 2015. Beschreibt die Einführung agiler Methoden in Organisationen.

Sackmann, Sonja: *Erfolgsfaktor Unternehmenskultur*. Springer Gabler, Wiesbaden 2004. Bietet ein gutes Raster von Erfolgsfaktoren und gute praktische Beispiele.

Simon, Walter: *Moderne Managementkonzepte von A–Z*. Gabal, Offenbach am Main 2002. Bietet einen guten Überblick über die wichtigen Grundtendenzen und -orientierungen des Managements in der heutigen Zeit.

Spalink, Heiner: *Werkzeuge für das Change-Management*. Frankfurter Allgemeine Buch, Frankfurt am Main 1999. Zeigt Modelle, um Veränderungsprozesse zu gestalten.

www.wibas.com
www.Standishgroup.com
www.stateofagile.versionone.com

03 Kunden im agilen Kontext

Bild 3.1
Mit Agilität an die Spitze – in jeder Hinsicht!

Fragen, die in diesem Kapitel beantwortet werden

- Steht der Kunde tatsächlich im Mittelpunkt?
- Wie können Vertrieb und Marketing agil zusammenarbeiten?
- Wie können Sie mit agilem Vorgehen die Gewinnung von Neukunden verbessern?
- Haben Sie das richtige und notwendige Wissen über potenzielle Kunden?
- Was können Sie für die Bestandskundenpflege tun, um Kunden zu Empfehlern zu entwickeln?
- Welche agilen Methoden sind im Vertrieb Erfolg versprechend einzusetzen?
- Wie Sie Kunden für agile Zusammenarbeit gewinnen können.
- Methoden sind im Vertrieb Erfolg versprechend einzusetzen?

3.1 Steht der Kunde tatsächlich im Mittelpunkt?

Im Agilen Manifest aus dem Jahr 2001 heißt es: »Zusammenarbeit mit dem Kunden ist wichtiger als die ursprünglich formulierten Leistungsbeschreibungen.« Der einflussreiche Managementdenker Peter Drucker (2016) formuliert: »Der Zweck des Unternehmens ist es, einen Kunden zu schaffen.« Und: »Ein Unternehmen wird definiert durch den Bedarf des Kunden, den er befriedigt, wenn er ein Produkt oder eine Dienstleistung kauft.« Der deutsche Unternehmer Achim Kopp (vgl. Interview im Kapitel 4) schreibt in den Spielregeln seines Unternehmens: »Unser wirklicher Arbeitgeber ist der Kunde.«

Wie agieren Sie in Ihrem Unternehmen? Wie viel Gewicht hat die Fokussierung auf das eigene Produkt und dessen Funktionalität für Sie persönlich und Ihre Kollegen? Können Sie sich der Forderung nach einer »Outside-in-Denke« anschließen? Wollen Sie sich mit Ihren Mitarbeitern dahin entwickeln? Disruptive Start-ups könnten

Ihnen sonst das Leben als Unternehmer sehr schwer machen.

Wie häufig führen Sie Kundenzufriedenheitsbefragungen durch? Welche Konsequenzen ergeben sich daraus in der täglichen Arbeit? Fließen die Ergebnisse der Befragungen in Bonuszahlungen positiv oder negativ ein? Was unternehmen Sie, wenn sich Mitarbeiter negativ über Kunden äußern? Lassen Sie das zu oder unterbinden Sie derartige Aussagen?

Ein sehr positives Beispiel für Kundenzentrierung haben wir in einer mittelständischen Spedition erlebt. Dort führte der Mehrheitsgesellschafter den »Hit des Monats« ein. Jeder Mitarbeiter konnte sich mit einer außergewöhnlichen Leistung für Kunden bewerben, und seine Aktion wurde dann auch belohnt. Zusätzlich konnte er im »Hit des Jahres« gewinnen. Die Belohnung waren eine Geldprämie und die Vorstellung und Würdigung der Monats- und Jahresgewinner in der Mitarbeiterzeitung. Die Belohnung für das Unternehmen war eine ungewöhnlich hohe Kunden- und Mitarbeiterzufriedenheit. Mit heutigem Wissen würden die Entscheider statt der Belohnung eines Einzelnen wohl eher ein Team-Incentive ausloben.

Welche Anerkennung gibt es in Ihrem Unternehmen für vorbildliche Kundenorientierung?

Pauschale Boni wirken nicht. Mitarbeiter wollen den direkten Zusammenhang einer außergewöhnlichen Leistung mit deren Belohnung erleben.

3.2 Zusammenarbeit zwischen Marketing und Vertrieb

Traditionell ist Marketing für die Marktbearbeitung, Markenführung und die Gewinnung von Interessenten zuständig. Die Aufgabe des Vertriebs ist dann die Umwandlung dieser Interessenten in Kunden. Funktionsübergreifende Zusammenarbeit und Abstimmung sind eher selten anzutreffen. Überwinden Sie dieses Silodenken und formen Sie aus beiden Bereichen ein schlagkräftiges Team zur Sicherung Ihrer

Einnahmequellen. Natürlich treffen da sehr unterschiedliche Charaktere (Einzelkämpfer/Teamplayer) aufeinander, aber mit guter Moderation und ausreichender Eingewöhnungszeit sollte das Projekt gelingen.

Ein Beispiel aus der eigenen Berufspraxis: In meiner Zeit als Marketingleiter in einem europaweiten Weiterbildungsunternehmen war der Bonus abhängig von der jährlichen Gewinnung von ca. 30 000 Interessenten. Aufgabe der Kollegen im Vertrieb an zehn Standorten war die Umwandlung dieser Interessenten in 3000 Schulungsteilnehmer, was einer Umwandlungsquote von 10 % entspricht. Für alle Beteiligten ein gutes Ergebnis. Marketing und Vertrieb erhielten in Abhängigkeit vom Unternehmensergebnis zusätzlich zum Einzelbonus einen gleich gewichteten, gemeinsamen Bonus. Daraus entstanden der dringende Wunsch und die Notwendigkeit nach ständiger, mindestens monatlicher Abstimmung über die durchzuführenden Teilnehmergewinnungsmaßnahmen. Bei zehn Standorten keine einfache Angelegenheit. Es bedurfte jedoch keinerlei Mitwirkung der Geschäftsleitung. Diese Regelung funktionierte fünf Jahre lang extrem gut und wurde nur durch das Ausscheiden eines Beteiligten unterbrochen.

Bei einem deutschen Schalungshersteller gab es die vierteljährliche »Marketingrunde« zur Abstimmung von Marketing- und Vertriebsaktionen, in die wir als Externe eingebunden waren. Zu den Teilnehmern zählten ein Mitglied der Geschäftsleitung, gleichzeitig Inhaber des Unternehmens, zwei Marketingverantwortliche, vier Regionalleiter als Vertreter für den lokalen Vertrieb und einer der Verfasser. Im jeweiligen Meeting präsentierten die vier Regionalleiter maximal zwei Folien. Eine mit dem Rückblick auf durchgeführte Marketing- und Vertriebsaktionen in den abgelaufenen drei Monaten und deren Erfolge und »key learnings«, die zweite mit einer Vorschau für die kommenden drei Monate mit geplanten Aktionen. Nach intensiver Diskussion wurden meist die Vorschaufolien aufgrund der Erfahrungen und Empfehlungen der Teilnehmer überarbeitet. Dieser gegenseitige Erfahrungsaustausch trug mit dazu bei, einen wichtigen Wettbewerber zu überflügeln und im Lauf der Zeit deutlich abzuhängen. Nachahmung in Ihrem Unternehmen wird empfohlen.

3.3 Marktstellung verbessern

Darunter verstehen wir zwei Aspekte:

- Wie hoch ist Ihr Marktanteil am relevanten Markt? Sind Sie mit Ihrem Unternehmen ein ernst zu nehmender Wettbewerber?
- Wie ist Ihr Ruf im Markt? Haben Sie einen hohen Bekanntheitsgrad und einen »guten Ruf«? Wie zufrieden sind Sie damit? Sollten Sie einen eigenen PR-Verantwortlichen anheuern oder eine externe PR-Agentur beauftragen?

Es stehen also wichtige Entscheidungen an, die mit Marketing und Vertrieb unter Einbeziehung der Finanzverantwortlichen zu treffen sind. Mit dieser Gestaltung haben Sie ein typisches Beispiel für funktionsübergreifende (crossfunktionale) Teams, wie sie bei agiler Arbeit fester Bestandteil sind. Diese Gestaltungsweise bietet Ihnen die Chance, Ihr »standing« im Markt erheblich zu verbessern.

Sales und agile – das passt gut

Interview Halina Maier, Inhaberin der Agile Sales Company

Als Erstes räumt Halina Maier mit den fünf immer wiederkehrenden Irrtümern zur Agilität auf:

Agilität ist ein Projekt.

Agile Methoden sind Werkzeuge, die die Arbeit von Vertriebsteams vereinfachen können. Sie werden eingesetzt, um schneller zu lernen und sich zu verbessern. Die Erfahrungen zeigen, dass bereits nach einem Quartal bessere Umsatzerfolge erzielt werden. In der Folgezeit entwickelt sich nach und nach ein agiles Mindset. Kontinuierliche Verbesserungen stehen im Mittelpunkt der täglichen Arbeit, und agil zu arbeiten ist etwas Normales.

Agilität ist das Nonplusultra.

In vielen Studien wird nachgewiesen, dass agile Unternehmen erfolgreicher sind. Lassen Sie sich davon nicht blenden. Überprüfen Sie Ihre aktuellen Vorgehensweisen und stellen sie fest, was Sie richtig machen und womit Sie Erfolg haben und warum. Erst dann sollten Sie überlegen, ob agile Methoden Ihre Arbeit erleichtern und verbessern können.

Agilität braucht keine Führung.

Mit Agilität fallen Sie nicht in ein Führungsvakuum. Ganz im Gegenteil. So gibt es z. B. in Scrum drei klar definierte Aufgaben und Führungsrollen wie den Product Owner, den Scrum Master und das Entwicklungsteam (siehe Glossar).

Agilität ist neu und innovativ.

Agile Methoden haben sich über die Jahrzehnte auf der Basis bewährter Vorgehensweisen entwickelt und wurden speziell in der Softwareentwicklung perfektioniert und dann zu Standardverfahren in vielen Bereichen der Industrie. Toyota hat schon in 1950er-Jahren nach Prinzipien gearbeitet, die wir heute als agil bezeichnen.

Agilität ist ein Zeitfresser.

Scrum mit seinen festen Ritualen halten viele für sehr zeitaufwendig. Dagegen steht folgende Rechnung: In einem einwöchigen Sprint braucht ein agiles Sales Team zwei Stunden für die Sprintplanung, vier Daily Stand-ups zu je 15 Minuten und dann noch ein einstündiges Review. Sonst gibt es keine Meetings und auch viel weniger Mails, weil alles strukturiert abgearbeitet wird. Diese vier Stunden sind wenig für sonst erforderliche Abstimmungen und vor allem Missverständnisse im Team und lassen immer noch Raum für 36 Stunden aktive Vertriebsarbeit.

Bevor Sie sich für agile Methoden entscheiden, sollten Sie sich folgende Fragen stellen:

- Können Sie in Ihrem Vertrieb weiterhin mit den bestehenden Strukturen arbeiten? Erlaubt es die Marktsituation in Ihrem Segment, so weiterzumachen oder nicht?
- Welche Ihrer Strukturen mit den dazugehörigen Prozessen sind auch zukünftig geeignet, Ihre Ziele zu erreichen?
- Wollen Sie dagegen die herausfordernden Zeiten nutzen, um mit agilen Methoden zu experimentieren?

Wir sehen Agilität als einen Managementansatz, der mit kontinuierlicher, schrittweiser Verbesserung und seinen kurzen Zyklen sehr gut geeignet ist, um in einer VUKA-Welt erfolgreich zu sein.

Wir sehen Agilität als einen Managementansatz, der mit kontinuierlicher, schrittweiser Verbesserung und seinen kurzen Zyklen sehr gut geeignet ist, um in einer VUKA-Welt erfolgreich zu sein.

Wir haben mit agile Sales ein Framework mit wenigen Regeln entwickelt, um

- den Kunden in den Mittelpunkt zu stellen,
- Vertriebsteams zu besserer Kommunikation und Selbstorganisation zu verhelfen,
- sich täglich über die eigenen Verkaufsprozesse bewusst zu werden.

Selbstverständlich führen wir Transformationsprozesse bei Kunden mit agilen Methoden durch und starten immer mit einem Pilotprojekt. Je nach den gemachten Erfahrungen beginnt ca. sechs Wochen später die Arbeit mit weiteren Teams. Nach einem Jahr werfen wir einen Blick von außen auf die Ergebnisse und justieren nach. Ein ganz normaler Vorgang bei agilem Arbeiten.

Wir begegnen immer wieder folgender Haltung: »Bei uns funktioniert doch alles, warum sollen wir was ändern?« Notwendige Veränderungen werden von Menschen immer auch als vorher begangene Fehler bewertet. In der agilen Welt sind sie Alltag. Dieser Mind Change ist einer der größten Vorteile agiler Zusammenarbeit.

In einem KMU wurden auf unsere Anregung hin Marketing und Vertrieb unter der Bezeichnung »Kundengewinnung und -pflege« zusammengelegt. Die hohen Erwartungen wurden voll erfüllt und die Kundenzufriedenheit konnte innerhalb eines Jahres um zehn Prozentpunkte gesteigert werden. Die Entscheider im Unternehmen führten diese Steigerung auf die intensivere, tägliche Abstimmung (Daily Meeting nach Scrum) über alle kundenbezogenen Aktionen zurück.

3.4 Neukundengewinnung als agiler Prozess

Beim folgenden Zwölf-Punkte-Modell handelt es sich um ein praxisbewährtes Vorgehen, mit dessen Einsatz im B2B-Geschäft (Business-to-Business) nachweislich in ca. 80 Unternehmen (KMU) und im eigenen Unternehmen extrem erfolgreich gearbeitet wurde. Dieses Raster eignet sich als Themen-Backlog für agile Kundengewinnung. Sie können das Backlog nicht eins zu eins übernehmen, sondern Sie müssen Anpassungen an Ihre Branche, Ihr Produkt- und Leistungsangebot sowie den sonstigen Kontext Ihres Unternehmens vornehmen. Das Modell ist so angelegt, dass es mit agilen Methoden (z. B. Scrum) gestaltet werden kann. Es ist wie ein Konzept-Backlog zu sehen, das in iterativen Sprints zu bearbeiten ist.

Die zwölf Schritte im Einzelnen:

1. *Bilden Sie ein funktionsübergreifendes (crossfunktionales) Team* aus je zwei erfahrenen Vertriebs- und Marketingmitarbeitern, einem

IT-Experten bei erforderlicher Hardware- und Softwareunterstützung, z. B. Tableteinsatz für den Vertrieb und eventueller Beschaffung eines CRM-Tools. Damit Kosten- und Wirtschaftlichkeitsüberlegungen nicht zu kurz kommen, sollte ein Mitarbeiter aus dem Bereich Finanzen/Controlling im Team vertreten sein. Ernennen Sie einen erfahrenen Vertriebler zum Product Owner, der stets die Sicht des Kunden vertritt, und bestimmen Sie einen Scrum Master, der Hindernisse aus dem Weg räumen kann, konfliktfähig ist und auf die Teaminteraktionen positiv einwirken kann.

2. *Besorgen Sie sich die Unterstützung eines Topentscheiders als Promotor* für diese Vorgehensweise, der auch die erforderlichen Ressourcen bereitstellen kann.
3. *Schulen und trainieren Sie das gesamte Team* in der Anwendung agiler Methoden und Werkzeuge. Diese werden in Kapitel 5 ausführlich dargestellt.
4. *Lassen Sie das Team mit einer klassischen Marktsegmentierung starten und eine lukrative Marktnische finden.*
5. Der zentrale Punkt ist die *Entwicklung einer Wunschkundendatei mit den Kunden, die Sie in einem überschaubaren Zeitraum von zwei bis drei Jahren gewinnen wollen.* Lassen Sie ausführliche Profile über Kundenmärkte und die Kundenbranche anlegen, ermitteln Sie die Spielregeln, die in den Branchen gelten.
6. *Legen Sie zu Ihren Wunschkunden Dokumentationen an.* Berücksichtigen Sie hier auch Veröffentlichungen in Zeitungen und Fachzeitschriften. Aktuelle Ereignisse können so als Chance wahrgenommen werden, den Kunden in einer positiv besetzten Situation mit einem persönlichen Brief (auf keinen Fall eine Mail) anzusprechen, Glückwünsche auszusprechen usw. Damit werden Sie beim potenziellen Kunden mit einer positiven Situation verknüpft. Hier kann dann um einen persönlichen Kontakt gebeten werden. Es macht viel Mühe, die Wunschkunden so präsent zu haben, dass man wie geschildert reagieren kann. Sie könnten die Wunschkunden auf verschieden Kollegen aufteilen, sodass die Anzahl jeweils überschaubar bleibt. Sie sollten Ihre Wunschkundendatei regelmäßig, etwa halbjährlich, aktualisieren und erweitern.

Wenn Sie die richtigen Entscheider im Zielunternehmen individuell ansprechen wollen, sollten Sie die Zusammensetzung der Buying-Unit und deren Painfaktoren (Herausforderungen) kennen. Das Team sollte sich mit Kundentypologien beschäftigen und »Personas«, als Stellvertreter für Zielpersonen entwickeln (mehr dazu in Kapitel 7). Sobald diese vertieften Kenntnisse über Kunden vorliegen, können Sie den nächsten Schritt gehen.

7. *Das Team entwickelt nun eine Kundengewinnungsstrategie*. Es hat sich bewährt, sich dabei an der »Customer Journey« (Bild 3.2), also dem Weg des Kunden zu Ihnen, mit den einzelnen »Berührungs-« oder Kontaktpunkten (Touchpoints) zu orientieren. Nehmen Sie sich bei der Gestaltung der Customer Journey ein Beispiel am Ablauf einer eigenen Fernreise.

Wenn Sie sehr gute Beziehungen zu Ihren Kunden haben, können Sie diese um ihr Feedback bitten.

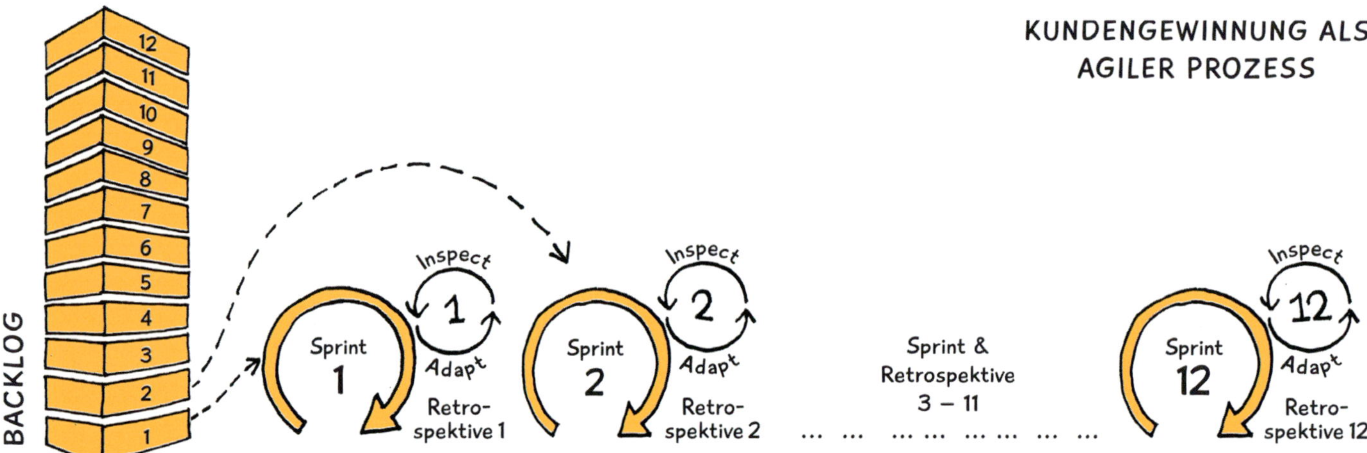

Bild 3.2 Neukundengewinnung als agiler Prozess nach den im Text dargestellten 12 Schritten

Nach jedem Schritt führt das Team ein Review durch, bei dem es die Feedbacks aufnimmt und die Touchpoints optimiert. Dieses iterative Vorgehen mag aufwendig erscheinen, entspricht aber der agilen Methodik und ist nachweislich erfolgreich.

Praktiker wissen, dass in der Regel bis zu sieben Schritte erforderlich sind, um nah genug am Kunden zu sein. Das kann auch mal bis zu neun Monate dauern. Geduld und Nachhaltigkeit sind dabei hilfreiche Eigenschaften. Das Team kann diesen »sales cycle« noch mit dem »buying cycle«, also dem Kundenbeschaffungsprozess abgleichen, um immer die Kundensicht im Auge zu haben. Ein Vorgehen, ganz nach der Outside-in-Denke.

Der bisher dargestellte Prozess kann durch die Empfehlungen von Bestandskunden drastisch verkürzt werden. Empfehlungen sind ein wichtiger »Türöffner«. Lesen Sie dazu auch nachstehendes Interview mit Gabriele Wander von MiShu.

8. Zur Bewältigung dieses Prozesses benötigen die Vertriebsmitarbeiter für jeden einzelnen Schritt *geeignetes Unterstützungsmaterial*, wie Marktstudien, Berichte über Kundenprojekte, Präsentationsvorlagen, Produkt- und Leistungsbeschreibungen usw. Hier bieten sich Marktstudien zu Kundenthemen, z. B. Business Reengineering, und Marktstudien zur lernenden Organisation an. Diese muss das Team nicht selbst entwickeln, es sollte aber Art und Gestaltung des Materials bestimmen, sie müssen ja zum jeweiligen Touchpoint nahtlos passen. Die eigentliche Entwicklung kann an externe Dienstleister weitergegeben werden.

   Kunden informieren sich über Anbieter in einem ersten Schritt häufig auf deren Website. Ist Ihre ansprechend gestaltet? Haben Sie nützliche Downloads? Nehmen Kunden Kontakt mit Ihnen auf?

9. *Kennenlerngespräch und Präsentation beim Kunden.* Im ersten Kennenlerngespräch geht es noch nicht um die Präsentation Ihres Produkt- und Leistungsangebotes, sondern um den Beziehungsaufbau. Der Kunde will ein Gefühl dafür entwickeln, ob es sich für ihn lohnt, weiter Zeit in den Kontakt mit Ihnen zu investieren. Er will wissen, ob er Ihnen vertrauen kann und ob Sie ihm eine überzeugende Lösung für seine Herausforderungen bieten können. Dazu sollten Sie mit ihm über erfolgreich gemeisterte Kundenprojekte sprechen und ihm die Sicherheit vermitteln, dass

Sie mit Ihrem Unternehmen der richtige Partner sind.

In der darauffolgenden Präsentation machen viele Anbieter den Fehler, dass sie zu ausführlich über sich und ihr Unternehmen reden. Die erste Folie ist meist »Wer wir sind«. Zeigen Sie dem Kunden besser, dass Sie im Kennenlerngespräch seine »pains« verstanden und Lösungen zu bieten haben.

Ein weiterer Fehler ist das Abspulen langatmiger Standardpräsentationen, statt sich die Mühe zu machen, jede Präsentation auf den individuellen Kunden auszurichten.

Trainieren Sie diese Präsentationen intensiv im Kollegenkreis.

Skizzieren Sie nach dem Muster in diesem Kapitel die zu Ihrem Unternehmen passende Customer Journey als grobes Raster.

10. *Angebot an den Kunden erstellen.* Hier wird noch häufig das »Totschlagpaket« mit endlosen Seiten und Anlagen eingesetzt. Machen Sie es dem Kunden einfach, sich zu entscheiden, und konzentrieren Sie sich auf ein bis zwei Seiten. Bei komplizierten Sachverhalten gelten andere Spielregeln.
11. *Auftragserteilung zelebrieren.* Der Kunde hat Ihnen zu Ihrer Freude den Auftrag erteilt. Nehmen Sie dies zum Anlass, Ihre Kollegen und Mitarbeiter über den neuen Auftrag zu informieren. Loben Sie alle, die mitgeholfen haben, einen Neukunden zu gewinnen. Das ist ein wichtiger Stimmungsfaktor. Die anschließende Installation beim Kunden (bei Software oder einer Maschine) mit Schulung und Training der Anwender gibt Ihnen weitere Chancen, Kontakte aufzubauen und zu vertiefen. Diese Gelegenheit bleibt oft ungenutzt, weil die entsprechenden Mitarbeiter zu technisch orientiert agieren. Es fehlt ihnen schlicht an Empathie.
12. *Kundenbindung und Kunden zu Empfehlern entwickeln.* Es reicht nicht aus, wenn der neue Kunde in der täglichen Zusammenarbeit ausschließlich Ihren Kundendienst und/oder Support (z. B. bei Software) erlebt. Meist sind diese Kontakte mit Unzulänglichkeiten und Fehlern auf Ihrer Seite verknüpft. Hier setzt ein professionelles Beschwerdemanagement ein, das Sie hoffentlich bei der Entwicklung des Gesamtprozesses mitentwi-

ckelt haben. Auch an dieser Stelle empfehlen wir intensives Training Ihrer Mitarbeiter. Erteilen Sie auch die Entscheidungsbefugnis, Reklamationen zur Kundenzufriedenheit zu klären. Für diese Situationen muss es auch einen finanziellen Rahmen geben.

Den Punkt 12 haben wir in einem eigenen Unterpunkt ausgegliedert und verweisen auf das Interview mit Gabriele Wander, in dem ein Projekt zum Empfehlungsmarketing dargestellt ist.

Kunden zu Empfehlern entwickeln

Interview mit Gabriele Wander, Körpertherapeutin, MiShu-Erfinderin, Gründerin und Unternehmerin

MiShu ist ein rückenfreundlicher Bewegungsstuhl, der von einem engagierten Frauenteam im oberbayerischen Grafing vertrieben wird. Die Firmengründerin erklärt: »Ein agiles Unternehmen bindet die Mitarbeiter in die Entwicklung neuer Strukturen und Prozesse ein – doch man kann sogar noch einen Schritt weiter gehen und auch die Kunden in den Optimierungsprozess einbeziehen!«

Der folgende Text beschreibt das Projekt: »Optimierung der Kundenpflege in Richtung Empfehlungsmarketing« (EMMA) im MiShu-Team.

Zufriedene Kunden empfehlen den MiShu-Stuhl an Freunde weiter, schon seit er auf dem Markt erhältlich ist: Rund 20% der Bestellungen gehen konstant aufgrund von Empfehlungen ein. Unterschiedliche Maßnahmen zur Steigerung dieser Quote waren bisher nicht besonders erfolgreich. Das sollte sich ändern …

Unter den Mitarbeiterinnen im Team gab es zwei grundlegend konträre Meinungen dazu: Einerseits A) »Offensichtlich ist unsere Empfehlungsquote schon auf einem so hohen Niveau, dass sie sich nicht mehr steigern lässt« und andererseits B) »Die Begeisterung der Besitzer des MiShu-Stuhles ist so groß, dass sich die Anzahl der Empfehlungen ganz bestimmt noch deutlich steigern lässt!«.

In so einem Fall sind Diskussionen nicht zielführend, da hilft nur Ausprobieren. Also starteten wir das EMMA-Projekt.

Im ersten Schritt gründeten wir eine Projektgruppe und machten uns im Internet schlau, z. B. über den NPS (Net Promoter Score), bei dem ermittelt wird, wie viel Prozent der Kunden aktive Empfehler sind. Außerdem suchten wir nach Fachliteratur und wählten ein besonders interessantes Buch aus. Jede Mitarbeiterin der Projektgruppe bekam ein Exemplar, arbeitete dieses durch und stellte die wichtigsten Inhalte eines Kapitels in komprimierter Form den Kolleginnen vor.

In einem anschließenden Brainstorming nahmen wir die konkrete Situation bei MiShu detailliert unter die Lupe und beschlossen, erste Testtelefonate mit ausgewählten Kunden zu führen. Wir wollten die Kunden ganz einfach fragen, was ihre Bereitschaft zum Empfehlen noch erhöhen könnte.

Nach erfreulich positiven Rückmeldungen und deren Auswertung war sich das Projektgruppenteam einig, dass diese Telefonate eine Zeit lang fortgeführt werden sollten. Dabei gab es gegenseitiges kollegiales Feedback zur Verbesserung der Telefonate. Wir nannten diese Vorgehensweise »Kompetenz-Duschen«.

Im nächsten Schritt erfolgte wieder eine Auswertung der Ergebnisse. Gemeinsam haben wir dann auf dieser Basis unterstützende Materialien wie Telefonleitfäden und passende Kundenanschreiben mit diversen Anhängen erarbeitet, die wir nun individuell – je nach Kundenwunsch – einsetzen. Es hat sich für uns als sehr wertvoll herausgestellt, beim Entwickeln unserer neuen Vorgehensweise so intensiv mit den Kunden in Kontakt zu sein.

Anfang Februar 2018 starteten wir eine umfassende EMMA-Kundenpflege-Telefonaktion.

Nun führen auch Mitarbeiterinnen, die ursprünglich nicht Teil der Projektgruppe waren, diese Telefonate durch. Wir tauschen uns wöchentlich über unsere Erfahrungen aus und verbessern iterativ den Prozess. Erste Erfolge haben sich bereits eingestellt. Eine abschließende Bewertung ist zum heutigen Zeitpunkt noch nicht möglich. Allerdings ist nun das gesamte Team überzeugt, dass sich die Empfehlungsquote weiter steigern lässt. Wir haben eine hohe Erfolgszuversicht.

Ein wichtiger Hinweis: Ihr »sales cycle« ist nicht mit dem Gewinnen des Kunden beendet. Sorgen Sie für eine gut gestaltete Übergabe des Kunden an die Ihrem Vertrieb nachgelagerten Bereiche. Schließlich streben Sie eine möglichst hohe Kundenzufriedenheit an mit einer daraus folgenden hohen Empfehlerquote.

Natürlich werden Sie den einen oder anderen Kunden auch wieder verlieren. Untersuchungen zeigen, dass die Quote im Durchschnitt aller Unternehmen und Kundenarten bei gut 20 % liegt. Vertiefende Informationen finden Sie bei Anne Schüller. Sie gilt als Expertin für Loyalitäts- und Empfehlungsmarketing. In ihrem Buch *Come back!* zeigt sie auf, dass in der Kundenrückgewinnung ein beträchtliches Ertragspotenzial liegt. Unter *www.anneschueller.de* können Sie ihren kostenlosen E-Mail-Beratungsletter abonnieren.

Wenn Ihr Team den Prozess der zwölf Schritte iterativ entwickelt und mehrfach in der Praxis mit Kunden getestet hat, wird eine Retrospektive durchgeführt, in der alle Touchpoints auf Nützlichkeit und die eingesetzten Materialien auf

Brauchbarkeit überprüft werden. Das Team reflektiert zusätzlich die Qualität seiner Zusammenarbeit, die Lernfortschritte und die aufgetretenen Hindernisse und Störungen. Diese »key learnings« werden die Grundlage für weitere Projekte.

Für alle Mitarbeiter und Führungskräfte ist diese Vorgehensweise ein wichtiges Indiz, dass an einem Kernprozess der Erfolg der agilen Zusammenarbeit realisiert wurde. Der Übertragung auf weitere Prozesse in Ihrem Unternehmen sollten nun keine Bedenken entgegenstehen. Mit diesem »Pilot«-Projekt haben Sie eine gute Vorlage für weitere Initiativen in anderen Bereichen geschaffen. Belassen Sie es nicht bei dieser Insel, sondern stupsen Sie Ihre Kollegen an, ebenfalls die Initiative zu ergreifen.

3.5 Wie Sie Kunden für agile Zusammenarbeit gewinnen können

Agile Zusammenarbeit erfolgt nach neuen, dennoch extrem erfolgreichen Spielregeln und ist für manche Kunden immer noch gewöhnungsbedürftig. Mit folgenden Ausführungen wollen wir Ihnen Anregungen geben, wie Sie Kunden für diese neue Form der Zusammenarbeit gewinnen können.

1. Sowohl im Agilen Manifest wie auch bei den zugehörigen Prinzipien steht der Kunde ganz zentral im Mittelpunkt. Es heißt da: »Zusammenarbeit mit dem Kunden schätzen wir mehr als Vertragsverhandlungen«, und zu Prinzipien zählt unter anderem: »Unsere höchste Priorität ist es, den Kunden durch frühe und kontinuierliche Ausführung wertvoller Software zufriedenzustellen.« Auf dieser Wertebasis können Sie eine stabile Kundenbeziehung aufbauen.

2. Nach dem agilen Framework Scrum hat der Kunde intensiven, direkten Kontakt zum Product Owner und starken Einfluss auf den Produktentwicklungsprozess. Er nimmt nach jedem Sprint an einem Review teil und beurteilt die erzielten Ergebnisse (Teilprodukt) oder verlangt Nachbesserungen. Durch die rasche Auslieferung von Teilprodukten kann er die Time-to-Market verkürzen und wichtige Liquiditätszuflüsse generieren.
3. Mit der Präsentation von Erfolgsprojekten (Success Stories) können Sie den zu gewinnenden Kunden von Ihrer Leistungsfähigkeit überzeugen.
4. Zusätzlich hat sich in der unternehmerischen Praxis eine spezielle Vertragsgestaltung durchgesetzt. Vgl. dazu das Buch von Fritz-Ulli Pieper und Stefan Rook *Agile Verträge* das wir ausdrücklich empfehlen können.

Empfehlung für das Themen-Backlog:

Entwickeln Sie aus den vorherigen Informationen ein Konzept, wie Sie Ihre Kunden zu Empfehlern entwickeln können.

IHR THEMEN-BACKLOG

Bitte notieren Sie Ihre Erkenntnisse und ersten Aufgaben, die Sie aus diesem Kapitel gewonnen haben.

Arbeitsunterlagen zum kostenlosen Download finden Sie unter: *www.teamwork-agil-gestalten.de/download*

3.6 Literatur

Bosworth, Michael T.: *Solution Selling*. McGraw-Hill, New York 1994. Er beschreibt den Sales-Management-Prozess sehr anschaulich und praxisorientiert.

Daly, Donal: *Digital Sales Transformation in a Customer First World*. Oak Tree Press, Dublin 2017. Er stellt die Menschen in das Zentrum des Wandels und schreibt aus Kundensicht, mit vielen Beispielen und Methoden.

Drucker, Peter: *The Daily Drucker*. Taylor and Francis, London 2016

Goodman, John: *Customer Experience 3.0*. Amacom, New York 2014. Stellt die Customer Experience in den Mittelpunkt.

Johne, Thomas: *Marketing Praxis*. Frankfurter Allgemeine Buch, Frankfurt am Main 2001. Besonders gut für junge Unternehmen und Existenzgründer.

Konrath, Jill: *Agile Selling*. Penguin Book, London 2014. Sie stellt die Verkäuferpersönlichkeit in den Mittelpunkt.

Meister, Ulla: *Prozesse kundenorientiert gestalten*. Hanser, München 2010. Sie bietet einen ausgezeichneten Leitfaden zur Customer-Driven Company.

Schüller, Anne: *Come back!*. Orell Füssli, Zürich 2007. Die Expertin für Loyalitätsmarketing hilft Ihnen, verlorene Kunden zurückzuholen.

04

Gemeinsame Werte bewusst und konkret leben

Bild 4.1
Ein funktionierendes Team braucht eine gemeinsam entwickelte von allen einzuhaltende Wertebasis

Fragen, die in diesem Kapitel beantwortet werden

- Welche sind die grundlegenden Prinzipien des Anstands?
- Welche generellen Werte gibt es?
- Nach welchen Kriterien können diese eingeteilt werden?
- Wie können Sie mit Ihrem Team einen verbindlichen Wertekanon entwerfen?
- Welche agilen Werte werden in der Regel genannt?
- Welche agilen Prinzipien ergänzen das Agile Manifest?
- Wie können Sie aus den generellen Werten konkrete Spielregeln ableiten?

Wie ging es Ihnen, als Sie von den Tricksereien und unlauteren Methoden bei den Automobilherstellern erfahren haben? Überrascht, erstaunt, erzürnt, wütend? Das neue Buch des Wirtschaftsvordenkers Reinhard K. Sprenger *Das anständige Unternehmen* (2015) passt gut in die Zeit. Es geht ihm darum, was richtige Führung ausmacht und was sie weglässt. Die folgenden fünf Prinzipien stellt er als Handlungsempfehlungen und »Gebote des Anstands« vor:

- Betrachte Mitarbeiter nicht als bloße Mittel.
- Behandle Mitarbeiter nicht wie Kinder.
- Versuche nicht, Menschen zu verbessern.
- Verletze nicht die Autonomie der Mitarbeiter.
- Bezeichne nichts als »alternativlos«.

Man muss ja nicht in allen Punkten mit ihm übereinstimmen, aber hinter seinen Ausführungen steckt ein sehr positives Menschenbild. Nach seiner Meinung sind anständige Unternehmen Arbeitsgemeinschaften, Leistungspartnerschaften, die auf gemeinsam gelebten Werten basieren.

Dazu ein Zitat von Leo Nefiodow (1996), Mitglied des Club of Rome:

»Erstmals in der Geschichte der Menschheit wird wirtschaftlicher Erfolg nicht mehr von technologischen Innovationen und Rohstoffen abhängen, sondern von Fortschritten im Menschlichen.«

Werte sind nicht für alle Ewigkeit festgeschrieben. Sie unterliegen, wie die Gesellschaft, einem stetigen Wandel.

4.1 Generelle Werte

In unserer Wertewolke (Bild 4.2) haben wir zwischen generellen und agilen Werten unterschieden und wollen diese im Verlauf des Kapitels näher betrachten.

Die generellen Werte können in folgende Kategorien eingeteilt werden:

- Leistungswerte, wie
  - Erfolg, Gewinn,
  - Innovation,
  - Flexibilität,
  - Kompetenz,
  - Kreativität,
  - Qualität.
- Werte der Kommunikation, wie
  - Offenheit,
  - Transparenz,
  - Augenhöhe,
  - Zugehörigkeit,
  - psychologische Sicherheit,
  - Respekt,
  - Wertschätzung.
- Werte der Kooperation, wie
  - Offenheit,
  - Kommunikationsfähigkeit,
  - Vertrauen,
  - Loyalität,
  - Teamfähigkeit,
  - Konfliktfähigkeit.
- Moralische Werte, wie
  - Fairness,
  - Integrität,

Bild 4.2
Auswahl unterschiedlicher Werte, nach denen wir unser Verhalten ausrichten

- Aufrichtigkeit,
- Wahrhaftigkeit,
- Verantwortung.

Es gibt auch andere Kategorisierungen, Zuordnungen und viele weitere Werte.

Führen Sie selbst und mit Ihrem Team folgende Übung durch:

- Erarbeiten Sie einen Katalog von sieben bis zehn Werten.
- Stellen Sie diesen Katalog Ihrem Team vor. Lassen Sie Ihre Mitarbeiter Streichungen vornehmen und eventuell Erweiterungen anbringen.
- Teilen Sie Ihr Team in Zweiergruppen auf. Jede Paargruppe nimmt sich einen Wert vor und leitet daraus beobachtbare Handlungen ab, die künftig im Team gelten sollen.
- Fertigen Sie ein kurzes Protokoll an. Schriftlichkeit hat einen höheren Verbindlichkeitsgrad.

Beispiel:

Orientieren Sie sich am Wert Mut

- Meinungen offen und ehrlich mitteilen
- Kritische Sachverhalte ansprechen
- Aufgeschlossenheit gegenüber neuen Ideen
- Experimente wagen

Diese gemeinsamen Werte bilden gleichzeitig ein wesentliches Element Ihrer Unternehmenskultur. Lesen Sie dazu ebenso Kapitel 2 mit den dort aufgeführten Kulturelementen und Kulturtypen.

»Ohne Vertrauen ist alles nichts« (anonym)

Angeregt durch diese Aussage haben wir eine Studie (*www.as-team.net*) zum Stand des Vertrauens im bayerischen Mittelstand mit dem Titel »Gewinnen mit Vertrauen« durchgeführt. Reinhard K. Sprenger trug dazu folgende Aussagen bei: »Ich werbe dafür, dem Vertrauen zu trauen und dem Misstrauen zu misstrauen.« Und: »Vertrauen schafft mehr Werte als jedes wertsteigernde Managementkonzept.«

Dazu einige kurze Auszüge aus dem Management-Summary:

- Überraschend schnell fiel das Lenin-Zitat »Vertrauen ist gut, Kontrolle ist besser«.
- Der »weiche« Faktor Vertrauen ist ein zentraler Erfolgsfaktor geworden und wird in Zukunft noch wesentlich wichtiger werden.
- 86 % der Befragten lehnten das Statement »Tricksen und Täuschen« konsequent ab.

Überrascht waren wir von der Tatsache, dass nur jeder zweite Mitarbeiter das eigene Unternehmen Freunden als Arbeitgeber empfehlen würde.

4.2 Agile Werte und Prinzipien

Agile Werte

Die agilen Werte werden in der Regel aus dem Agilen Manifest aus dem Jahr 2001 abgeleitet und gehen zurück auf agile Pioniere wie Ken Schwaber und Kent Beck, die Verfasser des *Scrum Guide* (*www.scrumguides.org*).

Agile Werte

- *Commitment* (Selbstverpflichtung)

  Die Teammitglieder verpflichten sich zu konsequenter Ergebnisorientierung und sind bereit, Höchstleistungen zu erbringen. Vereinbarte Ziele und Termine werden zuverlässig eingehalten.
- *Einfachheit*

  Damit ist gemeint, bei der Entwicklung alle nicht wirklich dringlichen und selten benutzten Eigenschaften wegzulassen. Verschwendung muss vermieden werden.
- *Feedback*

  Sowohl in der täglichen Arbeit wie in den Reviews und Retrospektiven wird klar angesprochen, was die Zusammenarbeit stört, welche Hindernisse aufgetreten sind und wie das im nächsten Sprint verbessert werden kann.
- *Fokus*

  Das Team konzentriert sich strikt auf die in den Backlogs festgelegten Aufgaben und vermeidet Umwege in der Entwicklung.
- *Kommunikation*

  Offen, ehrlich, positiv und lösungsorientiert! So tauschen sich die Teammitglieder aus.

- *Mut*

  In Teams klar Stellung beziehen und auch die negativen Aspekte in der Zusammenarbeit deutlich, aber ohne gegenseitige Verletzungen ansprechen.
- *Offenheit*

  Es gibt keine »hidden agenda«, mögliche Konflikte werden lösungsorientiert bewältigt. Dieser Wert zählt mit zu den wesentlichen Herausforderungen eines Scrum Masters oder eines agilen Coaches.
- *Respekt*

  Wertschätzendes Verhalten und die Würdigung guter Ergebnisse von Kollegen sind zentrale Faktoren einer positiven Teamkultur.

Mit diesen Werten erheben wir keinen Anspruch auf Allgemeingültigkeit. Werte müssen zum Kontext des Unternehmens passen und werden beeinflusst von

- einem ausgeprägten Wettbewerbsumfeld,
- Veränderungen bei Kunden und Märkten,
- Mitarbeitern mit unterschiedlichen Ansprüchen (z. B. Generation Y),
- Prozessen/Strukturen/Regeln und Methoden.

Nutzen Sie für die Entwickelung Ihrer agilen Werte die eingangs vorgestellte Übung. Binden Sie Ihr Team in die Entwicklung der agilen Werte mit ein. Das entspricht agilen Prinzipien und prägt das gemeinsame Verständnis für Werte.

Agile Prinzipien

Die Verfasser des Agilen Manifests, unter anderem Kent Beck und Ken Schwaber (2001), haben zusätzlich zu ihren Werten die folgenden elf Prinzipien formuliert und sich dabei auf die Softwareentwicklung bezogen:

In regelmäßigen Abständen reflektiert das Team, wie es effektiver werden kann, und passt sein Verhalten dementsprechend an.

Die Ansprüche, die in diesen Prinzipien vertreten werden, sind extrem herausfordernd und nicht in jeder Situation anwendbar. Dennoch sollten Sie gemeinsam mit Ihrem Team die Aufgabe anpacken, daraus für Sie und Ihr Unternehmen passende »Spielregeln« zu entwickeln. Wie das in der Praxis funktionieren kann und sich gut bewährt, zeigt Achim Kopp von der Kopp Schleiftechnik im der folgenden Zusammenfassung des Interviews.

Sie müssen ja nicht zum Prinzipienreiter werden, aber in vielen alltäglichen Situationen fällt es allen Beteiligten leichter, wenn grundlegende Sachverhalte einvernehmlich bearbeitet werden können. Dazu zählen wir Disziplin in der

- Unsere höchste Priorität ist es, den Kunden durch frühe und kontinuierliche Auslieferung wertvoller Software zufriedenzustellen.
- Heiße Anforderungsänderungen selbst spät in der Entwicklung willkommen: Agile Prozesse nutzen Veränderungen zum Wettbewerbsvorteil des Kunden.
- Liefere funktionierende Software regelmäßig innerhalb weniger Wochen oder Monate und bevorzuge dabei die kürzere Zeitspanne.
- Fachexperten und Entwickler müssen während des Projekts täglich zusammenarbeiten.
- Errichte Projekte rund um motivierte Individuen. Gib ihnen das Umfeld und die Unterstützung, die sie benötigen, und vertraue darauf, dass sie die Aufgabe erledigen.
- Die effizienteste Methode, Informationen an und innerhalb eines Entwicklungsteams zu übermitteln, ist im Gespräch von Angesicht zu Angesicht.
- Funktionierende Software ist das wichtigste Fortschrittsmaß. Agile Prozesse fördern nachhaltige Entwicklung.
- Die Auftraggeber, Entwickler und Benutzer sollten ein gleichmäßiges Tempo auf unbegrenzte Zeit halten können.
- Ständiges Augenmerk auf technische Exzellenz und gutes Design fördert Agilität.
- Einfachheit – die Kunst, die Menge nicht getaner Arbeit zu maximieren – ist essenziell.
- Die besten Architekturen, Anforderungen und Entwürfe entstehen durch selbstorganisierte Teams.

Zusammenarbeit, Pünktlichkeit und gute Vorbereitung bei Meetings, wertschätzenden und respektvollen Umgang in alle Richtungen. Verantwortungsübernahme durch Mitarbeiter und gegenseitiges Vertrauen gehören dabei zu den wichtigsten Erfolgsfaktoren.

Mit Spielregeln Werte konkretisieren

Zusammenfassung des Interviews mit Achim Kopp, Inhaber Kopp Schleiftechnik

Nach seiner Ausbildung zum Feinmechaniker trat Achim Kopp 1982 in das von seinem Vater 1970 gegründete Unternehmen Kopp Schleiftechnik ein und fand seine Rolle zwischen Kollege und Chef von damals fünf Mitarbeitern.

In einem mehrtägigen Seminar bei Tempus lernte er die TEMP-Methode kennen und fand sie genau für sein Unternehmen passend. Im Mittelpunkt stand die Gestaltung der Beziehung zwischen Führung und Mitarbeitern.

In der Umsetzungsphase nach dem Seminar beschäftigte er sich intensiv mit den Werten einer partnerschaftlichen Unternehmenskultur.

Bei der Mitarbeiterbefragung im Jahr 2003 wurden zentrale Werte wie Offenheit, Ehrlichkeit, Vertrauen und Wertschätzung als zentrale Themen genannt. Auf dieser Basis wurden dann Spielregeln für die tägliche Zusammenarbeit entwickelt, z. B.

- Ehrlichkeit – ohne Wenn und Aber
- Vertrauen statt Kontrolle
- Anerkennung und Kritik – weil es guttut
- Teamwork – alles gemeinsam erreichen
- Kunde – unser wahrer »Arbeitgeber«
- Weiterentwicklung – ständige Verbesserung

Mitarbeiter haben in vielen Angelegenheiten freie Hand und entscheiden eigenverantwortlich. Für neue Mitarbeiter sind diese Spielregeln eine gute Orientierung. Bei heute 40 Mitarbeitern gibt es nur selten Situationen, in denen eingegriffen werden muss.

Die Ergebnisse dieser partnerschaftlichen Unternehmenskultur sind unter anderem:

- Fluktuation = 0.
- Qualitätsrate = 99,8 %.
- Gesundquote = 97,5 bis 98 %.
- Benotung durch Kunden = 1,5.
- Sehr hoher Umsatz pro Mitarbeiter im Vergleich zu anderen Unternehmen.
- Kunden und Geschäftspartner belohnen dies mit großem Vertrauen und Begeisterung.

Achim Kopp weist darauf hin, dass konkrete Spielregeln im Umgang miteinander und in Bezug auf die Art und Weise der Arbeit gelten:

»Wie wir miteinander umgehen:

- Ehrlichkeit – ohne Wenn und Aber
- Wir sind ehrlich miteinander, achten und respektieren uns.
- Vertrauen – statt Kontrolle
- Wir vertrauen einander und gehen freundlich und wertschätzend miteinander um.
- Kommunikation – Basis des MITeinanders
- Wir kommunizieren offen und sprechen MITeinander, nicht übereinander.
- Offenheit – denn das Bessere ist der Feind des Guten
- Wir sind bedingungslos offen für neue Ideen, Anregungen und Vorschläge.

- Initiative ergreifen – Entscheidungen treffen
- Wir beteiligen uns aktiv an Entscheidungsprozessen und gestalten so das Unternehmen mit.
- Anerkennung und Kritik – weil es guttut
- Wir loben und trennen bei Kritik die Sachebene von der persönlichen Ebene. Verschiedenheit ist Potenzial, sei so, wie du bist, und erlaube das auch den anderen.
- Teamwork – alles gemeinsam erreichen
- Wir unterstützen uns gegenseitig. Misserfolge tragen wir gemeinsam und über Erfolge freuen wir uns MITeinander.

Wie wir arbeiten:

- Qualität – Produkte und Service vom Feinsten
- Wir geben bei jedem Handgriff unsere beste Leistung und schaffen damit beste Qualität und echten Service.
- Kunde – unser wahrer »Arbeitgeber«
- Wir begeistern und schätzen unsere Kunden und Geschäftspartner. Wir erkennen die Erwartungen, Bedürfnisse und Wünsche der Kunden und bedienen diese schnell und unkompliziert. Wir bieten echten Nutzen, sind offen, freundlich und hilfsbereit.
- Leistung – wirtschaftlich arbeiten
- Wir gehen verantwortungsvoll mit Energie, Material und besonders mit Arbeitszeit um. Das beeinflusst maßgeblich den Unternehmenserfolg und sichert unsere Arbeitsplätze.
- Weiterentwicklung – ständige Verbesserung

  Ständige Verbesserung in allen Bereichen bringt unser Unternehmen nach vorne. Probleme, Fehler und Reklamationen erweitern unseren Erfahrungsschatz. Veränderungen und Neuerungen erleben wir als Chancen.

- Erfolg – Gewinn ist überlebenswichtig
- Effizient erbrachte Leistungen führen zu finanziellem Erfolg. Wir distanzieren uns klar von Geld, für das wir keine Leistung erbringen.
- Verantwortung – Umwelt, Gesellschaft und Soziales
- Wir gehen mit unserer Natur verantwortlich um und unterstützen aktiv gesellschaftliche und soziale Einrichtungen.
- Team – vom Mitarbeiter zum Mitunternehmer
- Nur als Team sind wir erfolgreich. Als Mitunternehmer sind wir verantwortlich für das Unternehmen und haben teil am Erfolg.«

Zu diesen Spielregeln stellt Achim Kopp folgende Anforderungen an eine gute Führungskraft:

- Sie erkennt die eigenen Stärken,
- hat persönliche Ziele,
- hört nie auf, zu lernen,
- macht Fehler und ist nicht perfekt,
- ist Menschenfreund,
- fordert und fördert Menschen,
- ist »führend« beim Thema Gesundheit,
- ist Teamplayer und Partner seiner Mitarbeiter,
- verkörpert Werte und gibt Richtung vor,
- bietet Sicherheit und Orientierung,
- sorgt für positive Energie.

Für ihn führen folgende sieben Schritte zu einer partnerschaftlichen Unternehmenskultur:

- Sich selbst zur Führungskraft entwickeln,
- die richtigen Mitarbeiter finden,
- offen kommunizieren,
- Mitdenker gewinnen,
- Verantwortung übertragen,
- Erfolge gemeinsam feiern,
- mit Werten und Spielregeln unterwegs sein.

In vielen Unternehmen wurden Leitbilder mit den zentralen Werten ohne Mitwirkung der Mitarbeiter entwickelt und nicht zu Spielregeln konkretisiert. Es gibt auch keine Konsequenzen bei einem Verstoß gegen Werte und Spielregeln. Das sollten Sie anders handhaben. Vergleichbare Ergebnisse, die Achim Kopp mit seinen Mitarbeitern erzielt, sind auch bei Ihnen möglich, wenn Sie sich Regeln für Ihre Zusammenarbeit geben.

In unserem eigenen Unternehmen haben wir gemeinsam mit einer externen Coachin und allen Mitarbeitern die zu einem Dienstleister passenden Regeln entwickelt und alle zwei Monate deren Einhaltung überprüft. In einem Fall war die Trennung von einer Mitarbeiterin unvermeidlich, sie hatte trotz erheblicher Unterstützung immer wieder gegen Regeln in der Zusammenarbeit mit Kunden verstoßen. Die Anregung zur Trennung kam übrigens aus ihrem eigenen Team. Bei einer Empfehlerquote durch Kunden von rund 60 % war dies die einzig mögliche Konsequenz.

4.3 Vertrauen im Unternehmen

Die Erfahrungen aus unseren Umsetzungsprojekten mit Kunden zeigen es deutlich: »Ohne Vertrauen ist alles nichts.« Wegen dieser erfolgsentscheidenden Bedeutung wollen wir Ihnen die zentralen Ergebnisse unserer Mittelstandsstudie »Gewinnen mit Vertrauen« vorstellen:

1. Vertrauen und Erfolg: Vertrauen wird als der entscheidende Erfolgsfaktor für den wirtschaftlichen Erfolg in Unternehmen gesehen und erhält die höchste Zustimmung in unserer Studie.
2. Einstellung zum Vertrauen: Die zentrale Aussage »Vertrauen schafft hohe Selbstmotivation und ein Klima der Höchstleistung« erhält hohe Zustimmung.
3. Selbstvertrauen: Die Bedeutung eines gesunden Selbstvertrauens, insbesondere bei neuen und herausfordernden Aufgaben, findet ebenfalls eine hohe Zustimmung.
4. Vertrauen in die Geschäftsführung: Die niedrigste Bewertung in der Studie hat das Vertrauen zum Leitungsteam/zur Geschäftsführung. Lediglich 35 % der Mitarbeiter bewerten diese mit »sehr hoch« bis »hoch«. Ein wesentlicher Grund dafür ist das fehlende Interesse der Verantwortlichen an einzelnen Mitarbeitern.
5. Vertrauen zur direkten Führungskraft: Nur 60 % der Befragten bewerten das Vertrauen in die direkte Führungskraft als »sehr hoch« und »hoch«.
6. Vertrauenswürdigkeit: Die eigene Vertrauenswürdigkeit wird wesentlich höher eingeschätzt (34,2 %) als das eigene Vertrauen in andere Mitarbeiter (15,8 %). Anderen einen Vertrauensvorschuss zu geben und damit auch ein Risiko der Enttäuschung einzugehen, fällt vielen Menschen schwerer, als Vertrauen anderer Mitarbeiter zu erwidern.

4.4 Workshop »Agile Werte leben«

1. Zielsetzung
   - Agile Werte und Verhaltensweisen gemeinsam definieren und damit Identität schaffen.
   - Abstrakte Werte zu konkreten Handlungsanweisungen umformulieren, um deren Ausführungen beobachtbar zu machen.
   - Zu den gelebten Werten eine ausgeprägte Feedbackkultur entwickeln und in den Arbeitsalltag bringen.
2. Vorgehensweise
   - Werte, die agile Zusammenarbeit fördern, sind unter anderem Offenheit, Respekt, Vertrauen, Mut, Commitment zur Leistung, direkte Kommunikation/Feedback, Fokus, Einfachheit, Veränderungen sind willkommen, Lernen aus Fehlern.
   - Stellen Sie diese Werte im Team vor und bitten Sie um Ergänzungen durch das Team.
   - Diskutieren Sie die Bedeutung dieser Werte für Ihr Team.
   - Priorisieren Sie die fünf bis sieben wesentlichen Werte, die für die konkrete Teamarbeit den größten Fortschritt bedeuten.
   - Schlüsseln Sie jeweils einen Wert in drei bis vier beobachtbare Handlungen auf.
   - Schreiben Sie die benannten Werte auf zwei Flipcharts als ständige Reminder.

Empfehlung für das Themen-Backlog:

Führen Sie nach den Inhalten des Vorlauftextes einen Werteworkshop durch und benennen Sie die zentralen Werte, die von allen einzuhalten sind.

IHR THEMEN-BACKLOG

Bitte notieren Sie Ihre Erkenntnisse und ersten Aufgaben, die Sie aus diesem Kapitel gewonnen haben.

4.5 Literatur und Links

Brohm, Michaela: *Werte, Sinn und Tugenden als Steuerungsgrößen in Organisationen*. Springer, Berlin 2017. Sie gibt Impulse für wert- und sinnorientierte Unternehmensentwicklung und regt zum Transfer in die Praxis an.

Malik, Fredmund: *Die richtige Corporate Governance*. Campus, Frankfurt am Main 2008

Malik, Fredmund: *Führen, Leisten, Leben*. Campus, Frankfurt am Main 2013. Gehört bei jeder Führungskraft auf den Schreibtisch.

Nefiodow, Leo: *Der sechste Kondratieff*. Rhein-Sieg-Verlag, Sankt Augustin 1996

Schlieper-Damrich, Ralph; Kiepfelsberger, Petra: *Wertecoaching*. managerSeminare, Bonn 2008

Sprenger, Reinhard K.: *Das anständige Unternehmen*, DVA, 2015. »Wir leben in wirtschaftsethisch abschüssigen Zeiten«, so sein Einstieg in das Buch, ähnlich anregend und auch provokant arbeitet er die Prinzipien von Anstand in Unternehmen heraus. Vorsicht, Sie könnten sich infizieren.

Veken, Dominic: *Der Sinn des Unternehmens*. Murmann, Hamburg 2015

Wagenhöfe, Alfred; Hrebicek, Gerhard: *Wertorientiertes Management*. Schäffer-Poeschl, Stuttgart 2000

Weissmann, Arnold: *Unternehmenserfolg durch Werteorientierung*. Haufe, Freiburg im Breisgau 2014

Wieland, Josef: *Handbuch Wertemanagement*. Murmann, Freiburg im Breisgau 2004. Er liefert einen ausgezeichneten Leitfaden zur Implementierung von Werten in Unternehmen. Mit vielen Beispielen.

www.as-team.net
www.scrumguides.org

05

Agile Frameworks und Werkzeuge

Bild 5.1
Agile Werkzeuge nutzen

Fragen, die in diesem Kapitel beantwortet werden

- Welche wichtigen Frameworks gibt es?
- Wie sind diese entstanden und was sind wesentliche Merkmale und Vorgehensweisen?
- Wie schaffen Sie mit Rollenbeschreibungen Klarheit für alle handelnden Personen?
- Welche Möglichkeiten bietet Ihnen Scrum für Ihre agile Zusammenarbeit?
- Was zeichnet Large-Scale Scrum aus, damit Sie in großen Organisationseinheiten agil arbeiten können?
- Wie gelingt mit OKRs ein gutes Zielmanagement in agilen Organisationen?
- Wie können Sie mit Kanban die Arbeitsprozesse kontinuierlich verbessern?
- Design Thinking – wie schaffen Sie neue Produkte und Dienstleistungen, die Ihre Kunden begeistern?

Im Laufe der Jahre haben sich unterschiedliche agile Frameworks (Vorgehensweisen) entwickelt. Es sind keine fertigen Konzepte, sondern Entwicklungsrahmen. In diesem Kapitel erhalten Sie einen Überblick über verschiedene Werkzeuge, ohne dass dieser den Anspruch erhebt, vollständig zu sein. Sie können selbst entscheiden, mit welchen agilen Methoden Sie und Ihr Unternehmen sich vertieft befassen wollen.

5.1 Scrum – das Herz der agilen Zusammenarbeit

Die verbreitetste und eine gut entwickelte agile Arbeitsweise ist Scrum. Ursprünglich für Projekte in der Softwareentwicklung vorgesehen, wird diese heute in verschiedenen Bereichen eines Unternehmens und in vielfältigen Branchen angewandt. Viele agile Aspekte sind eng mit Scrum verbunden. Scrum bedeutet übersetzt »angeordnetes Gedränge«. Es stellt als Metapher die hohe Konzentration der beiden Mannschaften dar, mit der ein Rugby-Spiel neu gestartet wird. Jeder Spieler ist hoch konzentriert und weiß, was er zu tun hat.

Mit Scrum rücken also alle Teammitglieder näher zusammen, das Team organisiert sich selbst, trifft sich regelmäßig, und alle Beteiligten sind bestens informiert. Die vielen Meetings mögen den einen oder anderen vielleicht etwas erschrecken, aber letztendlich hat es sich sehr bewährt, da die Ziele so sicher erreicht und mögliche Probleme oder Hindernisse sofort erkannt und behoben werden können.

5.1.1 Geschichte

Agile Arbeitsansätze gab es schon sehr früh. »Kennen Sie Kelly Johnson? 1943, als Adolf Hitler an seinen Wunderwaffen basteln ließ, bekam der Konstrukteur von Lockheed Martin einen unmöglichen Auftrag: In 180 Tagen sollte er mit seiner Mannschaft einen völlig neuen Kampfjet bauen. Unmöglich? Kelly Johnson ist so vorgegangen: Alle dafür notwendigen Ingenieure arbeiteten in einem Zelt, bürokratische Störungen wurden ferngehalten, die Experten konnten selbstorganisiert arbeiten und sie hatten Kontakt mit den Nutzern, also den Piloten. Ergebnis: Die P-80 war nach 143 Tagen entwickelt. Dies war die Geburt von ›Skunk Works‹, der weitgehend autarken, bürokratiefreien Entwicklungsumgebung für radikale Innovationen bei Lockheed Martin« (Gloger, Margetich 2014).

Auch IBM hat beim NASA-Mercury-Programm Softwareentwickler nach agilen Prinzipien sehr erfolgreich arbeiten lassen. In den 1970er-Jahren hat sich dann das Planungstool »Wasserfallmethode« in Projekten durchgesetzt. Aufgabenpakete werden in einem Diagramm auf einer Zeitachse, meist in Kalenderwochen, abgebildet. Einen Durchbruch gab es zur Jahrtausendwende, als Softwareprojekte immer komplexer wurden und mit der Wasserfallmethode ein starker Leidensdruck bei den Entwicklern entstand, da Planung und Realität durch unterschiedliche Veränderungen während der Bearbeitung nicht mehr zu vereinbaren waren. 1996 entwickelten Ken Schwaber und Jeff Sutherland gemeinsam Scrum. Im Jahr 2001 trafen sich 17 sehr kompetente Softwareentwickler, darunter auch Schwaber und Sutherland, und schufen das Agile Manifest, das mit seinen zwölf Prinzipien eine starke Verbindung zu Vorgehensweise, Rollen und Werkzeugen von Scrum hat (siehe ausführliche Darstellung im Anhang).

Agiles Manifest (Auszug)

»Wir erschließen bessere Wege, Software zu entwickeln, indem wir es selbst tun und anderen dabei helfen.

Durch diese Tätigkeit haben wir diese Werte zu schätzen gelernt:

- Individuen und Interaktionen mehr als Prozesse und Werkzeuge
- Funktionierende Software mehr als umfassende Dokumentation
- Zusammenarbeit mit dem Kunden mehr als Vertragsverhandlung
- Reagieren auf Veränderung mehr als das Befolgen eines Plans

Das heißt, obwohl wir die Werte auf der rechten Seite wichtig finden, schätzen wir die Werte auf der linken Seite höher ein.«

(*www.agilemanifesto.org*)

5.1.2 Rollen definieren – so schaffen Sie Klarheit

In der agilen Zusammenarbeit nach Scrum werden Rollen festgelegt, um für Klarheit zu sorgen. So gibt es innerhalb des Scrum-Teams das Entwicklungsteam mit allen Teammitgliedern, den Product Owner sowie den Scrum Master (Bild 5.2).

Als Scrum Master sollten Sie Folgendes beachten:

- Sie tragen die Verantwortung für den Scrum-Prozess, dessen korrekte Implementierung und sinnvolle Umsetzung im Tagesgeschäft.
- Sie sind ein Vermittler und Unterstützer der einzelnen Mitarbeiter bei deren Entwicklung zur Selbstverantwortung (Facilitator, Coach).
- Sie moderieren Konfliktklärungsgespräche zwischen Mitarbeitern oder führen eine Erwartungsklärung mit dem Kunden durch.
- Sie geben dem einzelnen Mitarbeiter und dem Team Feedback und holen sich Rückmeldungen ein.
- Sie beseitigen Hindernisse, die das Team bei der Arbeit behindern, listen diese auf, nutzen die Informationen bei den Reflexionsgesprächen. Aufgetretene Hindernisse und deren Lösungen präsentieren Sie dem Auftraggeber.
- Sie sorgen für einen guten Informationsfluss zwischen Kunde (Product Owner) und Team.
- Sie moderieren alle Scrum Meetings und achten auf eine effiziente Arbeitsweise.
- Sie achten auf die Aktualität aller Scrum Tools, wie Product Backlog, Sprint Backlog, Kanban Chart, Burndown Chart.

Bild 5.2
Der Scrum Master als dienende und hinterfragende Führungskraft

- Sie informieren alle wichtigen Stakeholder über die Auswirkungen der Scrum-Arbeit auf ihre Tätigkeit.
- Sie schützen das Team vor unberechtigten Eingriffen von Stakeholdern während des Sprints.

Was Sie als Scrum Master nicht tun:

- Rolle eines Chefs einnehmen, der einzelne Mitarbeiter anweist, was diese tun sollen.
- Entscheidungen treffen über die Priorität von Aufgaben.
- Qualität der Mitarbeiterleistung beurteilen.
- Doppelfunktionen als Scrum Master und Product Owner übernehmen und damit mögliche Interessenkonflikte eingehen; Sie können nicht einerseits die Einhaltung konkreter Arbeitsweisen einfordern (Sprint Backlog) und andererseits als Kundenvertreter während eines Sprints Aufgabenveränderungen durchsetzen.
- Probleme oder Zielkonflikte des Kunden klären.

Merkmale und Eigenschaften eines Scrum-Teams:

- Bestehen aus fünf bis zehn Mitgliedern, ideal sind sieben.
- Größere Gruppen werden in mehrere unabhängige, aber miteinander kommunizierende Teams aufgeteilt.
- Ist möglichst interdisziplinär zusammengesetzt.
- Ist sein eigener Manager und entscheidet, wer was bearbeitet.
- Klärt mit dem Kunden (Product Owner), welche Leistung im Sprint erreicht wird, und übernimmt dafür die Verantwortung.
- Jedes Teammitglied aktualisiert täglich die Restaufwände seiner Aufgaben im Sprint Backlog.
- Trifft sich täglich zum Daily Scrum, in dem sich die Teammitglieder über die geleisteten und anstehenden Aufgaben informieren.
- Wertet die Arbeitsweise nach jedem Sprint in der Retrospektive aus und verbessert diese kontinuierlich.
- Gibt sich mehrmals im Jahr gegenseitig Feedback und verbessert damit die Teamleistung und das zwischenmenschliche Verhalten.

Was das Scrum-Team nicht tut:

- Fachkonzepte schreiben – dafür gibt es das Product Backlog des Product Owners.
- Sich die Arbeitsweise vorschreiben lassen.
- Sprint Backlog vernachlässigen.

- Ungestörtes Arbeiten während eines Sprints verwechseln mit dem Sitzen im Elfenbeinturm.

Aufgaben und Verantwortlichkeiten eines Product Owners:

- Informiert das Team über die Ziele und Absichten mit dem Produkt.
- Pflegt das Product Backlog, es müssen die richtigen Anforderungen in einer sinnvollen Reihenfolge vorgestellt werden, dies braucht Abstimmung und gute Vorbereitung.
- Vertritt die fachliche Auftraggeberseite, definiert Qualitätsanforderungen und somit die Kundeninteressen.
- Klärt Interessenkonflikte auf Kundenseite.
- Informiert sich im Daily Meeting als passiver Zuhörer über Fortschritte und Probleme.
- Kann Änderungswünsche nach jedem Sprint einbringen.
- Nimmt die Leistung des Teams nach jedem Sprint im Review-Meeting ab.
- Steht für alle Rückfragen des Teams zur Verfügung.

Was der Product Owner nicht tut:

- Übernimmt die Rolle des Chefs und bestimmt die Arbeitsweise des Teams.
- Moderiert das Daily Meeting und redet dort ungefragt.

Zentrale Begriffe

Sprint: festgelegtes Zeitintervall, von z. B. zwei Wochen, in dem bestimmte Ziele erreicht werden und der Kunde ein nutzbares Ergebnis bekommt.

User Story: konkretisierte Kundenanforderungen an das Team.

Definition of Done (DoD): Qualitätskriterien des Kunden wie z. B. Dokumentation, Kriterien zur Zertifizierung, gesetzliche Vorgaben.

Story Points: Bewertung des Arbeitsumfangs von Teamaufgaben (Tasks, User Stories).

Review: Präsentation der Ergebnisse an den Kunden und Einholung von dessen Zustimmung.

Retrospektive: Reflexion und Analyse des zurückliegenden Sprints (was lief gut, was schlecht und Maßnahmen).

Daily Scrum Meeting: 15-minütiges tägliches Steh-Meeting.

Backlog: Überblick aller Anforderungen an das zu entwickelnde Produkt. Diese werden immer wieder angepasst und neu priorisiert.

Produktinkrement: Ergebnis eines Sprints, visualisiert Projektfortschritt.

Timeboxing: Es werden konkrete Zeitlimits festgelegt und wird auf deren Einhaltung geachtet.

- Schiebt ungelöste Kundenprobleme dem Team oder Scrum Master zu.
- Übernimmt die Rolle des Scrum Masters.
- Ist im Sprint Planning Meeting schlecht vorbereitet.

(Preußig 2015)

5.1.3 Vorgehensweise

Scrum liefert eine strukturierte Vorgehensweise, wie komplexe Aufgabenstellungen bearbeitet werden können. Das Ziel dabei ist, produktiv und kreativ Produkte mit höchstmöglichem Wert zu kreieren (Schwaber, Sutherland 2017).

Vorbereitung des Sprints

Zentral ist, dass Sie und das Team die Vision des Kunden und den Zweck des Produkts verstehen!

Das agile Entwicklungsteam, das für den Kunden arbeitet, soll dessen Vision verstehen. Was will der Kunde, der Product Owner, mit dem Produkt erreichen? Was bedeutet dies für ihn und welche Ziele und Zwecke strebt er damit an? Was ist für den Kunden wesentlich? Was bedeutet das neue Produkt für die Kunden des Kunden? Welche Qualitätsziele sind zu erreichen? Was ist wichtig, damit das Produkt die Anforderungen einer späteren Zertifizierung schafft? Manche Vorgaben werden dadurch im Arbeitsprozess verständlicher. In der Kundenvision kann auch die Selbstmotivation der Mitarbeiter für das Projekt und die Sinnhaftigkeit der Arbeit liegen. Menschen wollen verstehen, welchen Mehrwert sie mit ihrer Arbeit leisten und warum ihr Beitrag wichtig ist.

Product Backlog

Jedes Scrum-Projekt hat ein Product Backlog. Dort werden alle Anforderungen an das Projekt mit User Stories beschrieben. Dabei handelt es sich um »eine aus Anwendersicht beschriebene Anforderung an das zu entwickelnde Softwaresystem. Jede User Story liefert einen konkreten Mehrwert und besteht aus einer Karte mit der Beschreibung der Story, ihrer Konversation, in der die Details der Story besprochen werden, sowie ihren Akzeptanzkriterien« (Wirdemann 2017). Wirdemann bezieht sich hier auf die Entwicklung von Softwaresystemen, aber diese

User Stories können auch für alle möglichen Anforderungen definiert werden. Eine User Story muss so konkret wie möglich sein, damit sie auch bearbeitet werden kann. Dafür ist der Product Owner verantwortlich. Er priorisiert die einzelnen Items und bringt diese in eine Reihenfolge, wie sie bearbeitet werden sollen. Um dies zu leisten, sind mehrere Workshops notwendig, die der Scrum Master moderiert. Eingeladen sind der Scrum Master, das Team und weitere Interessenten am Projekt. Gemeinsam werden in einem Brainstorming möglichst viele User Stories definiert und mithilfe einer Mindmap strukturiert.

Neben dem Workshop sind auch Interviews mit verschiedenen Kundenvertretern hilfreich, um wichtige Anforderungen zu konkretisieren. Das Backlog ist nicht starr, sondern in Bewegung und muss den sich ständig ändernden Bedingungen angepasst werden. Aufgabe des Product Owners ist, das Projekt zu steuern. Dazu gehört, dass das Product Backlog auf dem neuesten Stand ist, die User Stories entsprechend des sich weiterentwickelnden Projektes neu bewertet werden und gegebenenfalls neue User Stories dazukommen (Wirdemann 2017).

Estimation Meeting – Schätzungen schaffen realistische Planungen

In diesem wichtigen Meeting werden durch Schätzklausuren die vermuteten Bearbeitungsgrößen der einzelnen User Stories vom Entwicklungsteam festgelegt und dem Product Owner mitgeteilt. Es wird nicht die Zeit geschätzt, sondern die relative Größe zu einem Referenzwert.

Dieser ist in seinem Volumen dem Team gut bekannt. Der Referenzwert könnte z. B. sein: Wie lange benötigen Sie von Ihrem Wohnort zum nächsten Bahnhof abends um 20.00 Uhr? Diese Strecke wird mit drei Story Points bewertet. Mit diesem Referenzwert werden alle anderen Strecken (User Stories) im Verhältnis verglichen.

Wir vergleichen nun die Strecke (User Story 2) von Ihrem Wohnort zum Flughafen. Um wie viel ist diese Strecke größer oder kleiner als der Referenzwert?

Kriterien für die Größe der einzelnen User Stories sind die Komplexität der Aufgabe, Risiken, Kenntnisse der Teammitglieder und externe Abhängigkeiten. Die Schätzzahlen werden nach der Fibonacci-Zahlenfolge bestimmt. Diese ist: 0, 1, 1, 2, 3, 5, 8, 13, 21, 34, 55. Da der Schätzwert mit 3 festgelegt wurde, können auch kürzere Strecken (User Stories) mit 2 oder 1 bestimmt werden. Da es Fehlschätzungen ins Plus wie auch ins Minus geben kann, wird in der Summe ein guter realistischer Wert erreicht. Die Größe der Dauer in Zeit wird bei der Gestaltung des Release berücksichtigt. Auch in den einzelnen Sprints werden den Mitarbeitern User Stories und keine Zeit zugeteilt.

Je realistischer die Schätzungen sind, desto besser kann geplant werden. Das Team kann sich so vor chronischer Überlastung während des Sprints schützen, und Sprintziele können besser erreicht werden.

Es braucht Übung und Praxiserfahrung mit Schätzklausuren, um eine relative Genauigkeit zu erreichen.

Velocity festlegen

Damit der Sprint geplant werden kann, müssen jetzt die Reihenfolge der Bearbeitung, das Volumen aller Stories und die Zeitkapazitäten jedes Teammitglieds für den vereinbarten Zeitraum klar sein. Damit wird die Entwicklungsgeschwindigkeit des Teams definiert. Wie viele Story Points kann das Team realistisch in einem Sprint schaffen? Mit diesem konsequenten Vorgehen werden möglichst realistische Sprintvereinbarungen zwischen dem Product Owner und dem Team getroffen. Es wird damit deutlich, wann welche Stories geliefert werden.

Release Plan anfertigen

Wenn das Product Backlog gut strukturiert ist, dann ist in etwa über die Anzahl der Story Points die Laufzeit des Projekts zumindest grob planbar. Wenn der Umfang der Tätigkeiten und das Team stabil bleiben, lässt sich die Anzahl der Sprints berechnen.

Durchführung des Sprints

Zeitintervalle von ein bis vier Wochen werden als Sprint bezeichnet (Timebox). Es ist ein wesentliches Werkzeug. Jeder Sprint beinhaltet das Sprint Planning 1 und 2, das Daily Scrum Meeting, das Review und die Retrospektive (Bild 5.3). Wir empfehlen zum Start Zeitfenster von einer Arbeitswoche, da sich diese bei noch ungeübten Teammitgliedern besser planen lassen. Qualität und Mengenziele werden von der Kundenseite mit festgelegt und nicht mehr von der Hierarchie. Das bedeutet eine wesentliche Änderung der Zusammenarbeit.

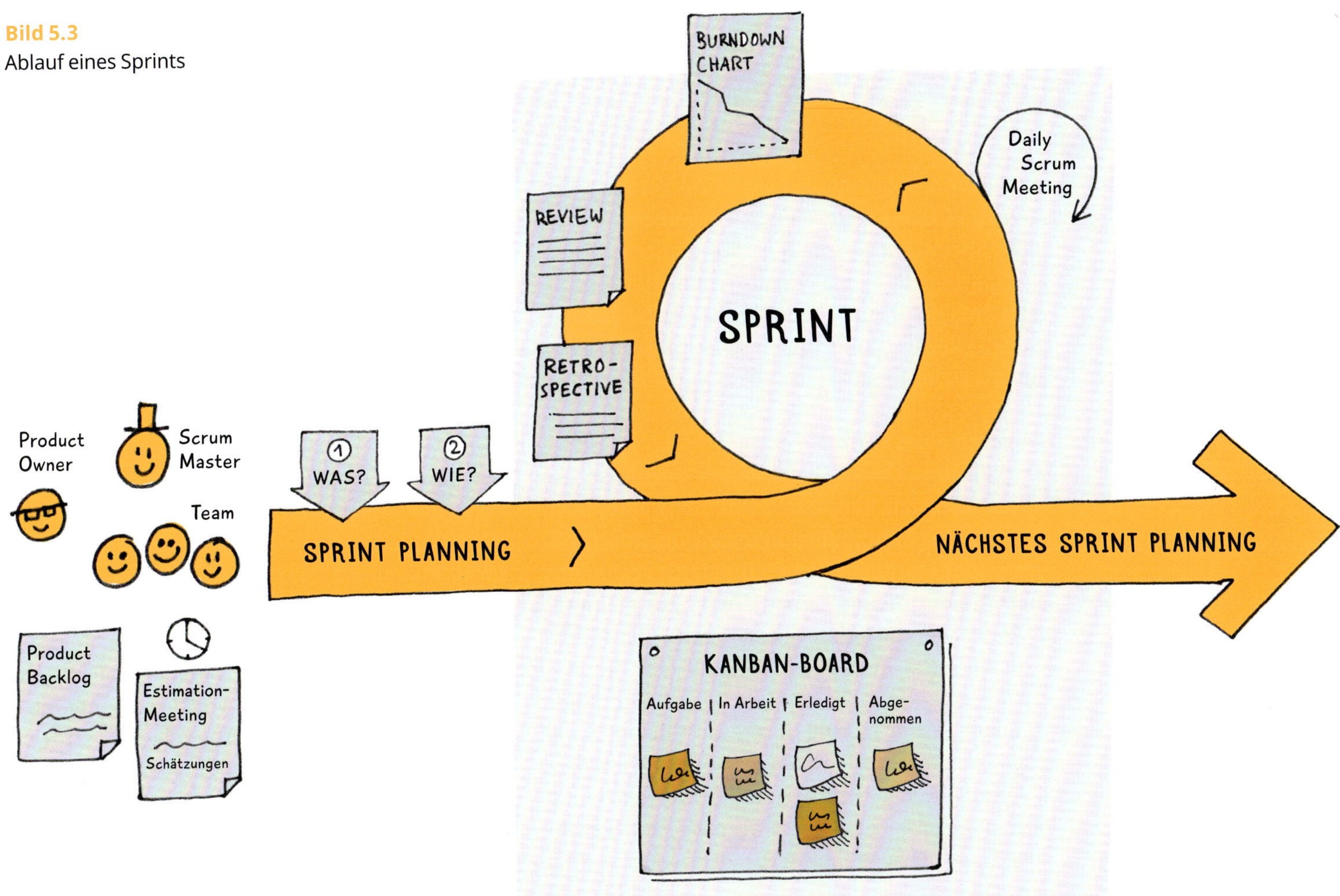

Bild 5.3
Ablauf eines Sprints

Das Team arbeitet für den Kunden, nicht mehr für den Chef.

Während des Sprints gibt es keine Veränderungen. Das Team sollte möglichst gemeinsam an den Sprintzielen arbeiten. Wenn Spezialisten nur punktuell im Projekt mitwirken, dann sollte dies möglichst auf einen oder zwei bestimmte Sprints bezogen sein, um eine Zersplitterung des Teams zu vermeiden.

Abbruch eines Sprints

Der Product Owner kann einen Sprint abbrechen, wenn das Sprintziel nicht mehr aktuell ist. Sollten sich Rahmenbedingungen im Unternehmen oder Marktsituationen drastisch verändern und die Sprintziele keinen Mehrwert mehr erbringen, dann ist dieser Schritt sinnvoll. Abbrüche kommen eher selten vor und sind für das Team eine hohe Belastung. Bei einem abgebrochenen Sprint sollten alle erledigten Backlog-Einträge (Rubrik »Done«) überprüft werden. Eventuell lassen sich bereits erledigte Arbeiten auf andere Bereiche übertragen. Die noch nicht erledigten Backlog-Einträge sollten neu geschätzt und gegebenenfalls wieder in das Backlog mit aufgenommen werden (Schwaber, Sutherland 2017).

Sprint Planning 1 – das »Was« klären

In diesem Meeting geht es darum, die Sprintziele und notwendigen User Stories zu klären und damit das Sprint Backlog festzulegen. Der Scrum Master moderiert das Zusammentreffen von Product Owner und Team. Zwischen Team und Product Owner gibt es durch Klärung und Verhandlung eine klare Festlegung und ein Commitment über die Ziele und das Produktinkrement, das am Ende des Sprints erreicht wird. Alle arbeiten an einem gemeinsamen Verständnis der Arbeitsinhalte mit.

Sprint Planning 2 – das »Wie« besprechen

Das Team entscheidet gemeinsam, wie die Sprintziele am besten und schnellsten mit welchen Tätigkeiten erreicht werden. Es entsteht ein Vorgehensentwurf, in welcher Reihenfolge gearbeitet werden soll, damit Teilergebnisse erreicht werden. Außerdem wird geklärt, wer welche Kompetenzen im Team hat und wie diese bei der Bearbeitung sinnvoll eingesetzt werden. Die Planung wird mit der Präsentation der Vorgehensweise gegenüber Product Owner und Scrum Master abgeschlossen (Schwaber, Sutherland 2017).

Daily Scrum

Dieses 15-minütige tägliche Steh-Meeting findet an jedem Tag des Sprints möglichst zur gleichen Zeit am selben Ort statt und ist sehr wichtig. Es wird vom Scrum Master geleitet, und auch der Product Owner oder andere Stakeholder können passiv daran teilnehmen, um einen Überblick über den Arbeitsstand zu bekommen. Teammitglieder aus anderen Standorten sind per Telefon oder Webkonferenz zugeschaltet.

Alle Teammitglieder müssen den Sinn der Aufgabe und den Sinn der Meetings verstehen. Sonst besteht die Gefahr, dass es zu Widerständen kommt.

Schwerpunkte des Daily Scrums sind die aktuelle Zusammenarbeit der einzelnen Teammitglieder sowie ein Informationsaustausch, woran jeder gerade arbeitet. Es braucht auch Vertrauen im Team, da sonst eine große Offenheit nur schwer möglich ist. Die einzelnen Teammitglieder vernetzen sich zeitnah in diesem Meeting, verbessern ihre Kommunikation, artikulieren Hindernisse und klären, wie sie als selbstgesteuertes Team weiterkommen, um das Sprintziel zu erreichen. Es geht um die Überprüfung und Anpassung des aktuellen Arbeitsstandes. Dieser Abgleich schafft Transparenz und macht eventuell neue Aktivitäten und Anstrengungen notwendig. Jedes Teammitglied berichtet kurz in der Runde zu folgenden Fragen:

- Was konnte ich seit gestern erledigen, das uns als Team den Sprintzielen näher bringt?
- Was werde ich heute tun, damit wir als Team die Sprintziele erreichen?
- Welche Hindernisse erkenne ich bei mir oder dem Team, die unsere Zielerreichung blockieren?

Gibt es bereits fertige Teilprodukte, dann können diese kurz präsentiert und besprochen werden. Nach dem Meeting können noch Kleingruppen an einzelnen Themen arbeiten. Der Scrum Master hat ein eigenes Hindernisse-Backlog und arbeitet an dessen Bewältigung, um dem Team damit zu helfen.

Sprint Review

Am Ende des Sprints präsentiert das Entwicklungsteam die Ergebnisse seiner Arbeit dem Product Owner und eventuell weiteren Stakeholdern. Der Product Owner lädt zu diesem Treffen ein, und der Scrum Master kümmert sich um die Organisation und Moderation. Er achtet darauf, dass in einem festgelegten Zeitfenster alle relevanten Themen besprochen sind. Der Product Owner prüft die Ergebnisse und entscheidet über die Annahme bzw. Freigabe der einzelnen Produkte oder Stories des Teams. Wenn etwas noch verbessert werden muss, dann kommt es in das Backlog des nächsten Sprints.

Jetzt können auch Änderungswünsche des Product Owners für das nächste Sprint Backlog 1 aufgenommen werden. Dieses schließt sich gleich an, und es wiederholt sich nun die Schleife zum nächsten Sprint.

Retrospektive

»Für dieses Meeting haben wir keine Zeit! Wir arbeiten lieber operativ!« Dieser Spruch eines Scrum Masters zeigt, dass er ein sehr wichtiges Instrument nicht verstanden hat. Wenn der Reflexions- und Verbesserungsprozess ausfällt, dann wird ein wesentlicher Baustein der agilen Zusammenarbeit nicht umgesetzt. Damit ist die Arbeit nicht mehr agil. Es geht darum, auch am System zu arbeiten, nicht nur im System.

Ein Kernmerkmal agiler Zusammenarbeit ist ein Teamtreffen an jedem Ende des Sprints, um kontinuierlich an Verbesserungen zu arbeiten. Scrum achtet auf eine ständige Optimierung der agilen Vorgehensweise, der Selbstorganisation, der Leistungserbringung und der persönlichen Zusammenarbeit.

Mit dem Team werden, moderiert durch den Scrum Master, im Rückblick alle wesentlichen positiven wie kritischen Aspekte gesammelt. Anschließend werden die wichtigsten Punkte diskutiert und konkrete Maßnahmen zur Verbesserung beschlossen und umgesetzt.

Fazit

- Scrum ist die am besten ausdifferenzierte agile Vorgehensweise und verbindet prozess- und teamorientierte Vorgehensweisen. Viele Werkzeuge von Scrum werden heute in andere agile Arbeitsweisen adaptiert.
- Durch den Product Owner ist der Kunde Auftraggeber und definiert mit dem Product Backlog die wesentlichen Ziele, die Qualität und die Inhalte der Arbeit. Der Kunde bestimmt, was das Team machen soll, und gestaltet aktiv mit.
- Mit den Rollen Product Owner, Scrum Master und Teammitglieder sind klare Aufgabenrollen definiert, die eine abgestimmte Aufgabenteilung ermöglichen. Es gibt dafür Zertifizierungsmöglichkeiten. Damit wird die Rollenqualität sichergestellt.
- Sprints geben ein verbindliches Zeitfenster und einen klaren Arbeitsablauf vor. Leistung wird messbar. Der Sprintkreislauf wiederholt sich immer wieder. Wenn alle Rollenträger diesen verinnerlicht haben, dann kann erheblich schneller und besser gearbeitet werden als in hierarchischen Organisationen.
- Mit den Retrospektiven wird kontinuierlich an Verbesserungen gearbeitet, und es entstehen evolutionäre Prozesse, die das Unternehmen weiterbringen. Werden diese nicht oder schlecht durchgeführt, fehlt ein zentraler agiler Baustein und gibt es keine Weiterentwicklung. Der innovative Aspekt fehlt.
- Die frühere Macht der Führungskraft geht auf den Product Owner über, zu den Teammitgliedern und in die Prozessgestaltung. Führung muss bereit sein, Aufgaben, Kompetenzen und Verantwortung schrittweise abzugeben und mehr zu einem Servant Leader, zur reflexiven und coachenden Führungskraft zu werden. Macht und Status verlieren an Bedeutung. Dazu ist nicht jede Führungskraft geeignet und bereit.

- Die Selbstorganisation der Teams ist eine Voraussetzung für Scrum. Diese muss erlernt werden, und nicht jeder Mitarbeiter ist dazu bereit und fähig.
- Scrum ist komplex, und es braucht zu Beginn viel Schulung und Lernbereitschaft, damit Rollen, Vorgehensweisen und Werkzeuge in einer guten Qualität umgesetzt werden. Es kann zu Überforderung der beteiligten Personen kommen, wenn die Einführung zu schnell geht und nicht gut begleitet wird. Meist entsteht dann ScrumBut, eine Light-Version, die wenig Nutzen bringt.
- Durch Scrum wird die Unternehmenskultur verändert. Dies muss den Entscheidern vorab bewusst sein, und sie müssen dies wollen. Information und Aufklärung sind anfangs essenziell, da Scrum evolutionäre und verändernde Auswirkungen hat.

5.2 Mit Large-Scale Scrum das Unternehmen agil ausrichten

Das Framework Scrum ist für die einzelne Teamarbeit hilfreich. Wenn Sie große Projekte, Fachbereiche oder ganze Wertschöpfungsketten agil ausrichten wollen, dann hilft Ihnen dabei das Framework Large-Scale Scrum (LeSS).

5.2.1 Geschichte

LeSS ist eine noch sehr junge Disziplin. Die Scrum-Berater Craig Larman und Bas Vodde haben sich 2005 mit Kunden zusammengetan, um Scrum zu skalieren. Sie erschufen eine Scrum-Version für große Gruppen weltweit und entwickelten die beiden Frameworks LeSS und LeSS Huge. LeSS eignet sich für eine Organisationseinheit von zwei bis acht Scrum-Teams mit 70 bis 100 Personen. LeSS Huge wurde bereits mit über 1000 Personen erfolgreich durchgeführt.

5.2.2 Vorgehensweise

»Large-Scale Scrum ist Scrum.« Alles, was Sie über Scrum wissen, alle Werte, Prinzipien und Planungsabläufe bleiben bei LeSS gleich.

Rollen

Das Entwicklungsteam wird gedanklich auf alle beteiligten Teammitglieder ausgedehnt und damit größer. Wenn 60 Personen an dem Projekt mitarbeiten, dann gibt es sechs unterschiedliche Scrum-Teams. Sie sollen crossfunktional zusammengesetzt sein, sind selbstorganisiert und arbeiten langfristig an einem gemeinsamen Produkt. Ein Scrum Master begleitet jeweils zwei Teams durch die Sprintschleife. Es gibt einen einzigen Product Owner mit einem zentralen Backlog für alle sechs Scrum-Teams. Nur so ist gewährleistet, dass alle an der Entwicklung des gemeinsamen Produkts mit unterschiedlichen Aufgaben arbeiten.

Produktdefinition

Scrum ist für die Produktentwicklung geeignet und kein Framework für Projektmanagement. Es wurde nicht entwickelt, um Laufzeit, Budget und Ressourcen zu managen. Dies wird öfter verwechselt. Der gesamte Prozess mit Scrum fokussiert sich darauf, das Produkt zu entwickeln und dabei den Kundennutzen im Fokus zu haben.

Die Definition des Produkts legt das Niveau und die Größe des Product Backlogs fest, klärt, wer genau die Nutzer sind und wer ein geeigneter Product Owner ist. Folgende Fragen sind dabei hilfreich:

- »Was würde der Endkunde antworten, wenn wir ihn fragen: Was gehört zu einem guten Produkt?
- Welche Komponenten haben wir, die sich unsere Produkte teilen, oder Funktionalitäten, die in allen Produkten vorkommen?
- Unser Produkt ist ein Teil von was? Welches Kundenproblem löst unser Produkt?« (Larman, Vodde 2017).

Die Produktdefinition entscheidet über das Ausmaß des Product Backlogs. Je breiter diese gefasst wird, desto mehr Systemdynamiken werden gebraucht und aktiviert. Sie soll immer kundenorientiert bleiben. Dies ist eine klare Vorgabe.

Product Backlog

Es gibt ein Product Backlog und einen Product Owner, der dafür verantwortlich ist. Damit wird die Gesamtsicht verstärkt. Es werden bei LeSS die Ziele aus Kundensicht definiert. Hätte jedes Team ein eigenes Product Backlog, würde der Product Owner die Übersicht verlieren, und die gemeinsame Zentrierung würde fehlen. Es werden auch regulatorische Themen aufgeführt sowie Qualitätsstandards, damit der Kunde Zertifizierungen besteht.

Product Backlog Refinement (PBR)

Dies ist ein eigener Workshop zur Verfeinerung des Backlogs und um die Absichten des Product Owners und die Ausrichtung des Produkts, aber auch der Teams besser zu verstehen. Es kann ein Ausblick über die nächsten konkreten Schritte und deren Bedeutung gegeben werden. So können Auswirkungen auf Kunden, auf den Ertrag, auf einzelne Risiken oder zusätzliche Kosten besprochen werden. Dabei sollen sich die Teammitglieder aktiv einbringen, damit sie sich am Produktbesitz beteiligen und mit dem Backlog identifizieren und dieses auch mitgestalten. Diese enge Verzahnung schafft Synergien in der Umsetzung.

Multiteam-PBR

Einzelne Teams, die eng miteinander arbeiten, können nochmals einen eigenen Workshop gestalten und Details besprechen, um das gemeinsame Verständnis zu vertiefen. Es bewährt sich in der Praxis, sich anfangs Zeit zu nehmen, damit alle das Produkt und Details dazu gut verstanden haben.

Sprint Planning 1

Zum Start und mit unerfahrenen Teammitgliedern empfiehlt es sich, dass alle Personen am Sprint-Planning-1-Treffen teilnehmen. Es braucht Beratung, eventuell auch mit einem externen Coach, um teamorientierte Arbeitspakete zu entwickeln und Klarheit über die agile Arbeitsweise bei diesem wichtigen Baustein zu bekommen. Wenn mehrere Sprints gut durchgeführt wurden und Sicherheit in den Teams entsteht, dann können diese auch Vertreter senden. Die Prozesse vereinfachen sich und viele Fragen sind geklärt.

Jedes Team entsendet zwei Vertreter zum gemeinsamen Sprint Planning 1 Meeting mit dem Product Owner und dem Scrum Master. Beim nächsten Treffen können es zwei andere Personen sein. So lernen viele im Team, dieses Instrument sinnvoll zu nutzen. Es können noch andere Stakeholder daran teilnehmen, wenn dies sinnvoll ist. Ein Scrum Master moderiert das Treffen und coacht, wenn es notwendig wird. Die Teilnehmer wählen die Aufgaben aus, die im jeweiligen Team im nächsten Sprint bearbeitet werden. Das Sprint Backlog ist für das Team und klärt, was alles zu tun ist.

Sprint Planning 2
Jedes Team überlegt zeitgleich, wie sie das Sprint Backlog bearbeiten werden. Der Umfang der Aufgaben ist geschätzt, und es wird überlegt, wer an welchen Tätigkeiten arbeiten soll. Es kann auch zum Multiteam Sprint Planning 2 kommen. Möglichst im gleichen Raum klären zwei oder mehrere Teams die Bearbeitung der Sprintaufgaben, wenn diese eng zusammenhängen und es gewisse Abhängigkeiten gibt.

Sprint
Es gibt für alle Teams einen gemeinsamen Sprintzyklus. Jedes Team hat am Ende des Sprints ein vorzeigbares Ergebnis oder ein Teilprodukt. Alle Meetings von der Klärung des Product Backlogs bis zur Retrospektive finden in den Teams statt.

Daily Sprint Meeting
Damit sich die einzelnen Teammitglieder gut vernetzen, findet täglich eine kurze strukturierte Besprechung statt. Dabei werden Hindernisse und der aktuelle Arbeitsstand sowie die Aufgaben für den anstehenden Tag besprochen. Es kann aus einem anderen Team ein Scout teilnehmen, der dann die wichtigsten Infos in sein Team weiterleitet. So bleiben Teams sehr eng vernetzt und teilen ihr Wissen miteinander.

Sprint Review
Dieses wird gemeinsam mit allen Teams gleichzeitig in einem großen Raum durchgeführt. Dazu werden verschiedene Stakeholder eingeladen und auch Vertreter der Kunden. Jedes Team kann einen Informationsstand aufbauen und die Ergebnisse entsprechend vorstellen. Es entsteht eine Marktsituation, und jeder Tisch ist mit einem fachkundigen Teammitglied besetzt, das die fertiggestellten Produkte vorstellt, Fragen beantwortet und sich Feedback von den anderen einholt. So kann sich jeder im Raum umsehen und informieren. Die Rückmeldungen des Product Owners zu den einzelnen Produkten spielen dabei eine besondere Rolle. Am Ende des Marktmeetings kommen alle Teilnehmer nochmals zusammen, um Fragen zu klären.

Retrospektiven

Nach dem Sprint Review treffen sich die jeweiligen Teams und werten die Zusammenarbeit im Sprint intern aus. Die Verbesserungen werden in das nächste Sprint Backlog mit aufgenommen und umgesetzt.

Es gibt auch eine zentrale Retrospektive. Ähnlich wie beim Sprint Backlog 1 können sich alle Teammitglieder oder Vertreter der Teams treffen, um team- und systemübergreifende Themen und Experimente zu diskutieren. Diese werden im nächsten Sprint durchgeführt.

Fazit

- LeSS hilft, komplexe Produktentwicklung in eine einfache Struktur zu bringen, damit diese gut bearbeitbar wird.
- Wer Erfahrungen mit Scrum hat, der kann LeSS schnell anwenden und in einem größeren Kontext arbeiten, da sich viele Vorgehensweisen wiederholen.
- Ein Themen-Backlog und ein Product Owner sorgen für eine hohe Fokussierung. Es gibt für alle Teams eine Definition of Done.
- Die Prinzipien und Werte sollten von allen Beteiligten schrittweise verstanden und gelebt werden. Sie müssen verstanden haben, was agile Zusammenarbeit mit Scrum und LeSS bedeutet. Häufig hat die Organisation keine Zeit zum Lernen, da es einen hohen zeitlichen Druck gibt und gleich mit den Projekten gestartet wird.
- Alle sollen die Produktdefinition verstehen. Es macht anfangs Sinn, sich Zeit zu geben, damit die Zielsetzung mit dem Produkt und das Product Backlog mit dem Raffinement (Verfeinerung) gut verstanden werden. Dadurch werden Rückfragen reduziert.
- Das Scrum Framework umzusetzen ist eine Entwicklung. Es braucht Zeit zum Lernen.

5.3 Objectives and Key Results (OKR) – sich gemeinsam auf das Wesentliche fokussieren

Der Begriff Objectives and Key Results (OKR) bezeichnet eine Methode zur quartalsweisen Abstimmung der Unternehmensziele mit den Zielen der einzelnen Mitarbeiter. So entstehen in Unternehmen ein klarer Fokus und die notwendige Flexibilität, quartalsweise auf geänderte Faktoren Rücksicht zu nehmen. Anders als herkömmliche Managementmethoden steigern OKRs neben dem klaren Fokus auch die Motivation der Mitarbeiter durch Einbezug in den Prozess.

5.3.1 Geschichte

OKRs sind die Weiterentwicklung des von Peter Drucker im Jahre 1954 entwickelten Management by Objectives (MbO). Nach der Gründung von Intel im Jahr 1968 durch Andy Grove wurde MbO von ihm zu OKR weiterentwickelt. 1974 lernte John Doerr diese Methode bei Intel kennen und brachte sie später als Investor zu Google und weiteren Unternehmen. Speziell in den Anfängen von Google konnte mittels OKR der nötige Fokus generiert werden, der dem Unternehmen ein starkes Wachstum einbrachte. Noch heute wird diese Methode bei Google verwendet.

Zahlreiche andere Unternehmen adaptierten diese Methode in ihren Unternehmensalltag, darunter Größen wie Adobe, Amazon, Dropbox, Facebook, Microsoft und viele andere. OKRs haben auch Einzug in vielen deutschen Unternehmen gehalten. Hierzu zählen unter anderem BMW, Zalando, Siemens und TeamViewer.

5.3.2 Vorgehensweise bzw. wichtige Aspekte

Die Vorgehensweise bzw. die wichtigen Aspekte von OKRs ähneln denen agiler Methoden. Nachfolgend werden diese kurz erläutert:

Rollen

Erfahrungswerte zeigen, dass die Etablierung eines Spezialisten/Ansprechpartners für OKRs in Teams oder Abteilungen nützlich ist. Die Rolle eines sogenannten OKR Masters (auch oftmals OKR Champion genannt) beschränkt sich jedoch lediglich auf eine beratende Funktion. Der OKR Master dient dem Unternehmen als Kompetenzträger und unterstützt Teams in der Einführung von OKR.

Vision/Mission

Da OKRs den Fokus auf die Unternehmensziele steigern sollen, müssen diese im besten Fall in Form einer Vision oder Mission klar dargestellt werden. Die Vision/Mission kann anschließend als Nordstern für die Teams dienen, um tägliche To-dos zu priorisieren. Darüber hinaus dient die Vision/Mission als Orientierung für die Formulierung der Objectives and Key Results.

OKR Board

Dieses OKR Board dient der Sammlung der definierten OKRs in Form eines Boards. Dieses kann sowohl digital als auch physisch abgebildet werden. Um den Fokus auf die Unternehmensziele optimal zu gewährleisten, müssen OKRs transparent für alle betroffenen Mitarbeiter gemacht werden. Ein OKR Backlog kann zur Steigerung der Transparenz führen.

OKR-Definition

Der Unterschied der OKR-Methode zu herkömmlichen Managementmethoden zeigt sich in der Definition der Ziele. Anders als gewohnt werden Objectives and Key Results im Zusammenspiel zwischen Management und Mitarbeiter definiert und gelebt. Hierfür empfiehlt es sich, einen OKR-Definitions-Workshop zu organisieren.

Progress Meetings

Key Results stellen die Messwerte zur Erreichung der Objectives dar. Um einen stetigen Fortschritt in der Erreichung der zuvor definierten Ziele zu gewährleisten, müssen diese in regelmäßigen Abständen kontrolliert werden. Progress Meetings (Fortschrittsmeetings) dienen dem Team zur Abstimmung und flexiblen Reaktion auf geänderte Umstände.

OKR Review

Dieses Meeting dient dem Team nach Ablauf der Iteration (sich wiederholender Prozess) zur qualitativen Bewertung der OKRs. Die Iteration beträgt in den meisten Fällen ein Quartal. In diesem Workshop stellen sich die Teams die Fragen:

- Waren es die richtigen OKRs?
- Was können wir hinsichtlich der Ziele in der nächsten Iteration besser machen?
- Was hat zur Erreichung bzw. Nicht-Erreichung der Ziele geführt?

Retrospektive

Ähnlich zu der agilen Retrospektive nutzt das Team dieses Meeting zur Bewertung der Zusammenarbeit während der Iteration. Hierbei stehen nicht die Ziele im Vordergrund, sondern die Faktoren, die zu einer besseren Erreichung der zukünftigen Ziele führen können.

Agil und motiviert Ziele erreichen

Interview mit Petrit Isufi, selbständiger OKR-Experte und Berater

Petrit Isufi arbeitet als selbständiger OKR-Experte und unterstützt sowohl mittelständische Unternehmen als auch DAX-Konzerne bei der erfolgreichen Einführung von OKR. Neben der Etablierung dieses Frameworks erarbeitet der gelernte Informatiker gemeinsam mit seinen Kunden Digitalisierungsstrategien und unterstützt seine Kunden bei deren Umsetzung. Diese Strategien umfassen sowohl die Erforschung neuer Geschäftsmodelle als auch die Restrukturierung der Arbeitsabläufe hinsichtlich einer agilen Zusammenarbeit und der Fokussierung auf den Kunden.

Webseite: *www.petrit-isufi.de*

Welche Vorteile bringen OKRs dem Unternehmen?

Die Zyklen in der Wirtschaft werden immer kürzer. Viele Unternehmen in Deutschland experimentieren mit OKRs und deren Einsatzmöglichkeiten. Besonders in der Automobilindustrie und in weiteren produzierenden Gewerben werden OKRs genutzt, da diese Branchen im starken Wandel sind.

Die Verschmelzung von mittel- und langfristiger Strategie kann mit dem OKR Framework gut abgebildet werden. Wandel geschieht immer auch auf Mitarbeiterebene, und genau auf dieser Teamebene haben OKRs den größten Einfluss. Ziele werden messbar erreicht und Hindernisse werden öffentlich, wenn sie auftreten, sodass eine schnelle Reaktion möglich ist. Jahresplanungen sind »Schnee von gestern«. Wer heute bestehen will, muss rasch reagieren und diese Reaktionen an die Mitarbeiter in Form von motivierenden Zielen (Objektives) und messbaren Schlüsselergebnissen (Key Results) kommunizieren.

Was sind die Unterschiede zum herkömmlichen Zielmanagement?
Typischerweise findet die Leistungsbeurteilung (gerade in Deutschland) auf individueller Ebene statt. Da OKRs aus dem Amerikanischen kommen und einen starken motivierenden Faktor beinhalten, widerspricht diese Methode den hierzulande gelebten Methoden in ihrem Grundsatz. Die Motivation der einzelnen Mitarbeiter ist oft monetärer Art, obwohl diverse Studien bereits gezeigt haben, dass diese Art der Motivation keine langlebige ist. OKRs hingegen sind eine »kennzahlengestützte Managementmethode zur Erreichung von Zielen«, die sich ein Unternehmen setzt. Über stetige Fortschrittskontrollen kann der Kurs eines Teams, einer Abteilung oder gar eines Unternehmens flexibel an die sich ständig wandelnde Umwelt angepasst werden. Traditionelle Zielfindungsprozesse sind auf ein Jahr ausgelegt, während OKRs, richtig angewendet, typischerweise ein Quartal bestand haben und anschließend auf ihre Aktualität überprüft werden.

Welche Vorgehensweise schlagen Sie vor?
Zunächst sollte eine Unternehmensvision ausgearbeitet werden (Bild 5.4). Diese Vision dient als Nordstern für alle unternehmensweiten Ziele. Anhand dieser Vision wird eine Mission formuliert. Daraus können auf der Managementebene mittel- bis langfristige Ziele

definiert werden. An diesen Zielen können sich einzelne Teams ausrichten und Teamziele vereinbaren, die sie in den nächsten Quartalen anstreben. In der täglichen Arbeit sollten in regelmäßigen Abständen Fortschrittskontrollen stattfinden, um schnell reagieren zu können. Für einzelne Abteilungen sollte ein OKR Master (einer, der sich methodisch auskennt) etabliert werden. Dieser kann allen Teams als Sparringspartner zur Verfügung stehen. Unternehmen sollten Ziele definieren, die mindestens 70 % bis 80 % ihrer täglichen Arbeit abbilden. Ziele, die nicht erreicht werden, führen zu Demotivation und im Umkehrschluss zur Ablehnung der neuen Methode OKR. Unternehmen sollten sich gerade zu Beginn beraten lassen, um anschließend im dritten Zyklus (drittes Quartal) allein laufen zu können. Bei

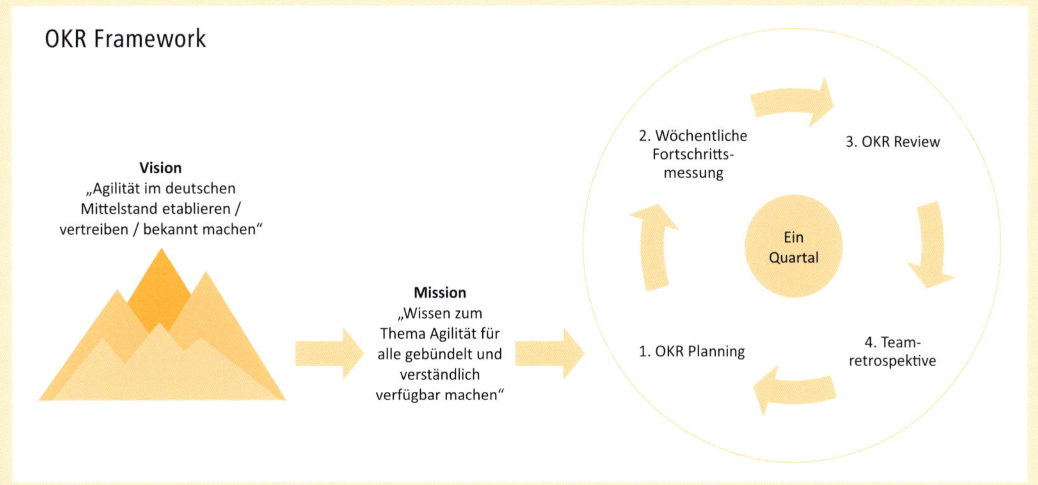

Bild 5.4 OKR Prozess (in Anlehnung an Doerr 2018)

der Formulierung der Ziele ist es nicht wichtig, von Anfang an die perfekten Ziele zu bestimmen. Step-by-Step werden sich die Teams an die neue Methode gewöhnen und lernen, einen Anteil an der Unternehmensstrategie mitzubestimmen.

Welche Werkzeuge unterstützen den OKR-Prozess?

In einem Quartalszyklus (Bild 5.5), den ich sehr empfehle, sollten im letzten Monat Ziele vorbereitet werden. Ein bis zwei Wochen vor Beginn des nächsten Quartals sollten die neuen Ziele an alle betroffenen Abteilungen kommuniziert werden. Bei der Erstellung der gemein-

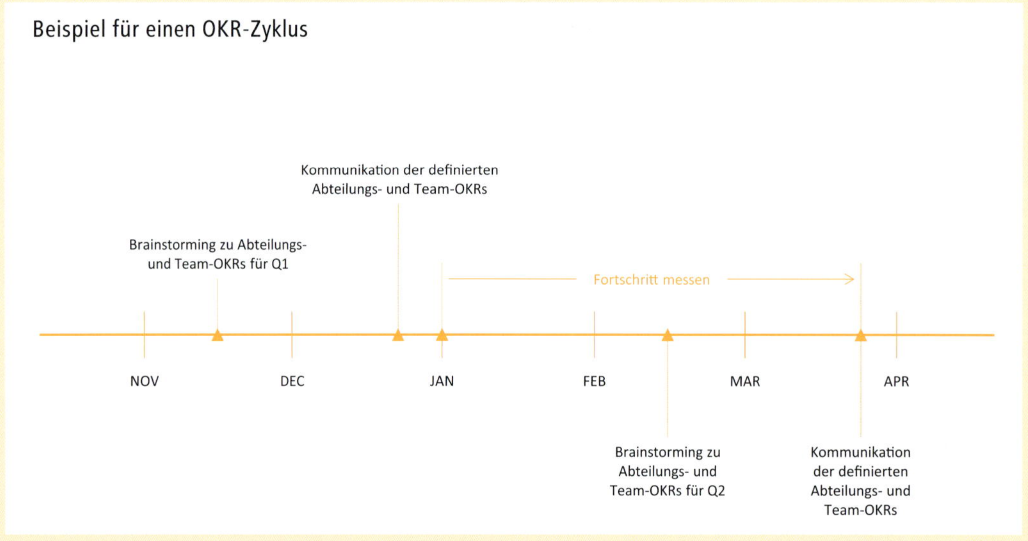

Bild 5.5 OKR Werkzeuge (in Anlehnung an Doerr 2018)

samen Ziele sind sowohl das Management als auch die Mitarbeiter eingebunden. Im besten Fall liegt die Verteilung bei 50 zu 50. Als Medium für das Tracking der OKRs empfehle ich Trello. Richtig angewendet bildet es eine optimale Unterstützung in diesem Prozess. Es ist natürlich auch möglich, OKRs physisch auf einem Kanban Board abzubilden. Der richtige Zeitpunkt für die Einführung von OKRs ist genau jetzt! Die ersten Ziele werden ohnehin nicht die perfekten sein, da sich die Beteiligten an die Methode erst einmal gewöhnen müssen. Die Lernkurve ist allerdings sehr steil, und schon nach ein bis zwei Zyklen werden die Ziele spürbar genauer, und die Motivation der Mitarbeiter nimmt stetig zu (Bild 5.6).

<table>
<tr><td colspan="3">Vision:
„Agilität im deutschen Mittelstand etablieren / verbreiten / bekannt machen“</td></tr>
<tr><td colspan="3">Mission:
„Wissen zum Thema Agilität für alle gebündelt und verständlich verfügbar machen“</td></tr>
<tr><td>Objective 1:
„Multimediales Angebot für unsere Kunden schaffen“</td><td>Objective 2:
...</td><td>Objective 3:
...</td></tr>
<tr><td>Key Result 1:
„3 Podcasts vor Veröffentlichung des Buches aufzeichnen und veröffentlichen“</td><td>Key Result 1:
...</td><td>Key Result 1:
...</td></tr>
<tr><td>Key Result 2:
„Kartenset zum Buch veröffentlichen“</td><td>Key Result 2:
...</td><td>Key Result 2:
...</td></tr>
<tr><td>Key Result 3:
„Je ein Erklär-Video zu jedem Kapitel aufzeichnen und veröffentlichen“</td><td>Key Result 3:
...</td><td>Key Result 3:
...</td></tr>
</table>

Bild 5.6 Gesamtüberblick OKR

Welche »Stolpersteine« gibt es?

In vielen Unternehmen werden regelmäßig neue Methoden eingeführt (wie z. B. Scrum). Da weder der Grund für deren Einführung noch die möglichen positiven Effekte kommuniziert werden, stellen OKRs oftmals »nur« eine weitere Methode dar, die das Management den Amerikanern aus dem Silicon Valley nachmacht. Kommunikation und die Befähigung der Mitarbeiter, eigenverantwortlich zu handeln, sind das A und O einer erfolgreichen Einführung von OKRs. Da OKRs einen Wandel vorantreiben sollen und somit einen Change-Prozess darstellen, finden sich in vielen Unternehmen Mitarbeiter jeglicher Stufe, die dagegen sind. Solche Mitarbeiter müssen von den Vorteilen überzeugt werden. Jeder Wandel birgt Gefahren, da das Alte und Bekannte für etwas Neues und Unbekanntes aufgegeben werden muss. Verständnis des Managements, der Geschäftsführung, der Mitarbeiter und des Betriebsrats ist hier ganz besonders gefragt. Klassische Fehler bei der Einführung von OKRs werden gemacht, wenn die bereits existierenden (und oftmals zu vielen) Ziele in das OKR Framework gepresst werden. Keinem ist geholfen, wenn anstatt einer Excel-Liste mit 20 Zielen nun 20 OKRs existieren. Daher ist es wichtig, im Vorfeld Strategiearbeit zu leisten, um die »wichtigsten« Ziele des anstehenden Quartals zu identifizieren und mit maximal fünf Objektives zu starten. Bei verteilten Teams, wie sie oft bei multinationalen Unternehmen vorzufinden sind, ist die Bereitstellung eines Tools auch von Vorteil. Trello und andere Systeme können für diese neue Methode genutzt werden, um OKRs abzubilden und online verfügbar zu machen. Hier empfiehlt sich gerade zu Beginn die Hinzuziehung eines externen Beraters, der mit seiner Erfahrung die Anlaufphase deutlich erleichtern kann.

Was ist bei der Einführung zu beachten?

Zunächst empfehle ich, einen Impulsvortrag in Form eines Workshops von einem Experten vortragen zu lassen. Die Mitarbeiter sollten sich zunächst »schlaumachen« und sich über

OKRs informieren. In deutschen Unternehmen empfehle ich außerdem zu Beginn die Hinzuziehung des Betriebsrats, da diese Methode (wenn sie falsch genutzt wird) auch zur Beurteilung von individuellen Leistungen dienen kann. Dies sollte vermieden werden – daher bin ich kein Fan von individuellen OKRs, auf Teamebene sollte Schluss sein.

Konkretes Vorgehen

Während der Einführung sollten folgende Schritte getan werden:

1. Teammission aufstellen, abgeleitet von der Unternehmensvision
2. Übergeordnete Ziele identifizieren und diejenigen auswählen, auf die das Team einen Einfluss haben kann
3. Outcomes, die das Team erzielen will, definieren
4. Aktuelle Handlungsfelder strukturieren. Was machen wir aktuell? Was sollen wir beibehalten? Was sollte ein anderes Team übernehmen? Was sollte keiner mehr machen (automatisieren)?
5. Objectives formulieren
6. Metriken zur Messung der Erreichung dieser formulierten Objectives aufstellen
7. Key Results formulieren
8. Sogenannte »Progress Meetings« einplanen, in denen der Fortschritt festgehalten wird
9. Team-OKR-Champion oder »Kümmerer« definieren
10. Tool auswählen
11. Beginnen

Fazit

- OKRs helfen dem Unternehmen, die Ziele des Managements und die Ziele der Mitarbeiter abzustimmen.
- Durch die Ableitung der OKRs aus der Vision/Mission kann eine Fokussierung auf die wesentlichen Ziele des Unternehmens sichergestellt werden.
- Die stetige Kontrolle des Fortschritts gewährleistet den Erfolg der Erreichung der Ziele.
- Das OKR Review dient zur Bewertung der Ziele hinsichtlich ihrer Richtigkeit, während eine Retrospektive eine Inspektion der Zusammenarbeit des Teams darstellt.
- Es sind keine Voraussetzungen für die Etablierung dieses Prozesses notwendig.
- Eine Person als Kompetenzträger im Unternehmen kann Teams bei der Einführung von OKRs unterstützen.

5.4 Kanban – den Wertschöpfungsprozess verbessern

Kanban hilft, den Arbeitsablauf bei Projekten, Produktion, Logistik oder Service- und Dienstleistungen zu visualisieren, zu verstehen und ständig zu verbessern. Das Ziel ist, den Kunden damit zufriedenzustellen und die Wertschöpfungskette auf jeder Produktionsstufe kostenoptimal zu steuern. Bei Kanban werden nicht die Mitarbeiter gemanagt, sondern die Arbeitsprozesse. Dies ist eine wertvolle Fokussierung auf die Verbesserung von Prozessen und schafft einen Mehrwert. Außerdem stellt Kanban eine gute Ergänzung zur Entwicklung von Menschen und Teamarbeit dar.

5.4.1 Geschichte

Das japanische Wort Kanban bedeutet so viel wie Karte, Signalkarte oder Schild. 1953 wurde das System von Taiichi Ohno bei der Toyota Motor Corporation entwickelt und erfolgreich eingeführt. Toyota hatte eine geringere Produktivität als Firmen in den USA. Um Lagerkosten zu senken, wurde nach dem Supermarktprinzip durch Karten darauf geachtet, dass Leerbestände rechtzeitig wieder nachgefüllt wurden, ohne dass es zu Überfüllungen kam. Das Prinzip wurde auch in Produktionsstraßen genutzt, die eher standardisierte Produkte erzeugten, um diese in einen gleichmäßigen Rhythmus zu bringen. Dadurch konnten die Fertigstellung und die Lieferzeiten dem Kunden verbindlicher zugesagt werden. 1970 wurde Kanban in amerikanischen und europäischen Unternehmen eingeführt. Heute wird die Methode auch in Dienstleistungsbereichen verwendet. Scrumban ist eine Mischung aus Scrum und Kanban und dient der Visualisierung von Durchlaufprozessen und deren Verbesserung, um schneller zu werden.

5.4.2 Kanban-Prinzipien

Die Philosophie der Kanban-Methode besteht aus drei wesentlichen Prinzipien.

Kanban-Prinzip 1:

Starten Sie mit dem, was Sie momentan machen.

Sie können mit jedem Arbeitsprozess sofort beginnen. Kanban legt Wert darauf, dass Sie verstehen, was Sie gerade tun. Häufig wird einfach so gearbeitet, weil es immer schon so ist. Vorgegebene Prozesse machen Mitarbeiter eher passiv und zu Umsetzern, die über diese wenig nachdenken. Gemeinsam auch am System zu arbeiten macht Sie erfolgreicher, als wenn Sie hauptsächlich im System arbeiten und dort den Druck erhöhen. Wenn Sie dafür Verständnis haben, dann können Sie auch Prozesse verbessern. Folgende Fragen sind wichtig:

- Was ist der Zweck unseres Vorgehens, unserer Arbeitsweise?
- Wie hilft dies dem Kunden?
- Wie geht es uns Mitarbeitern damit?
- Was ist positiv an unserem Prozess und was sollte verändert werden?

Kanban-Prinzip 2:

Verfolgen Sie evolutionäre und inkrementelle Verbesserungen.

»Das Wort verfolgen ist mit Bedacht gewählt. Es ist so viel stärker als anwenden und es beschwört die Energie und Beharrlichkeit herauf, jeglicher Selbstzufriedenheit zu begegnen. Es erinnert uns gleichzeitig daran, dass es ein andauernder Prozess ist. Verfolgen kombiniert Herausforderung und Verpflichtung« (Burrows 2015).

Es gibt keinen perfekten Zustand eines Unternehmens. Es ist alles im Fluss und kann noch verbessert werden. Wer keine wesentlichen Verbesserungen findet, der schaut nicht genau und kritisch genug hin, gibt sich mit allem zufrieden oder sucht Gründe, damit er sich nicht mit Veränderungen beschäftigen muss.

Evolutionäre Veränderungen entstehen, wenn Sie

- ... ergebnisoffen in Besprechungen gehen und mit allen Teilnehmern, die jeden Tag mit den Prozessen arbeiten, nach Verbesserungen suchen.
- ... die Betroffenen im Prozess selbst nach Lösungen suchen lassen und nicht Stabsstellen, externe Berater oder Hierarchen die Lösungen vorgeben lassen und damit die Mitarbeiter »bevormunden«.
- ... kontinuierlich in kleinen Schritten an Verbesserungen arbeiten und dabei die Kundenorientierung, Effizienz und Mitarbeiterzufriedenheit im Fokus haben.
- ... konkrete Vereinbarungen treffen und deren Umsetzungserfolg auswerten.

Kanban-Prinzip 3:

Entwickeln Sie Selbstverantwortung und Leadership auf allen Ebenen.

Kanban können Sie nicht verordnen. Die Menschen sollen die Prinzipien verstehen und aus Überzeugung mitwirken. Sie können mit der bestehenden Organisation starten und brauchen keine neuen Rollen wie in Scrum. Stellen Sie die Vorteile für den Kunden, die Teammitglieder und das Unternehmen dar und klären Sie die Bedenken. Die Prozessgestaltung und die ständigen Verbesserungen sind Aufgaben der betroffenen Mitarbeiter und nicht einer Stabsstelle oder Hierarchie. Sonst werden diese entmündigt und ihre Motivation und Identifikation meist zerstört. Die Führungskräfte sollen die Kanban-Prinzipien verstehen, mittragen und respektieren.

5.4.3 Praktiken von Kanban

Neben den drei Prinzipien besteht Kanban aus folgenden Praktiken. Zusammen sind sie das Herzstück der Vorgehensweise.

Visualisiere den Arbeitsprozess

Das Kanban Board (Bild 5.7) zeigt mit seinen Karten und Einteilungen deutlich den Arbeitsprozess auf. Wissensarbeiter stellen in der Regel keine sichtbaren Produkte her. Arbeitsfortschritte und Blockaden werden meist nicht oder erst sehr spät erkannt. Es besteht die Möglichkeit, ein einfaches Kanban Board mit der Vision und den teamspezifischen OKRs zu erweitern. Dadurch fällt es dem Team leichter, sich auf die wesentlichen Ziele zu fokussieren. Die Karten in der Spalte »Aufgaben« beschreiben einzelne Tätigkeiten, die das Team in einer bestimmten Zeitspanne (Sprint) umsetzen wird. Anschließend nimmt sich jeder Mitarbeiter eine Aufgabe und hängt diese mit seinem Namenskürzel in die Spalte »in Bearbeitung«. Die Arbeit auf den einzelnen Karten sollte maximal so groß sein, dass diese von einer Person an einem Tag geleistet werden kann. Der Arbeitsfluss ist ständig in Bewegung und Karten wandern von links nach rechts in die nächste Spalte. Dabei kann es auch Staus geben.

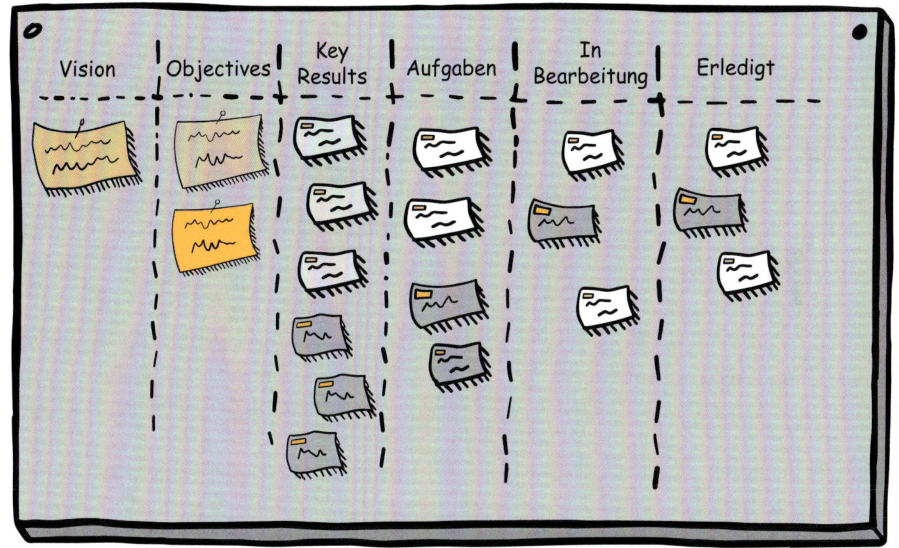

Bild 5.7 OKR-Kanban Board

Das Board schafft eine hohe Transparenz der einzelnen Arbeitsleistung und deren Geschwindigkeit. Es braucht Respekt und Vertrauen im Team für diese Offenheit. In der Praxis erleben wir immer wieder, dass sich einzelne Teammitglieder stark unter Druck setzen, wenn sie für eine Aufgabe länger brauchen, da es alle bemerken. Engpässe werden leichter sichtbar und die Betroffenen können schneller handeln. Verzögerungen können strukturelle Ursachen haben, wenn Verantwortlichkeiten unklar sind, auf Zuarbeiten aus anderen Abteilungen gewartet wird oder Arbeiten sehr ungleich verteilt sind. Es kann auch an der Selbstorganisation, Motivation, Fachkompetenz, Zusammenarbeit sowie dem Denken und Handeln der Teammitglieder liegen, ob sie Treiber oder Bremser des Arbeitsflusses sind. Andererseits »reduziert das Board Stress bei jedem Einzelnen, da frühzeitig gegengesteuert werden kann und nicht erst mühsam ein Schuldiger gefunden werden muss (den es in einer systemischen Betrachtung ohnehin nicht gibt). Die gemeinsame Wahrnehmung der Vision und OKRs führen zu einer Mobilisierung aller verfügbaren Ressourcen: ›Wir können es schaffen und wir wollen alles daransetzen, dass es klappt!‹« (Nowotny 2017).

Das physikalische Board ist auch für die Kunden und weiteren Stakeholder ein wichtiges Informationstool, da es klar darstellt, was bereits fertig, was in Arbeit und was noch zu tun ist.

Entwickeln Sie mit dem Team das richtige Board und kopieren Sie nicht einfach eine fremde Lösung. Überlegen Sie gemeinsam Kriterien, die den Arbeitsfluss des Teams am besten beschreiben, und verändern und verbessern Sie gemeinsam das Board.

Das Pull-Prinzip nutzen

»Pull, don't push!« Dies ist ein wichtiges Vorgehen bei der Bearbeitung und dient für einen effizienten Durchlauffluss. Ziehen Sie sich eine Tätigkeit aus dem Bereich »Aufgaben« oder aus dem Feld »Erledigt« der vorgelagerten Aktivitäten. Machen Sie möglichst immer eine Aufgabe fertig und geben Sie diese in »Erledigt«. Dann nehmen Sie sich die nächste Aufgabe vor. Sind Sie auf Zuarbeiten von anderen Personen angewiesen, dann können Sie eine Spalte »Warten« am Kanban Board einrichten. Damit wird deutlich, dass diese Tätigkeit in einer Warteschleife ist, und sie bleibt im Blickfeld (Bild 5.8).

Begrenzen Sie Work in Progress (WIP-Limits)

Die meisten Autos kommen am schnellsten auf einer Straße voran, wenn jeder die gleiche Geschwindigkeit fährt. Dieses Beispiel gilt auch für Arbeitsprozesse, an denen mehrere Menschen beteiligt sind. Push-Situationen schaffen Staus auf der Straße bzw. Engpässe bei der Arbeit, und die Durchlaufzeiten werden dadurch erheblich länger. Wenn Sie persönlich schneller in einer Arbeitskette arbeiten, wird der gesamte Arbeitsprozess nicht eher fertig.

WIP ist die Abkürzung für »Work in Progress«, also »in Bearbeitung«. Das Limit beschreibt z.B., wie viel angefangene Arbeiten jeweils gleichzeitig bei einer Person oder einem Team sein sollen, damit ein guter Bearbeitungsfluss zustande kommt.

Drei Messzahlen (Metriken) sind bei einem Kanban Board von besonderer Bedeutung:

- Work in Progress: Größe der Arbeitsmenge, die gerade in Bearbeitung ist.
- Durchlaufzeiten: Wie lange braucht eine Aufgabe vom Start bis zur Fertigstellung?
- Durchsatz: Wie viele Aufgaben werden in einem bestimmten Zeitablauf fertig?

Weitere Messzahlen können sein: Termintreue, eigene gefundene Fehler, Fehlerrückmeldungen durch Kunden, Aufwand zur Beseitigung von Hindernissen. Jedes Team sollte sich zu seinen Prozessen passende, wesentliche Messgrößen überlegen und diese nutzen.

Wenn Sie beispielsweise Ihre Steuererklärung machen wollen, hierbei unterbrochen werden,

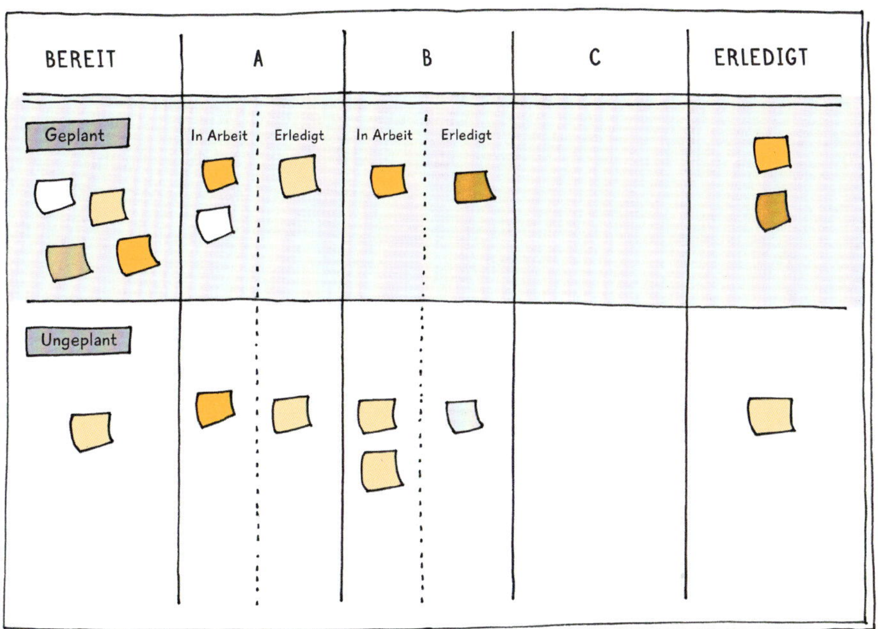

Bild 5.8 Mehrere Mitarbeiter arbeiten nacheinander an einem Arbeitsprozess

»Stop starting, start finishing!« Dies ist ein wichtiger Kernsatz des Kanban. Eine zu 100% erledigte Aufgabe bringt dem Kunden einen größeren Mehrwert als zehn Aufgaben, die jeweils zu 10% fertig sind.

weil Ihre Tochter Nachhilfe in Latein braucht, Ihr Arbeitgeber anruft und Sie bittet, gleich ins Büro zu kommen, auf dem Weg ins Büro sich noch Ihre Eltern melden, die dringend Unterstützung bei einem Arztbesuch brauchen, usw. dann ist es ziemlich klar, dass die Steuererklärung so schnell nicht fertig werden kann. Das WIP-Limit macht deutlich, dass jede Schätzung hinfällig wird, wenn ständig neue Arbeit begonnen wird, bevor die ursprüngliche Arbeit abgeschlossen ist. Dadurch steigt die Durchlaufzeit und der Durchsatz sinkt (Leopold 2017).

Durchlaufzeiten zu messen hat eine wichtige Bedeutung für den Kunden, der wissen will, wann ein Produkt oder eine Dienstleistung fertig wird. So kann die Produktion dem Vertrieb verbindliche Lieferzeiten zusagen. Verbindliche Durchlaufzeiten benötigen das Pull-Prinzip.

Die Größe von WIP-Limits ist nicht vorgegeben. In der Praxis sollten maximal zwei Aufgaben in Bearbeitung sein. Es gibt drei grundsätzliche Kategorien (Leopold, Kaltenecker 2013):

- Das WIP-Limit < 1 pro Person, wenn mehrere Personen an einer Aufgabe arbeiten.
- Das WIP-Limit = 1 pro Person, wenn es wenig Blockaden und eine geringe Variabilität und Veränderbarkeit bei der Arbeit gibt.
- Das WIP-Limit > 1 pro Person, wenn die Aufgaben von häufigen Blockaden und hoher Variabilität sind.

Arbeiten mehrere Personen gemeinsam an einer Aufgabe, erhöht sich entsprechend das WIP-Limit für das Team.

Managen Sie den Arbeitsdurchfluss, nicht die Arbeitenden

Meist werden die Arbeitsweisen und die Ressourcenauslastung der Menschen optimiert, weniger der Arbeitsfluss, die Durchlaufzeiten und der Durchsatz. Durch Kanban wird der Wert für den Kunden fixiert. Dieser will wissen, wie schnell und wann geliefert wird, und weniger, wie die Mitarbeiter ausgelastet sind.

Sind alle Mitarbeiter voll ausgelastet, können vorhandene Schwächen des Arbeitssystems nur sehr schwer behoben, nachhaltige und kontinuierliche Verbesserungen kaum umgesetzt werden. Ein kontinuierlicher Verbesserungsprozess ist allerdings notwendig, um Kunden langfristig zu binden (Leopold 2017).

Mit Kanban arbeiten Sie im System und auch am System. Kennen Sie die Geschichte von dem Waldarbeiter? Ein Spaziergänger trifft einen Waldarbeiter, der sich heftig plagt, einen Baum mit einer Säge zu fällen. »Entschuldigen Sie, wenn ich mich einmische«, sagt der Wanderer, »aber wenn Sie die Säge schärfen, dann arbeiten Sie schneller und leichter!« Darauf der Waldarbeiter ungeduldig: »Ich weiß, ich weiß, aber dafür habe ich einfach keine Zeit. Ich bin weit hinter meiner Zielsetzung!«

In unserer Arbeit in Unternehmen begegnen uns viele »Waldarbeiter«, und wir sind es auch manchmal. Mikromanagement, planlose Überforderung durch neue Aufgaben und eine fehlende Übersicht über die Auslastung sind Feinde von Kanban. Den Mitarbeitern wird dann unterstellt, dass sie noch genügend Zeitpuffer haben, um die zusätzliche Mehrarbeit zu leisten. »Irgendwie schaffen Sie das«, ist der wenig motivierende Hinweis bei der Auftragsklärung.

Dies ist auch ein wichtiger Hinweis für das Topmanagement. Wenn diese Kanban oder andere agile Arbeitsformen im Unternehmen nutzen wollen, sollten Mikromanagement und planlose Mehrarbeit abgeschafft oder zumindest erheblich verringert werden.

Menschen, die sich nur auf eine Aufgabe fokussieren können, arbeiten meist motivierter und erleben dadurch auch Wertschätzung. Sie erleben sich selbstbestimmter und haben Erfolgserlebnisse, da Aufgaben abgeschlossen sind.

Offizielle und heimliche Spielregeln transparent machen

Kanban ist die Lupe, mit der die Teammitglieder auf einen konkreten Arbeitsprozess schauen, diesen reflektieren und selbstverantwortlich im Sinne der Kundenorientierung verbessern. Durch die Visualisierung werden allen Beteiligten der Prozess und seine Hindernisse klarer.

Dabei gibt es offizielle Spielregeln, wie klare Absprachen im Team, die strikt einzuhalten sind. So kann vereinbart werden, dass jeder Arbeitsauftrag in Tasks umgesetzt wird, die an einem Tag leistbar sind. Diese sind in ein Ticketsystem einzutragen, werden mit aussagefähigen Daten versehen und als Karte ausgedruckt in das Kanban Board unter »Aufgaben zu tun« gehängt. Wesentlich sind jedoch die gelebten, oftmals heimlichen oder veränderten Spielregeln, die in der Praxis wirklich umgesetzt werden. Dies ist auch Gegenstand der Reflexion. Vereinbarte

Spielregeln sollen eingehalten oder verändert werden, wenn sie nicht mehr sinnvoll sind. Bei der Reflexion darf es keine inhaltlichen Tabus geben, und die Teammitglieder lernen, heikle Themen konstruktiv anzusprechen, Kritik zu äußern, damit Verbesserungen möglich sind. Das Team legt die Spielregeln gemeinsam fest. Damit steigt die Wahrscheinlichkeit, dass diese auch eingehalten werden.

Nutzen Sie Reflexion und Feedback

Die Retrospektive und das Daily Meeting in Scrum können auch bei Kanban genutzt werden, um Prozessverbesserungen mit dem Team zu erreichen. Eine Verbesserung benötigt eine Veränderung, wobei nicht jede Veränderung gleich eine Verbesserung ist. Es gibt keine Regel, außer dass das Team immer wieder reflektiert, wie es den Prozess so verändern und verbessern kann, dass der Kunde noch zufriedener wird. Wer das Nachdenken und Umsetzen von kontinuierlichen Verbesserungen aus Zeitgründen abschafft, geht am Wesentlichen von Kanban vorbei. Das Messen von Durchlaufzeiten kann als wichtiges Feedback verstanden werden, inwieweit die Neuerungen zu einer Optimierung beitragen. Damit wird das Ergebnis an objektiven Zahlen gemessen.

Erzielen Sie durch Kooperation Verbesserungen und entwickeln Sie experimentell

Kooperation ist eine wichtige Voraussetzung, um Verbesserungen zu entwickeln und umzusetzen. Im Brainstorming-Prozess entstehen neue Ideen durch die gegenseitige Inspiration. Das Ganze ist mehr als die Summe der Teile. Alle Betroffenen arbeiten an Verbesserungen mit. Konträre Meinungen können weiterhelfen, wenn die Bereitschaft besteht, die beste Lösung zu finden, und es nicht nur darum geht, wer recht hat oder sich durchsetzt. Kooperative Kommunikation und Verhaltensweisen sind lernbar und wichtig, damit eine konstruktive Zusammenarbeit auch bei Interessen- und Zielkonflikten möglich wird.

»Entwickle experimentell« steht dafür, wie die Veränderungen durchgeführt werden. Das Akronym PDCA ist dabei eine strukturierte Hilfe und steht für folgende Vorgehensweise: **P**lan, **D**o, **C**heck oder Study und **A**ct.

Wenn Sie die Prinzipien und Praktiken ständig weiter vertiefen, dann mehren Sie den Nutzen von Kanban. Wenn Sie sie verwässern, ist auch der Vorteil geringer. Lernen Sie von anderen Experten. Lesen Sie verschiedene Bücher zu Kanban. Nutzen Sie alles, was dem Team und Ihnen hilft.

Fazit

- Kanban macht Prozesse stabiler, berechenbarer und effizienter im Unternehmen und schafft damit eine wesentliche Wertschöpfung.
- Dieser evolutionäre Prozess kann sofort beginnen, egal wie die Ausgangslage ist. In kleinen Schritten werden kontinuierlich Verbesserungen durch die betroffenen Mitarbeiter und Führungskräfte geschaffen. Das Unternehmen ist in einem ständigen Wandel und einer kontinuierlichen Verbesserung, die von vielen Menschen angestoßen und mitgetragen wird.
- Stakeholder müssen bereit sein, Mikromanagement und planlose Mehrarbeit zu vermeiden, da sonst der Arbeitsfluss immer wieder unterbrochen wird. Es braucht das Vertrauen des Managements, dass die Betroffenen auch die besten Lösungen finden, um die Organisation zu optimieren. Ihnen dafür Zeit zu geben ist kostengünstiger, als teure Unternehmensberater zu beauftragen.
- Der Kunde ist nicht real mit eingebunden. Die internen Mitarbeiter überlegen, was für den Kunden gut ist.
- Kanban versucht, über die Methode zu wirken, und stellt das Individuum und das Team eher an den Rand.
- Kanban ist hilfreich bei der Prozessverbesserung. Dies darf jedoch nicht dogmatisch und als Wundermittel gesehen werden. Soziale und persönliche Entwicklungsprozesse sowie neue Rollen und Verhaltensweisen werden in den aktuellen Kanban-Konzepten noch zu wenig berücksichtigt.

5.5 Design Thinking – nutzbare Innovationen für den Kunden schaffen

Design Thinking umzusetzen bedeutet: Gute Fragen stellen, beobachten, kreativ sein, Synergien nutzen, klare Vorgehensweisen anwenden, zusammenarbeiten, kritisch hinterfragen, verwerfen und verbessern, bis ein neues und nutzvolles Produkt oder eine Dienstleistung für Kunden entsteht. Diese geben wichtige Informationen und Feedback in den einzelnen Schritten sowie zu den bisherigen Entwicklungen. Innerhalb einer strukturierten Vorgehensweise in sechs Phasen, mit einem interdisziplinären Team aus unterschiedlichen Fachbereichen und unter Anleitung eines kompetenten Moderators mit kreativen Materialien und in geeigneten Räumlichkeiten, werden Voraussetzungen geschaffen, um Neues für die Kunden zu schaffen oder bestehende Produkte wesentlich zu verbessern.

5.5.1 Geschichte

Design Thinking lässt sich auf das Bauhaus-Konzept zurückführen. Das Bauhaus wurde von dem Architekten Walter Gropius in den 20er-Jahren des letzten Jahrhunderts gegründet und führte unterschiedliche Disziplinen wie Kunst, Architektur, Theater, Musik, Gestaltung etc. zusammen. Damit wurden Gebrauchsobjekte zu Kunstwerken und umgekehrt (Meinel, Weinberg, Krohn 2015).

David Kelley, Professor an der Stanford University und Erfinder des Terminus Design Thinking, hat sich von der Bauhaus-Bewegung inspirieren lassen. Er und weitere Professoren, wie Terry Winograd und Larry Leifer, entwickelten mit der d.school und später mit der Innovationsagentur IDEO einen Ansatz, Menschen aus sehr unterschiedlichen Fachdisziplinen zur Lösung komplexer Fragestellungen in Projekten zusammenarbeiten zu lassen. So wurde beispielsweise die Frage, wie eine Gegend ohne eigene Energieversorgung trotzdem zu elektrischem Licht kommen konnte, mit einem solargespeisten Lichtmodul beantwortet. Dieses Solarlicht wird aktuell von rund 28 Millionen Menschen eingesetzt (Meinel, Weinberg, Krohn 2015).

Hasso Plattner, einer der Begründer von SAP, war begeistert von diesem kreativen Ansatz. Mit Design Thinking wurden bei SAP Produkte verändert oder neu geschaffen, die stärker auf den Anwender ausgerichtet waren als auf die technische Entwicklersicht.

Mit der HPI School of Design Thinking (HPI D-School) und in enger Abstimmung mit der Universität Stanford brachte Hasso Plattner 2007 an der Universität in Potsdam diese kreative Arbeitsmethode in die deutsche Hochschullandschaft. Heute gibt es viele Institute, die unterschiedliche Ausbildungen in Design Thinking anbieten. Somit verbreitet sich diese Arbeitsweise auch immer mehr in Unternehmen.

5.5.2 Wichtige Aspekte des Design Thinkings

Wie viel Prozent aller technischen Möglichkeiten Ihres Autos oder Smartphones nutzen Sie im Alltag? Wie bedienerfreundlich ist Ihr Navi oder manche App? Der Vertreter eines großen Automobilkonzerns berichtete uns, dass in den letzten Jahren keine zwei gleichen Fahrzeuge die Produktionsstraße verlassen haben. Der Kunde kann sich heute im Rahmen aller technischen Möglichkeiten »sein Auto« zusammenstellen. Dieses Prinzip der passgenauen Produktlieferung steckt auch im Design Thinking. Entscheidend ist nicht, was die technische Entwicklung alles leisten kann, sondern was unterschiedlichen Kunden einen hohen Nutzen bietet.

Kunden, Technik und Wirtschaftlichkeit vereinen

Design Thinking ist eine Vorgehensweise, die einerseits komplexe Interessen zu einer guten Idee und einem funktionierenden Produkt entwickelt. Es muss dem Kunden einen erheblichen Mehrwert bieten, damit dieser es gerne kauft und auch an andere potenzielle Kunden empfiehlt. Andererseits muss die Idee bei der Entwicklung eines Prototyps technisch machbar sein. Unternehmen werden nur dann Produkte oder Dienstleistungen produzieren, wenn dies für sie von wirtschaftlichem Nutzen ist.

Aus Kundensicht entwickeln

Jeder Mensch hat seine Sichtweisen. Die Wahrnehmung und deren Bewertung sind subjektiv, ebenso was wir sehen, hören, riechen, schmecken und anfassen. Entwickler und Kunden haben nicht die gleiche Sichtweise und Bewertung eines Produkts. Entwickler sind aus verständlichen Gründen stolz auf alle technischen Möglichkeiten und Raffinessen des Produkts. Kunden wollen meist eine einfache Bedienoberfläche, schnellen Service und lange Lebensdauer. Unternehmen verdienen mit Produkten und Dienstleistungen Geld. Je größer der Nutzen für den Kunden ist, desto häufiger wird das Produkt verkauft.

Design Thinking geht »radikal« auf die Kundensicht ein. Während des Prozesses gibt es immer wieder Feedback von Kunden zu einzelnen Ideen und Prototypen, um aus deren Sicht das Produkt besser zu machen.

Multidisziplinäre Teams nutzen

Komplexe Lösungen kann ein Mensch alleine nicht mehr umfassend entwickeln. Damit Kreativität entsteht, braucht es Unterschiedlichkeit. Gleichförmigkeit im Denken und Handeln schafft Schnelligkeit, aber keine neuen Gedanken. Design-Thinking-Teams sind bewusst multidisziplinär zusammengestellt. Wer hat mit dem Produkt zukünftig zu tun? Nehmen Sie kompetente Mitarbeiter aus den Bereichen Produktentwicklung, IT, Produktion, Vertrieb, Marketing, Controlling, Einkauf und Kundenservice sowie weitere Spezialisten dazu. Achten Sie darauf, dass Männer und Frauen ausgewogen im Team vertreten sind, junge und ältere Mitarbeiter, Erfahrene und Anfänger. Der wenig Wissende kann z. B. gute Fragen stellen oder eher die Sicht des Kunden einbringen, da er sich erst mit dem Produkt vertraut machen muss. Profis setzen oft schon zu viel Kenntnis beim Kunden voraus, da sie unbewusst von ihrem eigenen Wissensstand ausgehen.

Um den Teamgedanken zu stärken und den Fokus auf die gemeinsame Leistung zu richten, werden individuelle Leistungsbewertungen während eines Design-Thinking-Prozesses abgeschafft. Einzelbewertungen schaffen leichter Rivalität und gegenseitige Vergleiche und verhindern Teamleistung.

Iterativer Arbeitsprozess

Ein Moderator führt das Team durch den Prozess, der in sechs verschiedene Phasen aufgeteilt ist. Dabei wechselt der Fokus in den einzelnen Phasen, und es gibt immer wieder Kundenfeedbacks und kritisches Hinterfragen der bisherigen Arbeit, um ein sehr gutes Produkt entstehen zu lassen.

Räume schaffen für kreative Arbeit
Neben einem konstruktiven Arbeitsklima, einer guten Struktur und Moderation sowie einem engagierten Team einerseits braucht es auch einen Kreativraum, der in seiner Ausgestaltung oft wenig Beachtung findet. Andererseits braucht es einen guten Rahmen, keine Übertreibungen. Der Kreativraum soll stimulierend, hell und freundlich wirken, genügend Platz bieten, Reflexionen anregen, Team- und Einzelarbeit im Stehen und Sitzen ermöglichen sowie mit mehreren Whiteboards, Post-it's und Moderationskoffern bestückt sein. Es braucht Materialien für die Anfertigung von Prototypen. Flexible Möbel und Raumteiler ermöglichen den Kreativen, je nach Bedarf die Raumgestaltung einfach und schnell zu verändern. Die Gestaltung ist Aufgabe des Teams und kann bei den Reflexionen immer wieder verändert und entwickelt werden.

5.5.3 Prinzipien und Verhaltensregeln

Damit Design Thinking gute Ergebnisse schafft, ist eine Mischung aus Kreativität und Struktur notwendig, je nach Phase und Prozess. Herrscht nur Kreativität vor, dann gibt es viele Ideen, die jedoch nicht in einer bestimmten Zeit zu einem konkreten Ergebnis führen. Dies ist jedoch die Erwartung des Auftraggebers. Dominiert die Struktur oder destruktive Verhaltensweisen, fehlt es an neuen Ideen, Freude und Fantasie bei der Arbeit. Folgende Regeln unterstützen das Team und den Moderator:

Nutzerorientiert denken und handeln
Der Kunde ist wirklich im Mittelpunkt. Was will er? Welche Bedürfnisse und Ansprüche hat er mit dem Produkt oder mit der Dienstleistung? Welchen Nutzen soll das neue Produkt ihm bieten? Falls der Kunde dies nicht genau weiß, dann kann das Team konkrete Vorstellungen mit ihm entwickeln.

Strukturierte Besprechungen
Unstrukturierte Meetings kosten sehr viel Zeit und bringen oft Frustration, da es keine Ergebnisse gibt. Deshalb sollte es immer eine Agenda,

ein Ziel, ein Zeitfenster, eine Moderatorenrolle und Methoden geben, mit denen konstruktiv gearbeitet wird. Ergebnisse werden visualisiert.

Sich am Thema orientieren

Seiten- und Nebenthemen in Diskussionen sind zu vermeiden. Kommen in Gesprächen wichtige andere Themen auf, sollte der Moderator diese in einen Themenspeicher geben, damit sie nicht verloren gehen und zu einem anderen Zeitpunkt bearbeitet werden können. Moderator und Teammitglieder achten auf die Themenorientierung.

Kreativitätskiller vermeiden

Ideen werden häufig aus einer gewissen Spontaneität entwickelt und sind noch nicht bis in alle Details durchdacht. Es braucht ein Arbeitsklima der Neugierde und Wertschätzung. Vorschnelle Kritik vernichtet Kreativität. Erst wenn alle Ideen gesammelt sind, können diese diskutiert und bewertet werden.

1 + 1 = 3 – Flow erzeugen und Synergien im Team nutzen

Damit Kreativität besser gelingt, soll sich jedes Teammitglied mit seinen Ideen aktiv einbringen. Es braucht Vertrauen, Entspannung und Offenheit, damit jede Person sich äußert und Ideen nicht selbst schon zensiert werden, da es Befürchtungen von Ablehnung gibt, wenn diese ausgesprochen werden. Flow bei der Arbeit entsteht, wenn sich jede Person von den Ideen anderer inspirieren lässt und diese ergänzt, vertieft, weiterentwickelt. Die Ergebnisse in guten Teams sind mehr als die Summe der einzelnen Ideen. Darin liegt ein wesentlicher Mehrwert kreativer Arbeit.

Konstruktiv kommunizieren

Es kann immer nur einer sprechen, und die anderen sollen zuhören. Geht es durcheinander, soll der Moderator die einzelnen Teilnehmer aufrufen, bis sich die Gruppe wieder selbst steuern kann. Aktives Zuhören durch Blickkontakt, gute Fragen, Zusammenfassen und das verständnisvolle Ansprechen von Gefühlen führt zu einem vertrauensvollen Arbeitsklima. Seine Ideen mit Fakten oder Beispielen begründen und den Nutzen deutlich herausstellen schafft Überzeugung. Kontroverse Diskussionen in der Sache sind sehr hilfreich und notwendig, wenn die Sprecher- und Zuhörregeln eingehalten werden. Wenn es in eine persönliche Auseinandersetzung ausartet, geht es nicht mehr um die

Sache, sondern um die Personen. Hier soll der Moderator einschreiten, dies ansprechen und wieder auf die sachliche Ebene führen. Persönliche Probleme können mit den Betroffenen außerhalb des Meetings geklärt werden.

Ein Bild sagt mehr als tausend Worte

Lernen Sie, mit Strichmännchen, Symbolen, Pfeilen, Linien und verschiedenen Farben zu zeichnen. Die bildliche Darstellung einer Idee bleibt leichter in den Köpfen der Menschen. Andere Personen können mitzeichnen, und so wird vor einem Chart bildlich diskutiert. Diese Ergebnisse können an den Wänden hängen bleiben und verschiedenen Menschen erklärt werden. Geschriebene Seiten sind nicht so einprägsam.

Fehlerkultur – lernen Sie aus Experimenten

Als Thomas Alva Edison, der Erfinder der Glühbirne, seinen tausendsten Versuch durchführte, kam ein Schüler und fragte, wieso er nach all dem Scheitern nicht aufgibt. Edison antwortete: »Ich verstehe Sie nicht. Ich habe jetzt 1000 Mal gelernt, wie es nicht geht!« Jeder Versuch, auch wenn er nicht gelang, hatte für den Erfinder wichtige Informationen, die ihn einer Lösung näher brachten, bis er den Durchbruch schaffte.

Fehler sind Chancen, wenn wir sie auswerten und daraus unsere Schlüsse ziehen. Wenn wir früh und oft scheitern, erhöhen wir unsere Chancen auf eine gute Lösung.

Dies stellt viele bisherige Einstellungen auf den Kopf und fordert von ungeübten Teilnehmern und Auftraggebern viel Lernbereitschaft und Geduld. Gleichzeitig vermindert es den Druck, schnell ein sehr gutes Ergebnis präsentieren zu müssen.

Ungewöhnliche Ideen ermutigen

Denken Sie das Außergewöhnliche und teilen Sie dies mit. Verrückte und eigenartige Ideen sind erwünscht. Verlassen Sie gewohnte Denkprozesse. Nutzen Sie die Umkehrmethode. Was müssen wir produzieren, damit der Kunde frustriert ist? Drehen Sie die Ergebnisse um. Ungewöhnliche Fragestellungen schaffen einen inhaltlichen Mehrwert.

Achten Sie auf Quantität

Im Brainstorming gibt es die Regel, möglichst viele Ideen in kurzer Zeit zu liefern. In der Sammelphase darf nicht kritisiert und bewertet werden, weil damit jeglicher Gedankensturm erlöscht. Wenn von 20 Ideen zwei Vorschläge zu sehr guten Lösungen führen, hat sich der Austausch gelohnt. Wahrscheinlich waren etliche Ideen aus den anderen 18 Vorschlägen notwendig, um die beiden Lösungsvorschläge zu entwickeln.

5.5.4 Sechs Phasen eines Design-Thinking-Prozesses

Kreativität braucht einen strukturierten Prozess (Bild 5.9), damit brauchbare Ergebnisse geschaffen werden.

1. Verstehen

Ein Unternehmen will einen neuen Kinderstuhl auf den Markt bringen und stellt dafür ein Design-Thinking-Team zusammen. Die Fähigkeit der Empathie ist notwendig, um zu verstehen,

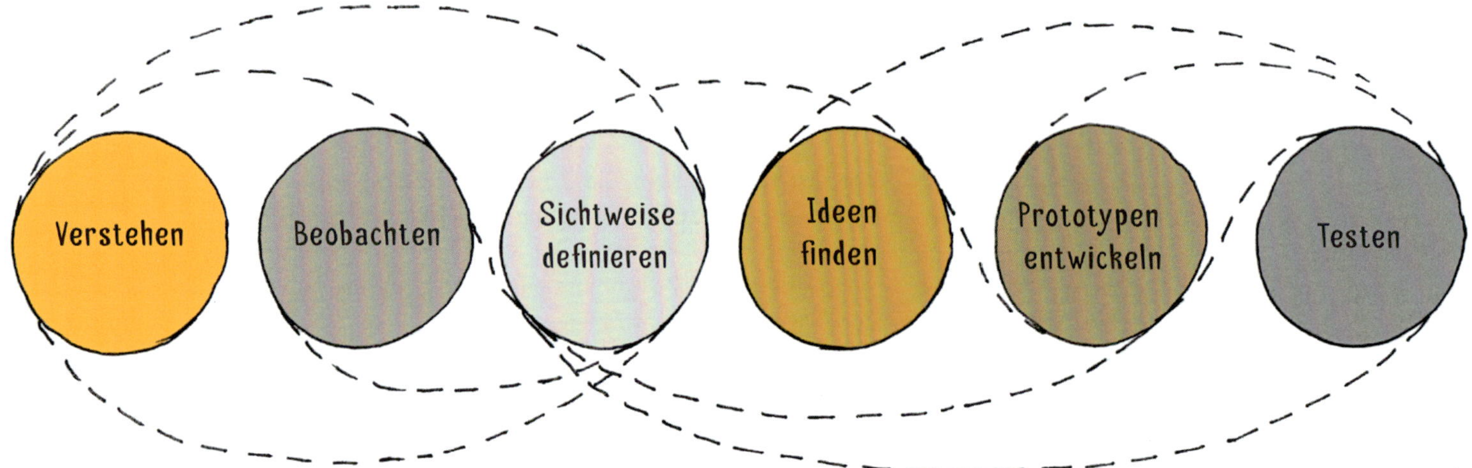

Bild 5.9 Phasen im Design Thinking und Wechselwirkungen zur Qualitätssteigerung

was der Auftraggeber im Unternehmen und der angesprochene Kunde (Kind und Eltern) wirklich brauchen und wollen. Soll es ein Stuhl sein, der möglichst sicher ist, der leicht zu reinigen ist, der mit Tiermotiven bemalt ist oder ein Rennauto simuliert? Manchmal sind die Informationen des Auftraggebers sehr ausführlich und müssen fokussiert werden oder sehr eng, und es braucht weitere Argumente und Daten, damit das Projektteam arbeitsfähig wird.

2. Beobachten

»Wir wissen doch, was der Kunde will«, hören wir oft vom Vertrieb oder Kundenservice eines Unternehmens. Dies ist immer die interne Sicht auf den Kunden, die Mitarbeiter meinen, die Kundenwünsche zu kennen, aber sie sitzen nicht auf den Stühlen und kaufen diese auch nicht. Das macht einen Unterschied, der entscheidend sein kann. Sprechen Sie mit Kindern, Eltern, Mitarbeitern aus Kindergärten und Lehrern, welche Anforderungen ein Kinderstuhl in welchem Kindesalter haben soll, damit er ihren Erfordernissen entspricht. Stellen Sie eine gemischte Kundengruppe zusammen, die die entwickelten Entwürfe und Prototypen prüft und dem Team Feedback gibt.

Besuchen Sie Familien mit unterschiedlich alten Kindern, Kindergärten und Schulen und beobachten Sie, wie die Kinder im Alltag mit ihren Stühlen umgehen. Bleiben Sie »stiller Beobachter« und machen Sie sich Gedanken, wie die Kinder ihre Stühle in verschiedenen Situationen nutzen. Führen Sie Interviews mit allen Zielpersonen und tragen Sie die Ergebnisse zusammen.

3. Sichtweise definieren

Alle Informationen müssen gebündelt und koordiniert werden. Es soll ein Gesamtergebnis erstellt und sollen die Erfahrungen, Daten und Informationen zu einem klaren Bild verdichtet werden. So wird der »Point of View« gefunden, der sich in einem Bild oder einer Zeichnung zeigt. Zusätzlich wird der typische Kunde definiert, die Persona, die diesen Stuhl benutzen oder kaufen wird. Persona ist ein Nutzermodell, das den Zielkunden näher beschreibt. Es ist leichter, sich in diese Zielgruppe zu versetzen, wenn es diese Persona gibt. Personas haben Ziele, Verhaltensweisen, Vorlieben und Erwartungen an das Produkt. Bei einem Stuhl können dies z. B. die Eltern Sabine und Peter sein, die einen sicheren und langlebigen Stuhl brauchen, den sie auch für weitere Kinder nutzen wollen.

Oder der fünfjährige Max, der seinen Stuhl gerne verschieben will, um an Spielsachen oder Süßigkeiten im Schrank zu kommen.

4. Ideen finden

Bei der Ideensammlung kommen kreative Methoden wie Brainstorming und Brainwriting zum Einsatz. Jetzt werden unterschiedlichste Ideen gesammelt und aufgezeichnet, da Bilder mehr anregen. Hierbei geht es um Quantität, und in der Sammelphase darf nicht kritisiert werden.

5. Prototypen entwickeln

Verschiedene Modelle lassen sich aus Holz, Papier, Legosteinen oder Pappmaschee bauen. Sie sind häufig Attrappen, die in einer einfachen Form dargestellt werden. Es geht noch nicht um Schönheit, sondern mehr um die Funktionalität und Nützlichkeit. Sie sollen die Lösungsideen anschaulich verdeutlichen und eine Hilfe für die Personas sein.

6. Testen

Der Prototyp wird nun in der Praxis erprobt und den Zielkunden vorgestellt. Es gibt Feedback über die Vor- und Nachteile. Verbesserungen können gleich genutzt und umgesetzt werden. Es entscheidet sich hier, ob die Innovationsidee weiterverfolgt oder eingestellt wird.

Um einen hohen Kundennutzen zu erreichen und Fehler zu korrigieren, werden frühere Schritte und Ergebnisse hinterfragt und eventuell wieder verworfen. So entstehen nochmals neue Abläufe und Verbesserungen. Hier braucht es ein sinnvolles Abwägen, da es sonst zu keinem Ergebnis kommt. »Der ganze Prozess braucht einen Zeitrahmen, starke Moderation und einen definierten Endzeitpunkt. Ansonsten kann das Team sich im Entwickeln immer neuer Ideen verlieren und wird kein Produkt zu Ende denken« (Hoffmann, Roock 2018).

Fazit

- Es werden Produkte und Dienstleistungen entwickelt, die für Kunden von Bedeutung sind. Die Interessen des zukünftigen Kunden werden hoch priorisiert.
- Die dadurch entstandenen Produkte sind besser zu verkaufen, da die Vorteile für den Kunden sofort zu erkennen sind.
- Herausfordernd ist: Wann kommen die entscheidenden Ideen, die den Durchbruch bringen? Wie können Kundenwünsche technisch und wirtschaftlich umgesetzt werden?
- Den Einstellungen »Egal was es kostet« und »Wir haben unendlich Zeit« sollen durch den Auftraggeber klare Grenzen gesetzt werden. Es gibt ein festes Budget und einen klaren Zeitplan, bis wann ein brauchbares Produkt entstehen soll.
- Es braucht einen kompetenten Moderator, der Zeit und Geduld für den kreativen Teil, für klare Strukturen und für ein gutes Timeboxing mitbringt.

5.6 Gesamtfazit

- Zu den wichtigen Frameworks zählen heute Scrum, Large-Scale Scrum, OKR, Kanban und Design Thinking.
- Scrum ist das differenzierteste agile Framework, lebt von einer klaren Rollendefinition sowie selbstorganisierten Teams und plant in Sprints. Eine Scrum-Einführung ist sehr komplex und benötigt intensive Schulungen.
- LeSS ist eine Adaption von Scrum, die helfen soll, sehr große Gruppen zielführend zu steuern. Komplexe Produktentwicklung kann so in eine einfache Struktur gebracht werden. Auch hier muss anfangs mit einer zeitintensiven Schulungsphase gerechnet werden.
- OKRs ermöglichen Ihnen, das gesamte Unternehmen auf die wesentlichen Ziele auszurichten. Diese Fokussierung schafft einen beachtlichen Mehrwert. Dabei sind die Mitarbeiter bei der Zielfindung mit eingebunden. Die Ausrichtung geschieht quartalsweise, damit die Veränderungen realistisch berücksichtigt werden.
- Kanban hilft, Prozesse im Unternehmen effizienter und kalkulierbarer zu gestalten. Wesentliches Hilfsmittel sind das Kanban Board sowie die Kanban-Prinzipien und -Praktiken. Im Fokus steht immer eine Prozessverbesserung, jedoch keine sozialen oder persönlichen Entwicklungsprozesse.
- Design Thinking ist eine kreative Herangehensweise, zusammen mit dem Kunden und einem interdisziplinären Team in sechs Phasen ein innovatives Produkt bzw. eine Dienstleistung zu kreieren. Die Herausforderung besteht in einer guten und wirtschaftlichen Idee.

Im folgenden Interview mit Alexander Leupold werden praxiserprobte Kommunikations- und Arbeitstools vorgestellt. Diese ergänzen und vertiefen die agilen Frameworks bei der Umsetzung.

Collaboration Tools nutzen

Interview mit Alexander Leupold, Zühlke Engineering, Embedded-Softwareentwickler

Alexander Leupold arbeitet seit 2015 als Embedded-Softwareentwickler bei dem Innovations- und Produktentwicklungsdienstleister Zühlke Engineering. Er entwickelt Internet-of-Things-Produkte und beschäftigt sich mit Funktechnologien und IT-Sicherheit.

Welche Tools kommen bei Zühlke Engineering zum Einsatz?

In unserem Unternehmen kommen vor allem Tools von zwei Herstellern zum Einsatz:

- Microsoft: Outlook, Teams, Skype for Business, SharePoint, Team Foundation Server.
- Atlassian: Jira, Confluence, Bitbucket.

Aus welchen Gründen habt ihr euch für die genannten Tools entschieden?

Für den Einsatz der genannten Tools gibt es verschiedene Gründe. Skype for Business, Teams und SharePoint sind eng miteinander und mit unserer »Groupware« (Outlook plus Exchange für Mail, Kalender, Kontakte etc.) integriert. Die Atlassian-Tools sind untereinander ebenfalls eng integriert und stellen eine sehr vollständige und weitverbreitete Suite für die Unterstützung verschiedener Bedürfnisse von Entwicklungsprojekten dar. Außerdem unterstützen sie unsere agile Vorgehensweise, und sie können weitgehend an die Arbeitsabläufe in spezifischen Projekten angepasst werden.

Die Entscheidungen über die Tools, die zum Einsatz kommen, werden von unserem IT-Center, der Projekt-Support-Gruppe und den Engineering-Bereichen (insbesondere bei Entwicklungswerkzeugen) getroffen, um möglichst gut auf die Bedürfnisse und Wünsche der Anwender einzugehen. Jedes Tool wird ausgiebig getestet, bevor es zum Einsatz kommt und firmenweit ausgerollt wird.

Kannst du eine kurze Beschreibung der Funktionalität der Tools liefern?

a) Skype for Business

Skype for Business ist ein Kommunikationstool, mit dem man (Video-)Telefonie und Online-Meetings mit mehreren Teilnehmern durchführen kann. Außerdem kann der Bildschirminhalt eines Teilnehmers für alle anderen Teilnehmer übertragen werden.

Das Tool wird bei uns eingesetzt, um standortübergreifend zu kommunizieren. Wir verwenden es auch, um Vorträge und Präsentationen an andere Standorte zu übertragen. Das Tool ist gut in die Microsoft-Landschaft integriert, und es gibt Apps für Android und iOS.

b) Teams

Dies ist Microsofts Antwort auf das erfolgreiche Tool Slack. Neben Videotelefonie und der Möglichkeit, Dateien zu teilen, bietet es vor allem Gruppenchats, sogenannte Channels. Die Channels werden bei uns genutzt, um beispielsweise projektspezifische Diskussionen zu führen, und sind sehr praktisch, da andere Teammitglieder die Diskussionen später nachlesen können. Teams entwickelt sich in die Richtung, bald eine komplette Arbeitsumgebung für Entwicklungsteams bereitzustellen. Außerdem soll Teams mittelfristig Skype for Business ersetzen.

c) SharePoint

Ein Tool zur Sammlung von Inhalten, ähnlich einem Intranet-Wiki. Es wird von uns verwendet, um firmeninterne und organisatorische Informationen zu sammeln.

d) Team Foundation Server

TFS wird bei uns in manchen Projekten zum Projektmanagement eingesetzt. Es unterstützt unter anderem Softwarekonfigurationsmanagement, Issue Tracking, Taskplanung sowie Build- und Testautomatisierung.

e) Jira

Ein Tool für Aufgabenverwaltung und Workflow-Management, das Scrum bzw. Kanban abbilden kann. Es kommt bei uns in den meisten Projekten zum Einsatz und ist eines der wichtigsten Tools im Unternehmen. Es eignet sich sehr gut zur Verwaltung der anfallenden Aufgaben in Projekten und hat einen hohen Grad an Konfigurierbarkeit und Erweiterbarkeit, um auf die unterschiedlichen Bedürfnisse unserer Projekte einzugehen. Trotz der umfassenden Funktionalität ist die Usability von Jira gut, und meist findet man sich nach kurzer Eingewöhnungszeit zurecht.

f) Confluence

Ein Tool zur Sammlung von Inhalten, ähnlich wie Microsofts SharePoint. Wird bei uns verwendet, um projekt- oder themenspezifische Informationen und multimediale Inhalte zu sammeln. Es hat eine sehr gute Usability und ist erweiterbar. Zum Beispiel gibt es Plug-ins, mit denen schnell und einfach Grafiken im Browser erstellt werden können. Außerdem besteht die Möglichkeit, einzelne Seiten oder Bereiche für firmenexterne Teilnehmer (z.B. Kunden) freizugeben.

g) Bitbucket

Ein Source-Code-Verwaltungstool von Atlassian. Wir verwenden es in vielen Projekten, um den Code unserer Software zu verwalten und zu versionieren. Es arbeitet sehr gut mit Jira und Confluence zusammen. Zum Beispiel ist es möglich, in einem Jira-Ticket, das ein neues Feature (für das zu entwickelnde Produkt) beschreibt, direkt einen neuen Code-Branch auf Bitbucket zu erstellen.

Welche Erfahrungen habt ihr mit den Tools gemacht. Wie hoch ist der Lern- und Einarbeitungsaufwand? Habt ihr spezielle Schulungen erhalten? Durch wen?

Zu den meisten Tools sind keine Schulungen notwendig. Generell kann man sich in alle oben genannten Tools durch Learning by Doing einarbeiten, und wenn man mal nicht mehr weiterweiß, kann man einen Kollegen fragen. Meine Wahrnehmung ist, dass die Atlassian-Tools in unserem Unternehmen besonders beliebt sind, da sie einfach gut funktionieren.

Welche Tools sind teamintern, für Kunden und für Stakeholder (Manager) geeignet?

Die Microsoft-Tools werden bei uns gleichermaßen von allen Mitarbeitern verwendet. Die Atlassian-Tools kommen vor allem bei Ingenieuren und Projektmanagern zum Einsatz und lassen sich außerdem gut zum Austausch von Inhalten mit Kunden nutzen.

Was würdest du Kollegen in anderen Unternehmen empfehlen? Warum?

Ein Tool, das ich sehr gerne nutze, ist Microsoft Teams. Es kommt bei uns seit Kurzem zum Einsatz und vereint viele praktische Funktionen – Gruppenchats, Dateiaustausch, Gruppenvideotelefonie, Übertragung von Bildschirminhalten – und eignet sich so hervorragend zur Kommunikation in Projekten.

Außerdem arbeite ich gerne mit den Tools von Atlassian, da sie besonders gut auf die Bedürfnisse unserer Projekte passen.

Empfehlung für das Themen-Backlog:

Verschaffen Sie sich im Team bzw. in der Organisationseinheit ein vertieftes Wissen über die einzelnen agilen Frameworks, bevor Sie sich für eine Vorgehensweise entscheiden.

IHR THEMEN-BACKLOG

Bitte notieren Sie Ihre Erkenntnisse und ersten Aufgaben, die Sie aus diesem Kapitel gewonnen haben.

Arbeitsunterlagen zum kostenlosen Download finden Sie unter: *www.teamwork-agil-gestalten.de/download*

5.7 Literatur und Links

Burrows, Mike: *Kanban*. dpunkt, Heidelberg 2015

Doerr, John: *OKR: Wie Sie Ziele, auf die es wirklich ankommt, entwickeln, messen und umsetzen.* Vahlen, München 2018

Gloger, Boris; Margetich, Jürgen: *Das Scrum-Prinzip*. Schäffer-Poeschl, Stuttgart 2014

Hoffmann, Jürgen; Roock, Stefan: *Agile Unternehmen*. dpunkt, Heidelberg 2018

Larman, Craig; Vodde, Bas: *Large-Scale Scrum*. dpunkt, Heidelberg 2017

Leopold, Klaus: *Kanban in der Praxis*. Hanser, München 2017

Leopold, Klaus; Kaltenecker, Siegfried: *Kanban in der IT*. Hanser, München 2013

Lobacher, Patrick; Jacob, Christian: *OKR Objectives & Key Results.* die.agilen GmbH, München 2020

Meinel, Christoph; Weinberg, Ulrich; Krohn, Timm: *Design Thinking Live*. Murmann, Hamburg 2015

Nowotny, Valentin: *Agile Unternehmen*. Business Village, Göttingen 2017

Preußig, Jörg: *Agiles Projektmanagement*. Haufe Verlag, Freiburg im Breisgau 2015

Wirdemann, Ralf: *Scrum mit User Stories*. Hanser, München 2017

Leopold, Klaus: *Kanban im Schnelldurchlauf*. *https://www.youtube.com/watch?v=6nOUa6E0250*

www.agilemanifesto.org

Schwaber, Ken; Sutherland, Jeff: *Scrum Guide*. 2017, *www.scrumguides.org*

»Was ist Design Thinking?«, *https://www.youtube.com/watch?v=UHjr2NAZY58*

06

Führung ist notwendig – aber anders

Bild 6.1
Von der überforderten Führungskraft zum vernetzten Coach

Fragen, die in diesem Kapitel beantwortet werden

- Haltungen und Werkzeuge – was macht agile Führung aus?
- Spannungsfeld Führungsrolle: Wie vernetzen Sie als T-Shaped Manager die agile und hierarchische Organisation?
- Wie steuern Sie Wechselwirkungen zwischen Führung und Teammitgliedern?
- Hinterfragende und dienende Führung – worauf kommt es an?
- Welche agilen Führungsrollen sind in welchen Kontexten für Sie sinnvoll?
- Wie können Sie als Coach Menschen in ihrer Selbstverantwortung und agilen Arbeitsweise stärken?
- Wie können Sie Agilität im Unternehmen kontinuierlich steigern?
- Aktives Stakeholder-Management – wie können andere Agilität verstehen und unterstützen?
- Welche Rollen und Aufgaben hat das Topmanagement im agilen Unternehmen?
- Worauf soll das Mittelmanagement achten, damit Agilität erfolgreich umgesetzt wird?

»Wenn Sie zu den Menschen gehören, die das Gefühl haben, dass es möglich sein sollte, Organisationen zutiefst wirkungsvoller, seelenvoller und sinnvoller zu führen, dann werden Sie viele Menschen treffen, die das für Wunschdenken halten. Diese werden Sie davon überzeugen wollen, dass Ihre Ideen naiv und nicht umsetzbar sind« (Laloux 2017).

Es gibt schon viele erfolgreiche Unternehmen, wie Sun Hydraulics, Morning Star, FAVI, AES, Buurtzorg und andere, die die evolutionäre Sicht aufgegriffen und integriert haben, und es werden immer mehr, da sie damit sehr erfolgreich sind (siehe Kapitel 11).

6.1 Agile und evolutionäre Führungsrolle

Als kompetente agile Führungskraft werden Sie dringend benötigt. Wir erleben in der Praxis immer wieder, dass es Personen braucht, die agile Vorgehensweisen in der ganzen Komplexität verstanden haben und bereit sind, mit Teams und Organisationseinheiten die notwendigen Schritte der Veränderung zu gehen. Dabei geht es nicht darum, schnell einige neue Methoden umzusetzen. Meist funktioniert es dann nicht. Ihr Tiefgang ist gefragt und notwendig, damit Erfolge erzielt werden können.

Der Slogan »Kultur folgt Struktur« stimmt nur zum Teil. Leider erleben wir in der Praxis häufig agile Strukturen mit hierarchischer Kultur, wie »Alter Wein in neuen Schläuchen«. Eine agile Haltung und Kultur muss auch vorgelebt und eingeübt werden. Wenn bestimmte agile Frameworks mit den entsprechenden Rollen, Werten und Arbeitsweisen kompetent umgesetzt werden, dann entsteht eine evolutionäre Entwicklung mit einer neuen Arbeits- und Unternehmenskultur.

6.1.1 Auf die Haltung kommt es an

Jede Haltung und Einstellung hat eine bestimmte Sicht auf sich selbst und die Welt. Meist geschieht dies unbewusst. Unsere Erfahrungen seit früher Kindheit prägen unsere Überzeugungen und

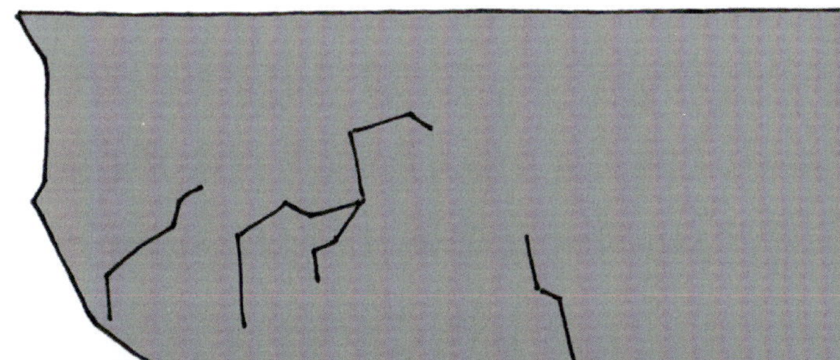

Bild 6.2 Neues wagen!

unser Verhalten. Machen Sie sich Ihre Einstellungen bewusst.

Welche Haltung haben Sie und die Teammitglieder zur agilen Zusammenarbeit? Entscheidend sind die Werte und inneren Einstellungen, ob die agile Transformation gelingt oder eben nicht. Wer nur einige agile Methoden und Meetingformen, wie das Sprint Planning, Daily Meeting oder die Retrospektive einführt, bleibt sehr an der Oberfläche.

Nur wer sich kennt mit seinen Motiven, Einstellungen und Werten und sich selbst führen kann, der sollte andere Menschen führen. Durch die agile Zusammenarbeit kommen neue Anforderungen auf Sie als Führungskraft zu. Neue Rollenerwartungen, ein agiles Verständnis und Überzeugungen, weitere Kompetenzen wie Coaching und Moderation und mehr Vertrauen in die Selbstverantwortung des Teams verlangen ein neues Selbstverständnis als Führungskraft. Auch Sie müssen sich immer wieder reflektieren und verändern, um den zukünftigen Anforderungen gerecht zu werden (Bild 6.2).

6.1.2 Meine Selbstreflexion als agile Führungskraft

Wenn Sie als Führungskraft Verantwortung für die agile Organisation übernehmen wollen, sollten Ihnen die folgenden Fragen eine Orientierung geben:

Wie überzeugt bin ich, dass die agile Arbeitsweise für unsere Kunden, für unser Unternehmen, für das Team und für mich die richtige Organisationsform ist? Was spricht dafür? Was lässt mich zweifeln?

. . . .

. . . .

. . . .

Wie schätze ich mein Wissen zum Thema Agilität ein? Welche Themen sind mir vertraut? Was will ich noch vertiefen bzw. neu lernen?

. . . .

. . . .

. . . .

Wie motiviert bin ich zum Experimentieren und zum Ausprobieren? Was fördert meine Neugierde und was grenzt sie ein?

Wie bin ich bereit, Macht und Status loszulassen und Aufgaben, Kompetenzen und Verantwortung schrittweise ins Team zu delegieren? Was erleichtert und was erschwert mir diese Vorgehensweise?

Was konkret will ich ins Team delegieren?

Welche neuen Aufgaben kann es für mich als Führungskraft geben (Product Owner, Scrum Master)?

Wie stark ist mein Vertrauen in die Teams, dass diese immer mehr die Verantwortung übernehmen? Was bestärkt mich und was lässt mich zweifeln?

Welche Mitarbeiter/Stakeholder sind Treiber oder Mitläufer der agilen Arbeitsweise und welche sind Skeptiker? Wie gestalte ich die Zusammenarbeit?

Treiber:	**Mitläufer:**	**Skeptiker:**

Welche Chancen und Freiräume bzw. Einschränkungen ergeben sich bei der agilen Arbeitsweise für mich und wie gehe ich damit um?

....

....

....

Wie werde ich von Topmanagement und HR bei der agilen Transformation unterstützt?

....

....

....

Wenn ich mir die Ergebnisse meiner Selbstreflexion ansehe, welche Aktivitäten werde ich ergreifen?

Was?	Priorität?	Wer?	Bis wann?

6.1.3 Fördernde und hinderliche Mindsets

Mit Mindset meinen wir Ihre Einstellungen, Denkmuster, Gefühle und Überzeugungen. Wie stehen Sie zur agilen Zusammenarbeit? Sind Sie überzeugt, begeistert oder skeptisch, ob diese Art der Team- und Zusammenarbeit in Organisationen gelingt? Sind Sie Treiber oder werden Sie von anderen dazu angetrieben? Auch Sie wollen mit Ihren Überzeugungen, Zweifeln oder Ängsten ernst genommen werden und suchen nach sinnvollen Modellen und praktischen Lösungen für den agilen Alltag. In welche Spalte von Tabelle 6.1 (Gegenüberstellung von »Fixed« und »Growth« Mindset) würden Sie sich eher einordnen? Die agile Herangehensweise verlangt eine flexible Denkweise und ist auf Entwicklung ausgerichtet (Freisler, Greßer 2017).

Tabelle 6.1 Fixed vs. Growth Mindset

Fixed Mindset	Growth Mindset
Entweder es geht oder es geht nicht	Wie kann es gehen?
Ich bin so, wie ich bin	Jeder Mensch und jede Organisation entwickelt sich
Ich kann das nicht	Ich kann das noch nicht
Tradition zählt	Alles ist in Bewegung und verändert sich
Der Kunde muss das kaufen, was wir produzieren	Wir erfüllen die Erwartungen des Kunden, soweit es uns irgendwie möglich ist
Lieber im Vertrauten bleiben als Neues wagen	Mutig sein und Experimente wagen, um was Besseres zu erreichen
Mitarbeiter nutzen Freiräume und Vertrauen aus	Mitarbeiter schätzen Freiräume und geben Vertrauen wieder zurück
Früher war vieles besser als heute	Jede Zeit hat ihre Vor- und Nachteile
Fehler sind nicht zulässig	Fehler sind Lernchancen
Ergebnisse zählen	Ergebnisse und der Weg dorthin zählen
Frage den Experten nach seiner Meinung	Frage unterschiedliche Experten und bilde dir deine Meinung

Ihr persönliches Mindset kennenlernen

Welcher Mindset oder Teile daraus entsprechen Ihnen eher?

Welche anderen Einstellungen prägen Sie?

Was davon ist hilfreich und was blockiert Sie?

Wie glauben Sie, schätzen Ihre Mitarbeiter Sie ein?

Was werden Sie tun, um Ihre flexiblen Einstellungen noch mehr zu nutzen?

Was werden Sie tun, um Ihre starren Haltungen zu hinterfragen und eventuell flexibler vorzugehen?

Ihre agile Gebrauchsanleitung

Beschreiben Sie sich selbst, wie Sie als Person in der agilen Zusammenarbeit reagieren und worauf es Ihnen ankommt. Tun Sie dies für sich. Wenn Sie wollen, dann können auch die Teammitglieder diese Übung für sich selbst machen. Anschließend liest jeder seine Gebrauchsanleitung im Team vor. Dies kann zu mehr Empathie und Verständnis im Team führen (Greßer, Freisler 2017).

Meine persönlichen Überzeugungen und Motive für unsere agile Zusammenarbeit sind:

Was ich an unserer agilen Zusammenarbeit mag und schätze?

Was mich daran stört und manchmal zweifeln lässt?

Meine Stärken, die ich einbringen will:

Was ich an mir noch verbessern will?

Wie andere mich »auf die Palme bringen«?

Wie andere mich motivieren und bestärken?

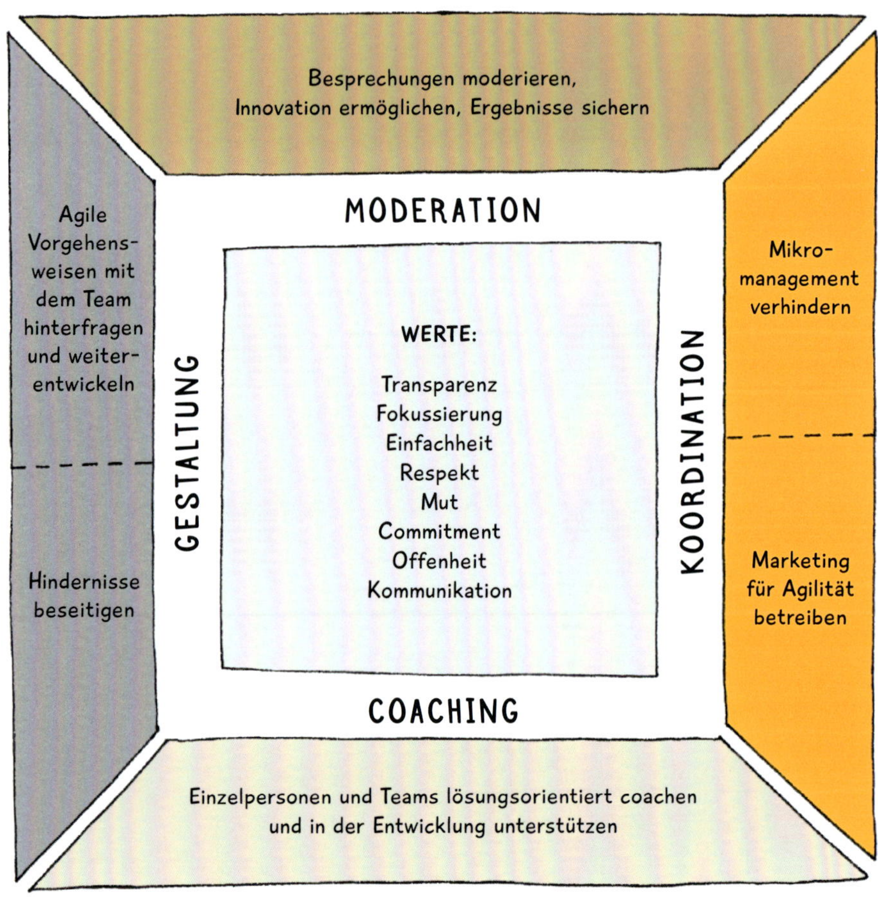

Bild 6.3 Aufgaben einer agilen Führungskraft

6.1.4 Aufgaben und Werkzeuge

Bild 6.3 zeigt die wesentlichen Aufgaben einer agilen Führungskraft im Überblick.

Werte entwickeln, leben und durch Feedback verstärken (siehe Kapitel 4)

Die agilen Werte sind das Fundament einer evolutionären Organisation. Meist liegt es an den Werten, wenn Prozesse nicht umgesetzt werden, da Ängste, fehlende Kommunikation oder persönliche Kränkungen nicht offen angesprochen werden.

Agile Teambesprechungen moderieren (siehe Kapitel 7)

Sie als agile Führungskraft sollen Besprechungen kompetent moderieren können, effiziente Strukturen schaffen und Diskussionen zum Ergebnis führen. Fehlt ein kompetenter Moderator, kann dies schnell zu stundenlangen ineffizienten Meetings führen. Auch Teammitglieder können diese Kompetenz erwerben.

Personen/Teams coachen

Sie arbeiten als Coach, der Einzelpersonen in ihrer Selbstverantwortung und Weiterentwicklung von fachlichen, methodischen und sozialen Kompetenzen unterstützt, ohne ihnen vorzuschreiben, was sie tun sollen.

Agent für agile Entwicklungen sein

Sie als Führungskraft sind gut ausgebildet in den Frameworks, mit denen gearbeitet wird. Sie können die Qualität der agilen Methoden und Vorgehensweisen einschätzen und dem Team bei der Weiterentwicklung hilfreiche Feedbacks und Hilfestellungen geben.

Hindernisse beseitigen oder vermindern

Damit das Team in den Prozessen schneller wird, achten Sie beim täglichen Meeting auf mögliche Hindernisse. Sie führen ein Backlog nur mit allen anstehenden Behinderungen, zeigen auf, was Sie schon gelöst haben, was in Bearbeitung ist und was nicht gelöst werden kann. Diese Informationen werden in der Retrospektive vorgestellt und besprochen, dem Product Owner immer wieder präsentiert und auch anderen Stakeholdern vorgestellt, um Lösungen mit anderen Fachbereichen oder Auftraggebern zu erreichen.

Mit Stakeholdern zusammenarbeiten – Netzwerker sein

Um ein Mikromanagement von Stakeholdern zu vermeiden, sollten Sie als agile Führungskraft entweder auf den Product Owner als Verantwortlichen verweisen oder sich selbst schützend und klärend vor das Team stellen. In den zentralen Aufgaben des Teams kann nur dann Schnelligkeit erreicht werden, wenn die Mitarbeiter nicht ständig für andere Aufgaben abgezogen werden.

Marketing für Agilität betreiben

Es kann Ihre Aufgabe sein, allen Interessenten die Boards zu zeigen, sie als passive Teilnehmer an den Meetings einzuladen und in bestimmten Gruppen über die agile Arbeit zu berichten. Erzählen Sie von ersten Erfolgen und auch von Experimenten, die gescheitert sind und wie damit umgegangen wurde.

6.2 Setzen des Rahmens und nachhaltige Unterstützung

Es gibt nicht das einzig wahre agile Führungsmodell. Agile Führungsrollen leben im Spannungsfeld zwischen den täglichen praktischen Anforderungen im Führungsalltag, dem eigenen agilen Führungsverständnis, der Werte- und Methodenkompetenz des Teams, den Erwartungen von Mitarbeitern und Stakeholdern sowie den Erkenntnissen aus Reflexion und Theorie. Ihre agile Führung ist immer auch von der Unternehmenskultur und dem organisatorischen Kontext abhängig, damit es in der Praxis zu einem Mehrwert kommt. Agile Führungsrollen sollen konkret beschrieben sein, damit sie in den Kontext passen und nicht willkürlich sind. Ein Scrum Master führt in Projekten anders als ein Teamleiter in einem agilen Entwicklungsteam.

6.2.1 Selbstführung der Teams zulassen

Wenn Sie in einer gut entwickelten agilen Organisation arbeiten, dann gibt es auf der operativen Ebene kaum mehr klassische Führungskräfte. Meist handelt es sich um Start-ups, die sich von Anfang an agil organisiert haben, oder um ausgegliederte Organisationseinheiten von Konzernen. Die Teams leiten sich selbst, und je nach Thema und Kompetenz gehen verschiedene Teammitglieder in Führungsrollen, wie die des Moderators oder Coaches. Meist gibt es noch eine Geschäftsleitung, interne Prozessbegleiter und wenige Stabsstellen, die beratend auf die Teams zugehen, wenn diese sie anfordern. Dies ist mit das höchste agile Level, das erreicht werden kann. Die Teams sind selbst verantwortlich, sich Unterstützung zu holen, wenn diese gebraucht wird.

6.2.2 Als T-Shaped Manager »zwei Welten« vernetzen

Wenn Sie in einem Unternehmen arbeiten, das hierarchisch und agil ausgerichtet ist, dann besteht eine wesentliche Führungsaufgabe darin, diese beiden »Welten« zu vernetzen (Bild 6.4). Dies wird eventuell auch Ihre Situation als Leser sein, da es agile Inseln in Unternehmen gibt, z. B. Scrum-Teams in der IT, und dennoch der restliche Teil der Organisation hierarchisch bleibt. Wenn die Rollen nicht klar sind, führt dies oft zu einer chronischen Überlastung der Führungskraft, die sich für alles verantwortlich fühlt. Die Überlastung kann zu chaotischen Zuständen führen, die bei der Einführung zeitlich befristet zu tolerieren sind, jedoch nie ein Dauerzustand bleiben dürfen.

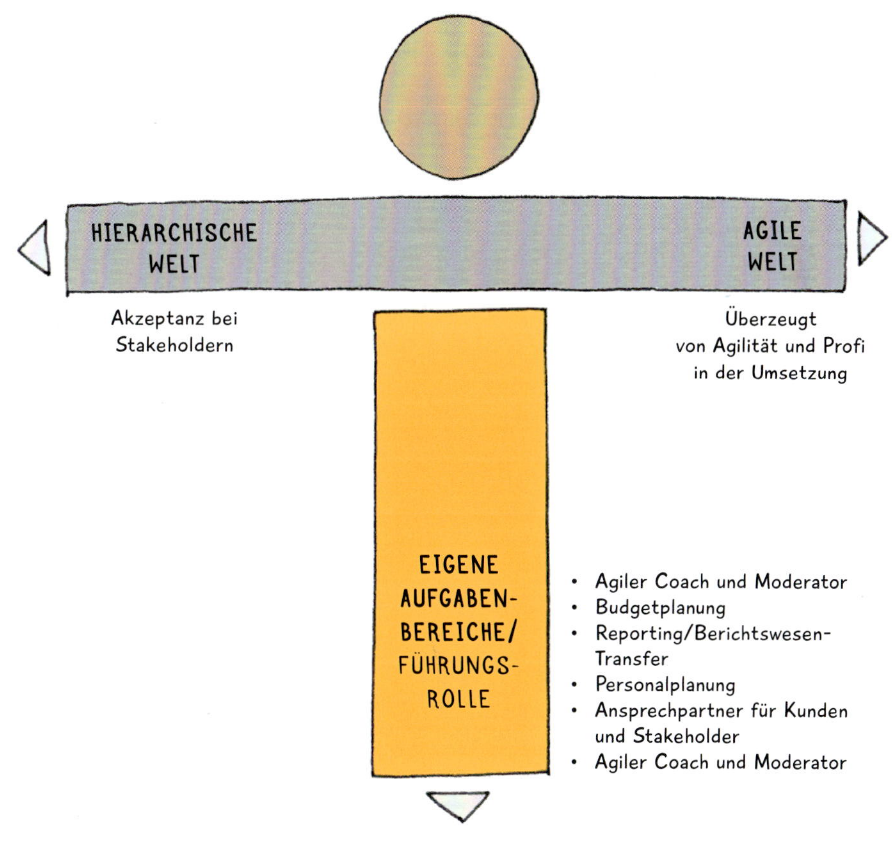

Bild 6.4 Rolle eines T-Shaped Managers

Worauf Sie als T-Shaped Manager achten sollten

Was ist Ihre Rolle, was sind die Kunden- und die Teamrollen?

Welche gegenseitigen Erwartungen gibt es?

Was machen Sie und was machen Sie nicht mehr? Wer übernimmt diese Tätigkeiten und was fällt weg?

Welche Informationen braucht das Topmanagement über die Auswirkungen der agilen und hierarchischen Zusammenarbeit?

Welche Daten und Berichte soll es geben und welche nicht mehr?

Welche Stakeholder greifen direkt auf Mitarbeiter zu und wie können Sie dies unterbinden?

6.2.3 Agilität und Hierarchie – hybride Arbeitsformen gestalten

Durch Partizipation, Lernen, Delegation und Coaching können Sie auch in der Linienführung agil-ähnliche Strukturen und Verantwortlichkeiten schaffen. Ein »agil light« ist möglich. Je mehr Aufgaben, Kompetenzen und Verantwortung Sie delegieren und das Team übernimmt, desto mehr können Sie loslassen und sich als Coach und Moderator betätigen. Damit arbeiten Sie mehr am System als im System. Die Arbeitsleistung des Teams wird besser. Ob daraus wirklich ein unternehmerischer Mehrwert entsteht, entscheidet sich in den Organisationseinheiten, die vor und nach Ihrem Team in die Arbeitsprozesse eingebunden sind. So hat sich bei einem Kunden der Einkauf agil ausgerichtet und seine Leistung erheblich gesteigert. Die Fachbereiche blieben stark hierarchisch geführt und konnten mit dem Tempo und dem Qualitätsanspruch des Einkaufs nicht mithalten, was zu erheblichen Reibungspunkten führte.

Es gibt keine fertigen Vorgehensweisen, wie die Nahtstellen gestaltet werden sollen. Aus unserer Beratungspraxis heraus empfehlen wir die folgenden Vorgehensweisen, damit hybride Organisationen besser zusammenarbeiten (Tabelle 6.2).

Viele Organisationen haben heute hybride Strukturen. Meist ist die IT-Abteilung und Produktentwicklung Vorreiter mit agilen Teams. Andere Bereiche arbeiten stärker hierarchisch. Die Führungsebene bleibt meist auch hierarchisch. Dadurch ergeben sich wichtige Nahtstellen, die mit dem obigen Vorgehen geklärt und verbessert werden können.

Achten Sie darauf, dass sich die agile Zusammenarbeit nicht schrittweise wieder in alte hierarchische Verhaltensweisen zurückentwickelt. Diese sind allen vertraut.

Tabelle 6.2 Zusammenarbeit hybrider Organisationsbereiche

Agile Organisation	Hierarchische Organisation
Respekt gegenüber hierarchischen Arbeitsweisen	Respekt für agile Arbeitsweisen
Kenntnisse über die Vor- und Nachteile agiler Arbeitsweisen	Kenntnisse über agile Vorgehensweisen und Hindernisse bei der Umsetzung
Überheblichkeit gegenüber hierarchischen Organisationen vermeiden	Vorurteile abbauen
Erwartungen zur Zusammenarbeit mit hierarchischen Teams/Abteilungen klären	Erwartungen zur Zusammenarbeit mit agilen Teams klären
Sprints mit Meilensteinen abstimmen	Meilensteine mit Sprints abstimmen
Teilnehmer in Projektbesprechungen/Team-meeting der klassischen Projekte senden, Botschafter installieren	Teilnehmer in Daily Meeting/Entwicklung Backlog/Sprint Planning senden, Botschafter installieren
Welche Daten können wir aus agilen Arbeitsweisen liefern und welche nicht?	Welche Daten benötigen wir und auf welche wollen wir verzichten?
Abstimmung mit Stakeholdern, Controlling und Qualitätssicherung	Abstimmung mit Product Owner und Backlog
Zusammenarbeit in der Retrospektive auswerten	Agile Welt nicht als Bedrohung sehen, sondern als Ergänzung

Folgende Fragen sollten Sie klären

Welche Aufgaben, Kompetenzen und Verantwortungen werden Sie an das Team abgeben?

Wie bereit und motiviert sind einzelne Mitarbeiter, mehr Verantwortung zu übernehmen?

Welche Unterstützung durch Coaching, Teamentwicklung und Weiterbildung benötigen diese, damit sie höherwertige Aufgaben übernehmen können?

Wie ist die Bereitschaft zur Zusammenarbeit und wie notwendig ist diese, um gute Leistungen zu erbringen?

Von welchen Fachaufgaben und Kompetenzen wollen Sie sich trennen, um diese ans Team zu delegieren?

Welche agilen Werkzeuge und Vorgehensweisen können Sie und das Team nutzen, um den Kunden noch zufriedener zu machen, schneller in der Bearbeitung zu werden und mehr Freude an der gemeinsamen Arbeit zu bekommen?

Was sind Ihre nächsten Schritte, die Sie mit dem Team klären?

6.3 Wechselwirkungen zwischen Führung und Mitarbeiter gestalten

Die Rolle und das Verhalten der Führungskraft bestimmen die Rolle und das Verhalten des Mitarbeiters und umgekehrt. Es gibt gegenseitige Abhängigkeiten, die reflektiert und notfalls verändert werden sollen.

6.3.1 Persönlichkeitsmuster bestimmen die Unternehmenskultur

In hierarchischen Organisationen prägen die Persönlichkeitsmuster des Ranghöchsten im Laufe der Zeit die Unternehmenskultur oder salopper ausgedrückt: »Der Fisch fängt am Kopf zu stinken an!« Dies zeigt sich auch an dem gestellten Beispiel der fiktiven Dr. Erdmann GmbH.

Dr. Franz Erdmann ist Inhaber und Geschäftsführer eines mittelständischen Autozulieferers und produziert mechanische Federn. Er ist seit über 30 Jahren in der Branche tätig. Er kennt die Märkte und den Wettbewerb. Seit 15 Jahren leitet er das Unternehmen, das er vom Vater übernommen hat. Er hat Freude an seiner Arbeit und kann auch zwölf bis 14 Stunden arbeiten. Eine hohe Arbeitsleistung erwartet er auch von den Führungskräften und Mitarbeitern. Durch seine klare, ziel- und ergebnisorientierte Führung, seine mutigen und schnellen Entscheidungen und konkreten Maßnahmen hat er die Arbeitsplätze der ca. 400 Mitarbeiter auch in Krisenzeiten sichern können. Die Arbeitsprozesse sind gut strukturiert, was auch bei den Audits deutlich wird. Die Kunden schätzen die Qualität und Termintreue. Darauf ist er stolz, da dies sehr stark von ihm vorangetrieben wurde. Dem Unternehmen geht es wirtschaftlich gut. Das Management und auch seine Assistentin richten sich nach ihm aus und setzen seine Vorgaben verlässlich um, was auch bei hoher Auftragslage in der Regel zu einer entspannten Zusammenarbeit führt. So wie er Führung vorlebt, wird es auch von seinen Abteilungs- und Teamleitern praktiziert. Viele Mitarbeiter schätzen den geregelten Arbeitsablauf im Dreischichtbetrieb. Bei Problemen werden die Meister oder der Produktionsleiter nach Lösungen befragt und deren Ratschläge umgesetzt.

Trotz aller Erfolge fühlt sich Dr. Erdmann unwohl, da viele Impulse von ihm und einigen wenigen Managern abhängen und es kaum Verbesserungsvorschläge durch die Führungskräfte und Mitarbeiter gibt. Artikel in der Fachpresse zu neuen technischen Innovationen und über agile Zusammenarbeit lassen ihn unruhig werden. Die letzten entwickelten Patente sind schon einige Zeit her. Er befürchtet, der Erfolg macht träge, und mittelfristig verlieren sie den Anschluss an wichtige Veränderungen durch Elektromobile und selbstfahrende Fahrzeuge. Er sieht Risiken, dem Preisdumping asiatischer Anbieter nicht mehr gewachsen zu sein. Ihm fehlt es an Kreativität und der Fähigkeit zu Innovationen, strategischer Ausrichtung, an positiver Reibung, Eigenverantwortung und selbstverantwortlichem Handeln im Unternehmen auf breiter Ebene. Wichtige Entscheidungen brauchen viel Zeit, da es teilweise starkes »Silodenken« gibt und es dauert, bis immer alle Hierarchieebenen eingebunden sind.

Um seine Situation zu reflektieren, engagiert er einen erfahrenen externen Coach. Bereits in der ersten Sitzung wird deutlich, dass er eine sehr dominierende und steuernde Position einnimmt und diese Führungskultur sich im ganzen Unternehmen fortsetzt. Er ist der »Held«, der menschliche Patriarch, an dem sich das Management ausrichtet und letztlich auch die Mitarbeiter orientieren. Einerseits dient dies seinem Ego, es hat Erfolge gebracht, und andererseits erkennt er mit Schrecken diese hohe Abhängigkeit. Wenn er längere Zeit ausfallen würde, wäre dies ein Fiasko für das Unternehmen. Außerdem können einige wenige Manager im Unternehmen nicht immer die Treiber von Veränderungen sein, um die Mitarbeiter als »Getriebene« mit neuen Innovationen vertraut zu machen. Die Automobilfirmen als Kunden erwarten heute kürzere Entwicklungszeiten, Flexibilität bei kurzfristigen Änderungen, verbindliche Termineinhaltung und Preissenkungen. Dr. Erdmann will sich im Führungskreis mit agilen Arbeitsformen beschäftigen und beauftragt den Personalchef, einen Workshop-Tag mit einem kompetenten Praktiker zu organisieren.

Wenn Sie als Führungskraft stark lenkend und bestimmend führen, dann werden sich die Mitarbeiter meist Ihrem Verhalten anpassen und sich lenken und bestimmen lassen. Mitarbeiter erkennen intuitiv und auch reflektiert, was die Führungskraft auch unausgesprochen erwartet. Da es ein hierarchisches Abhängigkeitsverhältnis gibt, entsprechen viele Mitarbeiter dieser Erwartung. Schließlich bestimmen Sie als Chef über deren Gehalt, Weiterkommen im Betrieb, interessante Aufgaben, Wertschätzung und Kritik. Die Mitarbeiter führen das gut aus, was Sie als dominanter Chef erwarten, nicht mehr und nicht weniger. Eine eigene autonome Meinung, konstruktiver Widerspruch sowie Kreativität und Innovation werden nicht entwickelt, da diese nicht wirklich erwünscht sind und diese Haltung mit hohem sozialem Risiko verbunden ist. Neue Herausforderungen lassen sich mit dieser Führungs- und Mitarbeiterkultur nicht gestalten, sondern eher die Verwaltung des bisher Erreichten. Erfolg ist der Feind der Innovation.

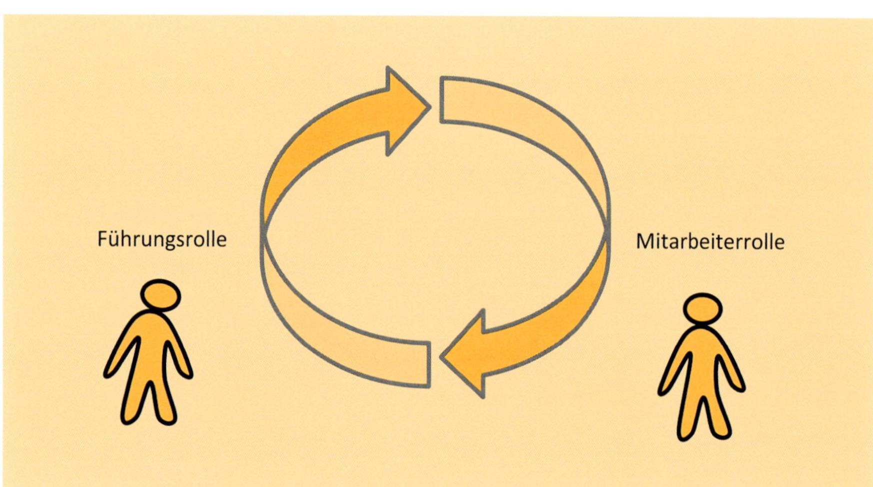

Bild 6.5
Wechselwirkungen erkennen und gestalten

6.3.2 Führungs- und Mitarbeiterrolle beeinflussen sich gegenseitig

Die Führungskraft setzt in hierarchischen Unternehmen Prioritäten, entscheidet und gibt klare Anweisungen, was zu tun ist. Nur so ist es möglich, mit dem Druck und der vielen Arbeit einigermaßen klarzukommen. Der Mitarbeiter setzt kompetent um, jammert manchmal bei Kollegen, wenn es ihm zu viel wird, und entspricht den Erwartungen des Chefs. Gibt es Probleme, wird zeitnah die Führungskraft gefragt, wie diese zu lösen sind. Damit kann erfolgreich gearbeitet werden, wenn Arbeitsprozesse sehr standardisiert sind und es wenig Veränderungen von Kundenseite gibt.

In volatilen Märkten mit schnellen Veränderungszyklen und disruptiven Prozessen braucht es ein evolutionäres Verständnis von Führung und Zusammenarbeit. Damit die agilen Frameworks (siehe Kapitel 5) erfolgreich umgesetzt werden, sollten Sie als Führungskraft nach evolutionären Prinzipien führen. In der agilen Zusammenarbeit gibt es auch diese wechselseitigen Abhängigkeiten (Bild 6.5). Die Rollen und Aufgaben sind jedoch anders verteilt, um die Teammitglieder in der Selbstorganisation und Zusammenarbeit zu stärken (Tabelle 6.3).

Tabelle 6.3 Konstruktive und destruktive Wechselwirkungen

Agile Führungskraft	Teammitglieder
Konstruktive Wechselwirkungen	
Regt zur Reflexion an	Denken nach
Stellt gute Fragen	Kommen zu guten Ergebnissen
Moderiert Meetings	Führen effiziente Diskussionen
Hört zu	Können sich mitteilen
Beseitigt Hindernisse	Kommen schneller zum Ergebnis
Destruktive Wechselwirkungen	
Erhöht den Druck zur Agilität	Sind überfordert
Lässt alles laufen	Arbeiten im Chaos, fehlende Struktur
Hat fehlendes Wissen zu Agilität	Werden unsicher
Fällt in hierarchische Rolle	Passen sich an

Durch die eigene und gemeinsame Reflexion können Wechselwirkungen besprochen und geklärt werden. Schaffen Sie als Führungskraft dafür ein Bewusstsein.

Eigene Situationsanalyse zu Wechselwirkungen

Gewohntes und häufiges Führungsverhalten: Was sind Ihre häufigen Verhaltensmuster bei der Führung und in welche Rolle bringen Sie dabei die Mitarbeiter?

Auswirkungen Mitarbeiterverhalten: Welche Verhaltensweisen zeigen Mitarbeiter häufig und in welche Verhaltensrollen bringen diese Sie?

Nutzenanalyse: Welche emotionalen Vorteile haben die Rollenmodelle für Sie und die Mitarbeiter?

Beibehalten und stärken: Welche Rollenmuster wollen Sie beibehalten und verstärken, da diese die Mitarbeiter selbständiger und kompetenter machen?

Neu entwickeln: Welche eigenen Rollenmuster wollen Sie im Kontakt mit den Mitarbeitern neu entwickeln, um mehr Eigenverantwortung zu erreichen?

Beenden: Welche eigenen Rollenmuster wollen Sie im Kontakt mit den Mitarbeitern beenden, da diese die Mitarbeiter eher unselbständig halten?

6.4 Hinterfragende und dienende Führung

Das Wertvollste im Unternehmen sind die Mitarbeiter. Es sind immer konkrete Personen, die eine Extrameile für den Kunden gehen, neue gute Ideen einbringen, Patente entwickeln, gut dotierte Kundenaufträge akquirieren, zu Sonderschichten kommen, Prozesse verbessern, auf Qualität achten, andere unterstützen oder eben all das nicht tun. Deshalb kommt der Führung dieser Menschen eine besondere Verantwortung zu. Führungskräfte, die ursprünglich als IT-Spezialist, Techniker, Kaufmann, Controller, Jurist, Chemiker oder mit einer anderen Fachkompetenz im Unternehmen gestartet sind, brauchen psychologische und pädagogische Kenntnisse und Verhaltenskompetenzen, um als Führungskraft erfolgreich zu sein. In agilen Organisationen ist dies noch wichtiger, da die Positionsmacht der Führungskraft wegfällt und soziale Kompetenz, agile Prozesskompetenz sowie Methodenkenntnisse wesentlich sind.

Agile Führung bewegt sich im Spannungsfeld zwischen hinterfragenden und dienenden Haltungen und Vorgehensweisen (Bild 6.6). Die Führungskraft achtet einerseits durch Feedback- und Reflexionsschleifen auf die Kundenzufriedenheit, Produktqualität, agile Arbeitsweise und Arbeitseffizienz und bindet den einzelnen Mitarbeiter und das Team dabei intensiv mit ein. Dadurch entstehen Lernprozesse, mit denen ständige Verbesserungen erreicht werden. Andererseits werden durch Unterstützung die Selbstverantwortung, Motivation, Weiterentwicklung und Leistungsfähigkeit des Mitarbeiters verbessert. Hindernisse und Rahmenbedingungen, die die Arbeit erschweren, werden von der Führung verringert oder beseitigt. Dies führt zu einer Identifikation der Mitarbeiter mit der Aufgabe, dem Team, dem Unternehmen und der Leitungsperson.

Wenn das Hinterfragen überdehnt wird, kann dies als Abwertung, Besserwisserei oder autoritäres Verhalten wahrgenommen werden. In stark hierarchischen Unternehmen kommt es häufig vor, dass die Mitarbeiter für den eigennützigen Chef und nicht für den Kunden arbeiten. Sie müssen es ihm recht machen. Druck und Angst vor Ablehnung schaffen ein verbissenes Arbeitsklima.

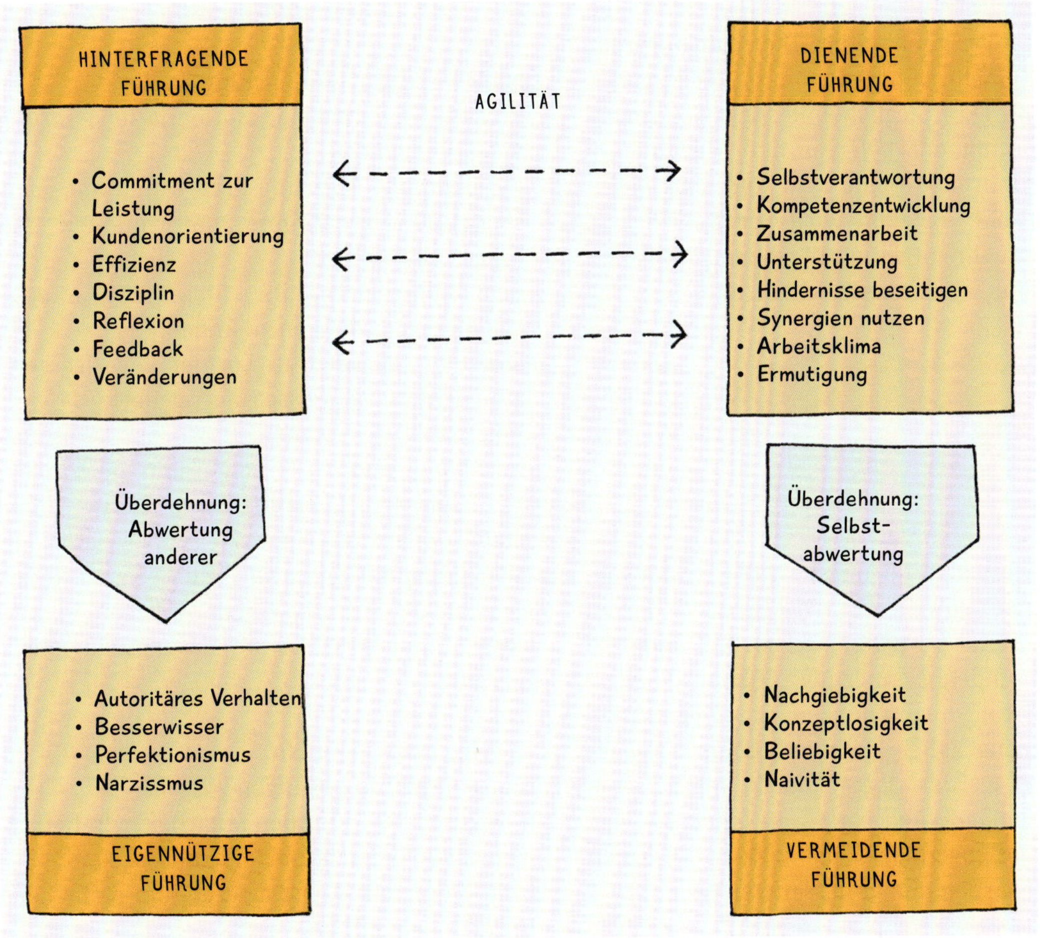

HINTERFRAGENDE FÜHRUNG

- Commitment zur Leistung
- Kundenorientierung
- Effizienz
- Disziplin
- Reflexion
- Feedback
- Veränderungen

AGILITÄT

DIENENDE FÜHRUNG

- Selbstverantwortung
- Kompetenzentwicklung
- Zusammenarbeit
- Unterstützung
- Hindernisse beseitigen
- Synergien nutzen
- Arbeitsklima
- Ermutigung

Überdehnung: Abwertung anderer

Überdehnung: Selbstabwertung

- Autoritäres Verhalten
- Besserwisser
- Perfektionismus
- Narzissmus

EIGENNÜTZIGE FÜHRUNG

- Nachgiebigkeit
- Konzeptlosigkeit
- Beliebigkeit
- Naivität

VERMEIDENDE FÜHRUNG

Bild 6.6
Weiterentwicklung durch hinterfragende und dienende Führung

Wird das Dienen im Führen überdehnt, entsteht eine Verwöhnkultur. Die Führungsrolle wird nicht mehr wahrgenommen. Meist verliert die Führungskraft jeglichen Respekt des Teams, da die Zusammenarbeit von den Mitarbeitern nicht als hilfreich erlebt wird und kein Mehrwert entsteht. Arbeiten wird zur Beliebigkeit. Meist übernehmen dann Mitarbeiter Führungsrollen, damit wieder Leistung entsteht.

6.5 Als Coach agile Mitarbeiter entwickeln

Eine wesentliche Führungsaufgabe ist die Einführung und ständige Entwicklung der agilen Haltungen und Verhaltensweisen im Team. So soll die Kundenorientierung, Effizienz, Selbstverantwortung Teamfähigkeit, Eigenmotivation und Nutzung agiler Methoden immer wieder verbessert werden. Viele Mitarbeiter betreten damit »Neuland« und benötigen eine gute »Begleitung auf Augenhöhe«, damit sie in der agilen Zusammenarbeit immer besser werden.

6.5.1 Was bedeutet Coaching?

Lösungsorientiertes Coaching ist ein

- Prozess der entwicklungsorientierten Führung von Mitarbeitern,
- bei dem eine Führungskraft durch angemessene und abgestimmte Interventionen und Fragestellungen
- dem Mitarbeiter hilft, für seine Anliegen eigene gute Lösungen zu finden,
- damit dieser zukünftig in der Lage ist, sehr gute Arbeitsergebnisse zu erreichen.

Damit bleibt der Mitarbeiter in der Selbstverantwortung und trifft seine Entscheidungen, was er aus dem Coaching umsetzen wird. Das systemisch-lösungsorientierte Coaching ist in agilen Organisationen sehr gut geeignet, da es den Mitarbeiter mit seinem Anliegen in den Fokus nimmt sowie seine Lösungskompetenz und Autonomie stärkt.

Coaching bedeutet nicht

- Ratschläge und Lösungen vorgeben,
- Entscheidungen für den Mitarbeiter treffen,
- Unverbindlichkeit und Strukturlosigkeit,
- mit Druck und Angst agieren, um mehr Leistung zu bekommen.

Coaching ist geeignet bei

- ... veränderter Aufgabenstruktur: Einführung der Agilität, Probleme durch neu geordnete Kompetenzen und Aufgaben, Karrierestillstand, Neuorientierung.
- ... neuer Organisationskultur und neuem Führungsstil: evolutionäre Führungsrollen, Förderung von Teamarbeit, Probleme innerhalb bestimmter Gruppen, verbessertes Service- und Kundenverhalten.
- ... persönlichen Belangen: Verbesserung der Sozialkompetenz, Leistungs- und Motivationssteigerung, Verhaltens- und Wahrnehmungsblockaden, Bedürfnis nach echtem Feedback und einem kompetenten Gesprächspartner, kritische Reflexion der Berufsrolle und konfliktträchtige Interaktions- und Führungssituationen.

Coaching ist nicht möglich bei

- einer hohen Befangenheit der Führungskraft,
- Misstrauen und Konflikten zwischen Mitarbeitern und Führungskraft,
- Verweigerung des Mitarbeiters.

6.5.2 Als Führungskraft coachen

Es gibt einen intellektuellen Streit, ob Führungskräfte überhaupt coachen können, da sie selbst Teil des Arbeitssystems sind und es zu Interessenkonflikten mit den Mitarbeitern kommen kann. In hierarchischen Organisationen ist die Abhängigkeit des Mitarbeiters von der Führungskraft erheblich größer als in agilen Organisationen. Die Führung ist nicht mehr weisungsbefugt gegenüber dem Team oder einzelnen Mitarbeitern. Es entsteht mehr Distanz, da das Team gegenüber dem Kunden das Ergebnis verantworten muss. Die Führungsrolle im agilen System verändert sich und lässt dadurch noch stärker eine entwicklungsorientierte Führung zu als in hierarchischen Organisationen. Die Führungskraft arbeitet durch Coaching mehr am System als im System. Dabei kommt es neben konkreten Werkzeugen sehr auf die innere Haltung des Coaches und Coachees an, damit die Zusammenarbeit erfolgreich ist.

Gemeinsamkeiten von entwicklungsorientierter Führung und Coaching

- Gegenseitige Erwartungen klären und Coaching-Ziele besprechen,
- am System arbeiten statt im System,
- Wechselwirkungen von Verhalten beachten,
- Selbstverantwortung des Mitarbeiters stärken und ihn auf eigene Lösungen bringen,
- wertschätzendes, aktives und lösungsorientiertes Zuhören,
- sinnvolle Fragen stellen und damit Kreativität und Lösungskompetenz anregen,
- eigene Eindrücke mitteilen und Feedback geben,
- Experimente vereinbaren, die der Mitarbeiter umsetzen will.

6.5.3 Lösungsorientierte Coaching-Haltungen

Unterstützen Sie das Teammitglied in der Selbstverantwortung und Eigenständigkeit. Coaching ist die Hilfe zur Selbsthilfe. Dazu benötigen Sie bestimmte Einstellungen und Verhaltensweisen.

Gegenseitiges Vertrauen ist eine wesentliche Basis einer agilen Arbeitsweise (Kotrba, Miarka 2015).

Schaffen Sie eine Lern- und Vertrauenskultur als Führungskraft. Geben Sie dem einzelnen Mitarbeiter und dem Team einen Vertrauensvorschuss und achten Sie darauf, wie dieser genutzt wird. Wird Ihr Vertrauen bestätigt, gehen Sie den nächsten Schritt. Vertrauen entsteht, wenn Absprachen eingehalten werden und Reden und Handeln zusammenpassen. Klären Sie mit dem Team, wie eine Vertrauenskultur verstärkt und noch mehr gelebt werden kann. Diese beschleunigt Arbeitsprozesse, da es mehr Verbindlichkeit gibt und weniger Kontrolle notwendig ist. Sprechen Sie mit dem Coachee über das Thema Vertrauen und achten Sie darauf, dass die Zusammenarbeit die Vertrauensbasis stärkt.

Rolle des »Nicht-Experten« schafft einen Mehrwert.

Als Coach kann es Ihnen häufiger passieren, dass Mitarbeiter Situationen beschreiben, die Sie selbst ähnlich erlebt haben. Sie denken vielleicht, dass Sie aufgrund Ihrer bisherigen Erfahrung eine schnelle Lösung anbieten können. Diese Haltung ist in Krisenzeiten oder Gefahrensituationen hilfreich, weil Sie sofort reagieren können. In Führungs- und Coaching-Situationen verlieren Sie dadurch jedoch die Bereitschaft zum Zuhören sowie die Möglichkeit, interessiert an der Situation des Mitarbeiters zu bleiben. Die alten Erfahrungen und die schnelle Lösung überdecken womöglich die Andersartigkeit der geschilderten aktuellen Situation. Versuchen Sie, sich Ihrer Vorannahmen bewusst zu werden und sich dadurch nicht bei der Lösungsfindung einschränken zu lassen. Stellen Sie offene Fragen, geben Sie Gelegenheit zum Nachdenken und die Möglichkeit, eigene Antworten zu finden. Dieses Vorgehen erfordert zwar Vertrauen, Geduld und die Fähigkeit, sich aus der Situation herauszunehmen – aber es lohnt sich (Kotrba, Miarka 2015).

Mit offenen Fragen bekommen Sie viele Informationen und bringen den Mitarbeiter zum Nachdenken und Kombinieren verschiedener Gedankengänge. Dadurch können von ihm erste Lösungsideen entwickelt werden. Sie können nach einer gründlichen Situationsbeschreibung auch eigene Ideen als »Angebote« einbringen. Der Mitarbeiter entscheidet jedoch, was er davon annehmen will und was nicht.

Wer das Problem hat, der kennt meist auch die Lösung.

Agilität ist auch deshalb erfolgreich, da Entscheidungen auf der operativen Ebene, also im Team schnell getroffen werden können. Die Praktiker mit Sachverstand und Erfahrungen setzen sich zusammen, diskutieren und finden Lösungen, die sie dann schnell umsetzen können. Achten Sie als Coach auf eine konstruktive Kommunikation unter den Experten. Es gibt nicht mehr die Hierarchen, denen Problemlösungen zurückdelegiert werden können. Unterstützen Sie als Coach Einzelpersonen und Teams durch lösungsorientierte Fragen oder moderieren Sie Kurzmeetings. Manchmal ist der Weg zur Lösung »verschüttet« oder Mitarbeiter haben Angst vor Konsequenzen, wenn ihre Lösung noch nicht praxistauglich ist. Mit systemischen Fragen regen Sie die Lösungskompetenz der Gesprächspartner an. Je geübter Mitarbeiter bei der Lösung von Problemen werden, desto motivierter sind sie. Nehmen Sie den Teammitgliedern die Ängste vor negativen Sanktionen, wenn ihre Lösungen noch nicht gleich die gewünschte Wirkung zeigen. Bei Buurtzorg, dem holländischen Pflegedienst, ist ein wichtiger Grundsatz, dass die Teams so lange an Lösungen arbeiten, bis diese funktionieren. Experten können befragt werden, entschieden wird aber im Team, da dieses auch die Verantwortung trägt.

Der Inhaber eines mittelständischen Unternehmens, der das Agilitätskonzept nicht kennt, erzählte uns bei einer Schulung, dass er mittlerweile hochkompetente Problemlöser auf der operativen Arbeitsebene hat. Jeden Mitarbeiter, der früher zu ihm mit einem Problem kam, schickte er wieder zurück in sein Team mit der Bitte, kompetente Kolleginnen und Kollegen einzubinden und Lösungen zu entwickeln. Er wollte nur kurz informiert werden, welche Lösung umgesetzt wird. Er sei schon viel zu weit weg von der konkreten Praxis, um wirklich helfen zu können. Mit dieser konsequenten Haltung schaffte er lösungsorientierte Teammitglieder.

Nehmen Sie Stärken mehr in den Fokus!

Machen Sie mit uns ein kleines Experiment. Was fällt Ihnen auf?

3 + 3 = 6
15 – 11 = 4
7 x 7 = 48
24 : 3 = 8

Sicherlich haben Sie bemerkt, dass die dritte Aufgabe falsch ist. Haben Sie auch bemerkt, dass die anderen drei Aufgaben richtig sind, es sich um die vier Grundrechenarten handelt und jede Aufgabe mit einer Primzahl versehen ist? Auf was ist Ihre Wahrnehmung ausgerichtet, was fällt Ihnen auf, was nicht, und was sprechen Sie an? Unsere Wahrnehmungsmuster und Einstellungen werden dadurch deutlich.

Nutzen Sie im agilen Coaching die Stärken und alles, was funktioniert. Es ist sofort abrufbar und nutzbar für die jeweiligen Arbeitssituationen. Oft sind den Mitarbeitern ihre Kompetenzen nicht bewusst. Wenn diese deutlich werden, können damit auch andere konkrete Probleme leichter gelöst werden.

Auch relevantes Verbesserungspotenzial sollte angesprochen werden, und mit dem Mitarbeiter sollten im Coaching dazu Lösungen erarbeitet werden. Nehmen Sie in Kauf, dass dieser Prozess aufwendiger ist und länger dauert.

Probieren geht über Studieren.

Experimente sind ein wichtiger Baustein in der agilen Zusammenarbeit, um schneller in den Arbeitsprozessen zu werden. Tests bringen Erfahrungswerte. Ein Pilotprojekt kann weiterhelfen. Achten Sie darauf, dass keine »Debattierklubs« entstehen, die aus Angst vor falschen Ansätzen nicht zum Handeln kommen. Aus jeder Coaching-Sitzung soll es konkrete nächste Umsetzungsschritte geben, um Erfahrungen zu sammeln. Bei der nächsten Zusammenkunft werden die Ergebnisse ausgewertet und bei Bedarf Verbesserungen angebracht. Iterative Prozesse gelten auch für das Coaching.

Ausnahmen bieten Chancen.

Fragen Sie bei einem Problem des Mitarbeiters, in welchen Situationen das Ereignis stärker oder schwächer aufgetreten ist. Probleme sind nicht immer kontinuierlich stark ausgeprägt. Dadurch wird die Problemwahrnehmung des Mitarbeiters differenzierter, und es kann erste Lösungen geben. Was ist verändert, wenn das Problem stärker oder schwächer ist? Klären Sie Einflüsse von außen und auch das unterschiedliche Verhalten des Mitarbeiters. Dadurch entstehen erste Lösungsansätze, wie das Problem gelindert oder gelöst werden kann.

6.5.4 Coaching-Werkzeuge nutzen

Der Coach sollte verschiedene kommunikative Fertigkeiten praktizieren, um dem Mitarbeiter Hilfestellungen zu geben. Ziel ist es, den Mitarbeiter durch Kommunikation und Interaktion zu neuen Einsichten, Verhaltensweisen und Handlungen zu führen, um die Leistung zu steigern. Die richtigen Methoden unterstützen diesen Prozess. Anbei eine Übersicht der wesentlichen Methoden.

Bilanzmethode

Hier geht es darum, eine Ist-Situation mit dem Teammitglied zu analysieren und eine Standortbestimmung zu erreichen, um zu erkennen, wo der Mitarbeiter gerade steht. Daraus können Maßnahmen besprochen werden, um die Stärken noch besser zu nutzen und Schwächen zu reduzieren (Tabelle 6.4).

Praxissituation:

- Welche wesentlichen Vorteile/Nachteile sehen Sie im aktuellen agilen Produkt XY?
- Was gelingt Ihnen im Kundenkontakt gut, was können Sie noch besser machen?

Tabelle 6.4 Mögliche Gestaltung einer Bilanzmethode

Vorteile/Stärken	Nachteile/Schwächen
Maßnahmen	**Maßnahmen**

Aktives Zuhören

Durch intensives Zuhören kann der Coach auch emotionale Stimmungen wie z. B. Unsicherheit und Frustration erkennen und ansprechen. Aktives Zuhören zeigt sich durch:

- eine innere Bereitschaft zum Zuhören und Wahrnehmen – zeigen Sie Ihr Interesse an dem Gesprächspartner und drücken Sie damit Ihre Wertschätzung aus,
- eine offene freundliche Körperhaltung und Blickkontakt,
- verstärkende Reaktionen wie nicken, Stimmlaute wie »ja«, »aha« und sich Notizen machen,
- verschiedene Fragetechniken,

- lösungsorientierte Zusammenfassung der verstandenen sachlichen Botschaften sowie das Achten auf die Reaktionen des Sprechers, z. B.: »Wenn ich Sie recht verstehe, dann wollen Sie das Projekt XY verlassen, um Zeit zu finden, ein neues Projekt zu initiieren!«,
- Wahrnehmung und Mitteilung der verstandenen emotionalen Botschaften sowie das Achten auf die Reaktionen des Sprechers, z. B.: »Mein Eindruck ist, dass Sie sich in Projekt XY sehr unwohl fühlen, wenig Wertschätzung bekommen und eventuell deshalb auch die Gruppe verlassen wollen – wie sehen Sie das?«

Hilfreiche Fragen entwickeln und stellen

Fragen sollten Neugier wecken, neue Perspektiven aufzeigen, zum Denken anregen (Kindl-Beilfuß 2017). Experimentieren Sie mit guten Fragen. Gehen Sie Risiken ein und reflektieren Sie Ihre Fehler. Überlegen Sie sich, was den Gesprächspartner in einen kreativen lösungsorientierten Denk- und Fühlprozess bringt. Beachten Sie, wie nahe Sie dem Gesprächspartner mit der jeweiligen Frage kommen. Wenn Sie eine Frage stellen, dann halten Sie das Schweigen aus. Stellen Sie immer nur eine Frage und nicht gleich mehrere, denn das verwirrt. Bei der Nutzung von systemischen Fragen sollten diese sparsam verwendet werden, da sonst oft eine sehr künstliche Gesprächsatmosphäre entsteht. Ungewöhnliche Fragen brauchen eine kurze Einleitung: »Mir geht da gerade eine außergewöhnliche Frage durch den Kopf. Kann ich sie stellen?«

6.6 Agilität gemeinsam kontinuierlich steigern

Organisationen sind lebendige Systeme, da sie täglich von Menschen durch ihr Handeln gestaltet werden. Einer der größten Nutzen der agilen Zusammenarbeit ist die ständige Verbesserung der Organisation. Wenn Sie sich auf Agilität einlassen, lösen Sie einen Prozess der ständigen Verbesserung und Veränderung aus. Ihre Firma wird sich in ein bis zwei Jahren anders darstellen als heute. Dies soll nicht willkürlich passieren, sondern sich an den Zielen der Agilität und der Unternehmensstrategie ausrichten. Als Führungskraft unterstützen Sie als Coach und Moderator diesen Prozess.

6.6.1 In agile Entwicklung investieren

Als Coach, Moderator und »agiler Agent« haben Sie eine wichtige Rolle, um diesen Entwicklungsprozess des Teams und der Organisation professionell begleiten zu können. Es gibt kein geschlossenes agiles System, sondern wesentliche Aspekte, die jede Organisation passend für sich umsetzen und dann weiterentwickeln soll. Wie steht es um Ihr Wissen, um Ihre Verhaltenskompetenz und Ihre Motivation? Arbeiten Sie während der Einführung der agilen Arbeit oder in Krisenzeiten mit einem erfahrenen externen Coach zusammen, der Sie berät und mit Ihnen die weiteren Schritte plant. Nutzen Sie selbst das Weiterbildungsbudget und besuchen Sie Kurse zur agilen Zusammenarbeit. Lesen Sie regelmäßig Fachartikel zur Agilität und kaufen Sie sich gute Bücher. Werden Sie Mitglied einer Community, die sich über die Erfahrungen der agilen Zusammenarbeit austauscht. Ein gutes Beispiel dafür ist die Veranstaltung »Agile Tuesday« von der improuve GmbH in München. Außerdem können Sie unseren Blog auf *www.teamwork-agil-gestalten.de* nutzen. Natürlich kostet dies auch Zeit. 5 bis 10 % Ihrer Arbeitszeit sollten Sie für Ihre Weiterbildung und Wissensvermehrung nutzen. Ansonsten bleiben Sie immer in Ihren alten Gedanken, Gewohnheiten und Verhaltensweisen.

6.6.2 Mit dem Team an ständigen Verbesserungen arbeiten

Am System arbeiten, nicht nur im System. Dieser Entwicklungsschritt ist enorm wichtig und ein wesentlicher Baustein der agilen Arbeit. Leider wird er manchmal in der beruflichen Praxis völlig falsch eingeschätzt und als Zeitfresser abgeschafft. Die agile Weiterentwicklung ist Aufgabe des Teams. Nach jedem Sprint oder alle acht bis zehn Wochen soll das Team in einem mehrstündigen Workshop reflektieren, was in der Zusammenarbeit gut funktioniert hat, weiter genutzt wird und was verbessert werden muss. Dazu werden konkrete Maßnahmen in ein Veränderungs-Backlog geschrieben und von den verantwortlichen Personen umgesetzt. In der nächsten

Retrospektive kann nochmals darauf eingegangen werden, um die Nachhaltigkeit sicherzustellen.

Die Retrospektiven sind ein »mächtiges Werkzeug«, um die eigene Arbeitseffizienz zu steigern, Durchlaufzeiten zu verbessern, Feedback zu den Werten und zur Qualität agiler Vorgehensweisen und Methoden zu geben und zu bekommen. Wichtig ist, die Rollenumsetzung zu reflektieren und die Nahtstellen des Teams in die Organisation als lebendes System stetig zu verbessern.

Die Philosophie der ständigen Verbesserungen kommt aus dem Kaizen (Basis: PDCA-Zyklus). Alles ist im Fluss, und der momentane Zustand ist zeitlich fixiert. Um Veränderungen zu erreichen, ist es wichtig, dass jedes Teammitglied eine gewisse Achtsamkeit und Reflexionsfähigkeit lernt, um in der täglichen Arbeit zu erkennen, was sehr gut läuft und was es zu verbessern gilt. Kontinuierliche Verbesserung bedeutet Veränderung in kleinen Schritten. In den Verbesserungsprozess sind dabei alle Mitarbeiter eingebunden. Denn der Mitarbeiter, der konkret im Prozess arbeitet, weiß am besten, wo die Schwachstellen sind und welche Lösungsmöglichkeiten es gibt.

Die Ideen der Teammitglieder werden gemeinsam diskutiert, und das Team entscheidet, was wie an Verbesserungen umgesetzt wird. Die Führungskraft kann dieses Meeting moderieren, damit sich in einem festgelegten Zeitfenster ein konkretes Ergebnis einstellt. Sie muss sich jedoch aus inhaltlichen Statements oder gar Entscheidungen heraushalten, um die Mitarbeiter nicht wieder zu dominieren und zu demotivieren.

Verbesserungsvorschläge sind Experimente, die in der Praxis erprobt werden. Diese werden reflektiert und eventuell nochmals abgeändert, bis es passt. Es kann sein, dass ein Vorschlag nicht zum Erfolg führt und sich das Team entscheidet, diesen fallen zu lassen. So bleibt eine wertvolle Lernerfahrung, die zeigt, warum der Vorschlag nicht zum Erfolg geführt hat.

6.7 Netzwerker sein

Als agile Führungskraft sollten Sie ein guter Netzwerker sein. Wichtig dabei ist, anderen durch die Netzwerkarbeit einen Vorteil zu bieten und immer wieder in Kontakt zu treten. Sprechen Sie davon, was Sie bewegt, wonach Sie sich ausrichten, oder geben Sie direkte Anfragen an Ihr Netzwerk. Nutzen Sie digitale Tools, um sich mit anderen Personen gut zu vernetzen, wenn diese nicht in Ihrer Nähe arbeiten.

6.7.1 Wichtige Stakeholder identifizieren und deren Interessen reflektieren

Stakeholder-Management hilft Ihnen, die Bedürfnisse und Einstellungen der wichtigsten Interessengruppen oder Einzelpersonen innerhalb und außerhalb des Unternehmens zur agilen Zusammenarbeit zu reflektieren und daraus wichtige Erkenntnisse zu erarbeiten. Damit können Sie Ihre Vorgehensweise, Argumentation und Zusammenarbeit mit diesen Zielgruppen besser und erfolgreicher gestalten.

Wenn Sie vorhaben, agile Zusammenarbeit einzuführen, Projekte agil zu gestalten oder die Teamarbeit agil auszurichten, dann sollten Sie die wichtigsten Stakeholder analysieren. Dazu müssen Sie Ihre konkrete Situation reflektieren. Es lässt sich zwischen internen und externen Stakeholdern unterscheiden, da es unterschiedliche Bedingungen und Abhängigkeiten gibt.

Firmeninterne Stakeholder (siehe Kapitel 8 und Kapitel 9)

Interne Kunden/Auftraggeber

Wer sind Ihre firmeninternen Kunden? Die IT- und Personalabteilung haben z. B. hauptsächlich interne Ansprechpartner. Diese werden mit der gleichen Qualität und Kundenorientierung bedient wie externe Partner. Die Qualität der internen Kundenbeziehungen bestimmt auch den Leistungsgrad, den die externen Partner meist etwas zeitverzögert erhalten, da die Prozesse miteinander vernetzt sind.

Teammitglieder

Wenn agile Zusammenarbeit eingeführt wird, gibt es Unterstützer und Skeptiker. Meist sind die Mitarbeiter diesem Prozess gegenüber offen eingestellt, zumindest solange es keine massiven Probleme und Störungen gibt. Reden Sie mit den

Skeptikern. Klären Sie deren Einwände und Bedenken und informieren Sie, wozu Agilität eingeführt wird und wie die Details gestaltet werden. Meist gibt es im Unternehmen viel Halbwissen und eine Menge Vorurteile gegen die agile Veränderung, wie dies oftmals bei Veränderungen der Fall ist.

Führungskräfte

Hier gibt es oft Ängste, ob sich diese Gruppe durch die Einführung agiler Zusammenarbeit nicht selbst abschafft. Es kann zu veränderten Führungsrollen kommen. Kunden von uns haben z. B. aufgrund agiler Teamarbeit eine Führungsebene im Organigramm herausgenommen. Es ist wichtig, offen mit den Führungskräften über ihre neue Rolle zu sprechen, ihnen Schulungsangebote zu machen oder neue interessante Aufgaben zu geben. In Einzelfällen kann es auch zu betriebsbedingten Kündigungen kommen. Manche lehnen die agile Zusammenarbeit ab, weil sie als Führungskräfte dadurch Macht und Status im Unternehmen verlieren. Coach und Moderator haben für sie keine Wertigkeit. Wenn Sie Inhaber, Vorstand oder Geschäftsführer im Unternehmen sind, können Sie die Einführung von Agilität nach notwendigen Gesprächen auch vorantreiben. Wenn Sie Führungskraft im mittleren Management sind, benötigen Sie eine Allianz mit mächtigen Personen oder Gruppen im Unternehmen, damit Agilität eine Chance hat.

Vorstand/Geschäftsleitung

Wie in vielen anderen Veränderungsprozessen ist es notwendig, dass diese Zielgruppe Treiber der agilen Zusammenarbeit ist oder wird. Innerhalb des Topmanagements ist ein Klärungsprozess wichtig, damit alle verstehen, was dadurch im Unternehmen geschieht. Der Umsetzungswille dieser Ebene und die tatkräftige Unterstützung sind notwendig, da es Widerstände geben wird. Die flächendeckende Einführung ist ein Marathonlauf und kein Sprint. Der Zusammenhalt in der obersten Führungsmannschaft ist eminent wichtig, gerade auch, wenn es Krisen gibt. Die Geschlossenheit im Topmanagement setzt auch klare Signale für die Führungs- und Mitarbeiterebene. Wenn Sie als Initiator nicht dieser Top-Führungsebene angehören, müssen Sie erst Überzeugungsarbeit leisten und einen mächtigen »Mentor« für Ihre agile Zusammenarbeit gewinnen. Gelingt dies nicht, lassen Sie zumindest für eine gewisse Zeit Ihr Projekt ruhen, da Sie sich sonst nur »eine blutige Nase« holen. Natürlich können Sie eigenverantwortlich Aufgaben, Kompetenzen und Verantwortung in das Team verstärkt delegieren, mehr als Moderator und Coach arbeiten, als alles zentral anzuweisen, zu entscheiden und zu kontrollieren. Dieser Führungsstil kann Ihnen jedoch von einem dominanten Chef als »Schwäche« ausgelegt werden. Sie müssen dann mit sehr guten Ergebnissen aufwarten. Gute Zahlen sind das beste Argument für die agile Zusammenarbeit.

Betriebs- oder Personalrat

Wenn Sie Tätigkeiten, Prozesse und Verantwortlichkeiten stark verändern und durch die agile Zusammenarbeit ersetzen bzw. neu ausrichten, ist dies mitbestimmungspflichtig. Sie greifen stark in die bestehenden Arbeitsabläufe und Entscheidungsprozesse ein. Je nach Kultur und Einstellung erleben wir Betriebsräte sehr aufgeschlossen bis barsch abweisend. Auch hier gilt es, die »Mächtigen« im Betriebs- oder Personalrat für die agile Zusammenarbeit frühzeitig zu gewinnen und sie rechtzeitig einzubinden.

Externe Stakeholder

Kunden

Agile Zusammenarbeit hat das zentrale Ziel, noch bessere Ergebnisse für den Kunden zu erreichen als die bisherige klassische Kooperation. Wenn Sie nach Scrum arbeiten, soll der Product Owner (Kunde) sich erst in seinem Unternehmen/Fachbereich klar werden, was er von Ihnen benötigt und welche Kriterien das neue Produkt haben muss. Der Kunde spricht durch den Product Owner mit einer Stimme. Dies bedeutet eine Erleichterung für das Umsetzungsteam, da keine unterschiedlichen Anweisungen von anderen Stakeholdern gegeben werden. Der Product Owner soll intensiv mitwirken, kann nach jedem Sprint nochmals Änderungswünsche einbringen und klare Ziele für jeden Arbeitsabschnitt festlegen. Einige Kunden von uns konnten bisher keine agilen Projekte durchführen, da deren Kunden nicht dazu bereit waren. Wenn Erfahrungen mit Agilität fehlen, ist es auch für Kunden ein großer Schritt, sich auf einen gemeinsamen interaktiven Entwicklungsprozess einzulassen, ohne genau das Endprodukt vordefiniert zu haben. Hier braucht es Vertrauen und Überzeugungskraft. Es ist besser, die agile Zusammenarbeit in einem Teilprojekt mit dem Kunden umzusetzen, damit Erfahrungen gesammelt und ausgewertet werden können. Arbeitet der Kunde selbst in seinem Unternehmen agil, dann wird dies von Ihnen ebenfalls erwartet.

Lieferanten
Der Einkauf sollte eng mit dem agilen Team zusammenarbeiten oder ist integriert in das Team. Die Lieferanten sind über die Auswirkungen agiler Prozesse informiert, da es durch die Sprints und die höhere Änderungsbereitschaft der Kunden zu kurzfristigeren Lieferzyklen kommen kann.

6.7.2 Konkrete Stakeholder-Analyse

Reflektieren Sie ein konkretes agiles Projekt oder die Einführung agiler Zusammenarbeit aus Ihrer Praxis mit den in Bild 6.7 dargestellten vier Feldern.

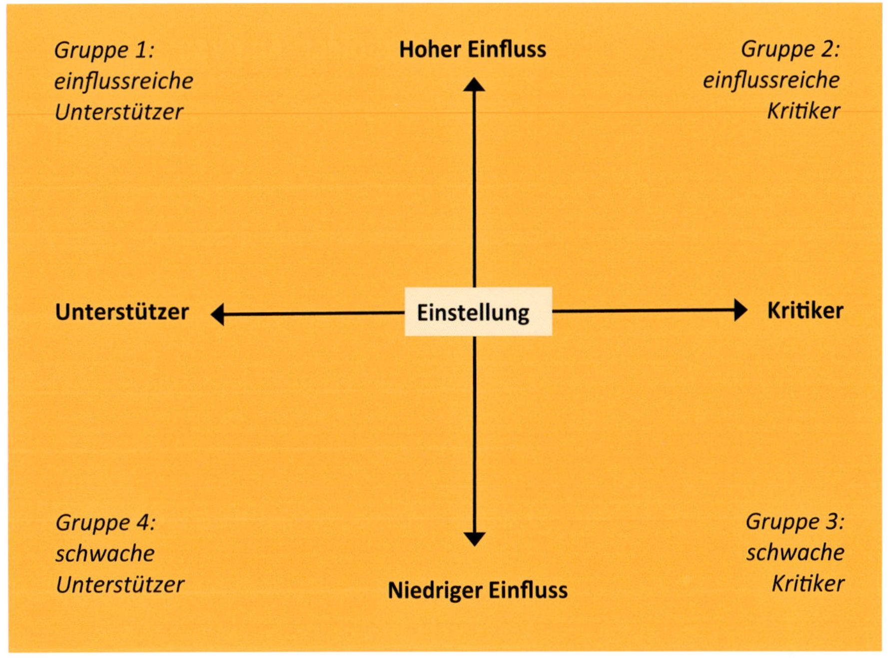

Bild 6.7 So evaluieren Sie den Stakeholder-Einfluss

Ihre Stakeholder-Analyse

1. Wie können Sie die einflussreichen Unterstützer besser nutzen?

2. Wen müssen Sie wie ansprechen, damit sich diese Person/Gruppe für Ihr agiles Anliegen stark macht?

3. Welche einflussreichen Unterstützer könnten einflussreiche Kritiker beeinflussen?

4. Mit welchen einflussreichen Kritikern gehen Sie wie in Kontakt?

5. Welche Einwände bringen diese und wie können Sie durch Argumente und Aktionen diese abschwächen?

6. Wie können Sie schwache Unterstützer zu stärkeren Mentoren Ihres agilen Anliegens machen?

7. Was können Sie tun, damit aus schwachen Kritikern Befürworter werden?

Nutzen Sie Ihre Stakeholder-Analyse, um einen realistischen Überblick zu bekommen und die nächsten Schritte mit Bedacht umzusetzen.

6.8 Bedeutung der Führung

Wie viel Selbstorganisation im Unternehmen möglich ist, hat mit der Bereitschaft der Führungskräfte zu tun, Verantwortung schrittweise abzugeben. Andererseits braucht es das Können, Wollen und Dürfen der Mitarbeiter, um agile Zusammenarbeit zu ermöglichen.

6.8.1 Rolle des Topmanagements

In der Praxis stellen wir leider oft fest, dass das Topmanagement wenig Wissen und Kompetenz zu Agilität besitzt. Dies erschwert die Transformation erheblich. Andererseits stellen wir fest, wenn im Topmanagement ein »Treiber der Agilität« sich der Sache annimmt, dass dann Erfolge erheblich schneller und leichter möglich sind. Denn das Topmanagement übernimmt eine zentrale Rolle, wenn es um die Einführung agiler Zusammenarbeit im Unternehmen geht. Die Führungskräfte sollen sich gut informieren, auf was sie sich einlassen, da sie wesentliche Einflussgrößen auf die Organisation verändern. Agile Zusammenarbeit ist mehr als ein Modetrend, es ist eine epochale Veränderung, ähnlich wie die Digitalisierung.

Strategische Ausrichtung

Wichtige Aufgaben des Topmanagements in agilen Organisationen sind die Vision des Unternehmens, der Zweck und Nutzen für die Kunden und die Gesellschaft sowie die strategische Ausrichtung. Agilität muss in die Unternehmensstrategie mit aufgenommen werden und ist ein wesentlicher Bestandteil.

Agile Führungsstrukturen

Agile Inseln bringen das Unternehmen nicht wirklich weiter. Es braucht auch im Management und unter den Führungskräften eine agile Ausrichtung. Das Topmanagement sollte die Führungskräfte intensiv an Entwicklungen beteiligen und zumindest partizipativ führen. Mutige Organisationen schaffen eine kollegiale Kreisorganisation, auch unter Führungskräften mit verschiedenen Rollen und Verantwortlichkeiten, und heben Hierarchie auf. Empfehlenswert dazu ist das Buch *Das kollegial geführte*

Unternehmen von Bernd Oestereich und Claudia Schröder.

Budgetplanung

Sie legen fest, wie viel Budget insgesamt für die Organisation zur Verfügung steht. Die Vertreter der Teams müssen sich auf eine sinnvolle Verteilung der finanziellen Ressourcen verständigen. Dieser Prozess kann in einer Übergangszeit auch von den Führungskräften umgesetzt werden. Sollten einzelne Teams mehr Budget benötigen, müssen sich deren Vertreter auf eine Lösung innerhalb der Vorgaben einigen.

Treiber der Veränderung

Sie sollten im Topmanagement Treiber der agilen Veränderung sein. Sie verstehen, akzeptieren und setzen agile Zusammenarbeit schrittweise um. Es braucht Ihre Überzeugungskraft, wie in jedem Change-Prozess, damit sich das Unternehmen agil ausrichtet. Erklären Sie allen Mitarbeitern das »Warum«. Zeigen Sie die Notwendigkeit, den Nutzen und die Vorgehensweise auf, wie Agilität eingeführt wird. Gehen Sie auf die Ängste und Bedenken ein, dass sich das Management nun selbst abschafft. Eine Person aus dem Topmanagement arbeitet in der agilen Taskforce zur Einführung mit. Dies schafft in der Organisation Glaubwürdigkeit und Vertrauen, dass es mit der agilen Zusammenarbeit ernst ist. Lassen Sie sich von Rückschritten, Fehlern und Besserwissern nicht vom Weg abbringen. Wenn Ihre Unterstützung im Topmanagement fehlt, sind nur kleine agile Insellösungen im Unternehmen möglich.

Selbstorganisation und Kundenorientierung

Mit selbstorganisierten Teams und agiler Zusammenarbeit verlieren die Führungskräfte an Macht und Einfluss; auch das Topmanagement. Es gewinnt der interne oder externe Kunde wesentlich an Bedeutung. Die Mitarbeiter engagieren sich mehr für den Kunden als für die Führungskräfte, wie es meist in hierarchischen Strukturen und Kulturen der Fall ist. Weiter gewinnen die Mitarbeiter mehr Macht und Kompetenzen durch die Selbstorganisation.

Evolutionäre Kultur verändert das Unternehmen

»Alles ist im Fluss!« Die agile Zusammenarbeit mit den flexiblen Themen-Backlogs, Retrospektiven, Feedbacks und Reflexionen hat evolutionäre Wirkung. Das Unternehmen verliert an

Statik und gewinnt an Bewegung. Es kommt zu einem kontinuierlichen Verbesserungs- und Veränderungsprozess, der von vielen Menschen mitgesteuert wird und nicht mehr in der Hand des Topmanagements oder einer externen Unternehmensberatung liegt.

Go & See

Gehen Sie zu den Mitarbeitern und lassen Sie sich von diesen, dem Scrum Master und Product Owner über den aktuellen Stand der Arbeit informieren. Lesen und verstehen Sie das Kanban Board, das Burndown Chart und fragen Sie nach dem Themen-Backlog. Interessieren Sie sich für die Fortschritte und für die Probleme und Behinderungen, die während der agilen Zusammenarbeit auftreten. Fragen Sie nach, wie die Probleme gelöst werden. Lassen Sie die Lösungskompetenzen bei den jeweiligen Verantwortlichen und ziehen Sie diese Aufgaben nicht an sich. Halten Sie auch Unsicherheiten aus. Überlegen Sie, was die Organisation, was das Topmanagement grundsätzlich tun kann, damit die agile Zusammenarbeit noch besser möglich wird, z. B. durch Weiterbildung, bessere Räumlichkeiten, neue Software usw.

Mikromanagement vermeiden

Mit dem Durchregieren schaffen Sie zu viel Ablenkung bei den Teammitgliedern von den wesentlichen agilen Aufgaben. Durch ständige Wechsel bei den Arbeiten entstehen bis zu 30 % Zeitverluste, da sich die Teammitglieder immer wieder in die angefangenen Tätigkeiten hineindenken müssen. Außerdem ist Mikromanagement sehr demotivierend, da begonnene Aufgaben nicht beendet werden können. Wenn Sie mehr Schnelligkeit in den Projekt- und Linientätigkeiten wollen, sollten Sie Mikromanagement vermeiden.

6.8.2 Rolle des Mittelmanagements

Arbeitsplatzsicherheit

Das Mittelmanagement ist in einem Dilemma. Einerseits sollen sie agile Teams aufbauen, andererseits befürchten sie, dass ihre Führungsebene damit aufgelöst wird, was realistisch ist. Diese Führungskräfte werden nur dann aktiv mitwirken, wenn es eine Arbeitsplatzsicherheit gibt. Das Topmanagement sollte eine weitere Festanstellung garantieren, jedoch keinen Anspruch auf eine klassische Führungsrolle.

Neue Aufgaben übernehmen

Führungskräfte können die Rollen Scrum Master oder Product Owner übernehmen. Dazu sollten sie sich ausbilden lassen. Es braucht Motivation und Flexibilität, um neue Aufgaben im agilen Kontext zu gestalten. Es kann auch Führungskräfte geben, die für diese Tätigkeit nicht geeignet sind. Dafür braucht es Lösungen, die sich das Topmanagement überlegen muss. Wenn es im Unternehmen keine Möglichkeiten mehr gibt, dann kann es auch faire Trennungen geben.

Manager als agiler Coach und Change Agent

Eine weitere Zukunftsperspektive für das mittlere Management ist die Tätigkeit als agiler Coach, Scrum Master, Product Owner und als Teammitglied. Sie können dadurch mithelfen, dass die Problemlösekompetenz der Teams und einzelner Mitarbeiter besser wird. Sie sollten jedoch nicht deren Probleme lösen, selbst wenn Sie dies gut können, da Sie damit deren Kompetenz und Lernmöglichkeiten mindern, was diese wieder mehr in die Unselbständigkeit führt. Die Ausweitung agiler Zusammenarbeit benötigt Change Agents, die Organisationseinheiten auf die agile Zusammenarbeit vorbereiten und begleiten. Sie können auch als interner Coach auf Abruf für die Teams zur Verfügung stehen.

6.9 Fazit

- Evolutionäre Führung achtet auf eine ständige Verbesserung und Veränderung des agilen Verantwortungsbereiches und des Unternehmens.
- Die agile Führungskraft ist auch ein Teil der Veränderung. Lernen und entwickeln geschieht auf allen Ebenen.
- Haltungen und das persönliche Mindset sowie die gelebte Unternehmenskultur sind wesentliche Faktoren, damit Agilität gelingt.
- Führungskräfte sind häufig als T-Shaped Manager die Verbindungspersonen zwischen agiler und hierarchischer Welt. Ihre Rolle sollte in einem Workshop mit interdisziplinären Teilnehmern aus »beiden Welten« geklärt werden, damit es im Tagesgeschäft nicht ständig Reibungspunkte und Unklarheiten gibt.
- Damit mehr Selbstverantwortung möglich wird, müssen die Führungskräfte und Mit-

arbeiter auf die Wechselwirkungen der Kommunikation achten.

- Fragetechniken und Zuhören der Führung schaffen Denkprozesse beim Mitarbeiter. Häufige Anweisungen blockieren Eigenverantwortung und Selbstorganisation.
- Agile Führungskräfte hinterfragen sich einerseits selbst und lassen sich als Lernende hinterfragen. Andererseits geben sie klares Feedback und stellen schlechte Leistungen, destruktives Verhalten und den Rückfall in hierarchische Gewohnheiten infrage.
- Als agile Coaches unterstützen sie Teammitglieder bei ihrer Entwicklung und das Team bei deren Verbesserungen.
- Die Beseitigung von Hindernissen durch die Führungskraft schafft Freiräume für das agile Team und beschleunigt die Arbeitsprozesse.
- Agile Führungskräfte sind häufig die »Außenminister« im Unternehmen. So werden Stakeholder informiert oder in die Besprechungen des Teams als »stille Teilnehmer« eingeladen.
- Die agile Zusammenarbeit braucht idealerweise das Verständnis und die aktive Unterstützung des Topmanagements. Sind diese nicht gegeben, ist meist nur eine abgeschwächte Form möglich.
- Das Mittelmanagement ist von den Veränderungen meist stark betroffen. Hier braucht es eine Beschäftigungsgarantie, jedoch keine feste Arbeitsplatzfestlegung. Klassische Führungsrollen werden verändert in Scrum Master, Product Owner oder auch Teammitglieder.

Auf Kommunikation achten

Interview mit Dr. Martin Groher, Mitgründer und Geschäftsführer der microDimensions GmbH, München

1. Was war die Ursache, sich im Unternehmen mit agiler Zusammenarbeit zu beschäftigen?

Die microDimensions GmbH stellt Software für die Verarbeitung mikroskopischer Bilder her. Durch unsere Produkte können medizinische Prozesse schneller, sicherer und qualitativ hochwertiger durchgeführt werden – der Patient profitiert durch eine verbesserte Diagnose. Als Softwareunternehmen haben wir uns für die Produktentwicklung gleich mit Scrum beschäftigt. Wir haben es gewählt, weil wir uns eine Aufgabe mit einer sehr hohen Unsicherheit gestellt hatten: ein völlig neues Produkt auf einen sehr jungen Markt zu bringen. Scrum und agile Zusammenarbeit bieten uns die Flexibilität, um auf diese Unsicherheit mit kontrollierter und schneller Veränderung zu reagieren.

2. Wie hast du dabei deine Rolle als agiler Geschäftsführer definiert?

Anfangs haben bei uns alle alles gemacht, d. h., ich war auch Teil des Entwicklungsteams. Später habe ich mich aus der Softwareentwicklung zurückgezogen, mich mehr um die Businessseite gekümmert und die Rolle als Product Owner eingenommen. Bei der Produktentwicklung hat das einwandfrei funktioniert, im Vertrieb und im Marketing war es nicht so leicht, zum einen, weil bei einem kleinen Team vieles in »Personalunion« passiert, zum anderen aber auch, weil Vertriebs- und Marketingmitarbeitern hierarchischere Strukturen anscheinend vertrauter sind, verglichen mit Softwareentwicklern. Während ich also in der Produktentwicklung als Product Owner meine agile Rolle als Geschäftsführer klar definiert habe, sind in den anderen Bereichen des Unternehmens die agilen Ansätze etwas zu kurz gekommen.

Zusätzlich habe ich meine Aufgabe darin gesehen, Vision und Strategie intern immer wieder zu kommunizieren, um das Ziel vorzugeben und dafür zu sorgen, dass alle Mitarbeiter Feedback vom Markt bekommen. Manchmal habe ich auch dafür gesorgt, dass Entwickler direkt mit dem Kunden sprechen, um ein Gefühl für die Schwierigkeiten der Nutzer zu erlangen; das hilft vor allem in frühen Produktentwicklungsphasen immens, um frühzeitig eine falsche Richtung zu erkennen.

3. Was hast du delegiert und was entscheidet die Geschäftsführung/der Inhaber in eurem agilen Unternehmen?

Ich habe von Anfang an versucht, den Mitarbeitern so viel Eigenverantwortung wie möglich zu geben. Sehr schnell hat sich ergeben, dass das »Wie« immer vom Team erarbeitet wird, das »Was« in Diskussion mit der Geschäftsführung. Ich habe auch gemerkt, dass es durchaus Grenzen des Delegierens gibt: Vision und Strategie müssen von der Geschäftsführung vorgegeben werden, um die Teams nicht zu überfordern.

4. Welche Empfehlungen hast du für Geschäftsführer/Inhaber, wenn sie sich für Agilität entscheiden?

Das Wichtigste ist, für eine offene Kommunikationskultur zu sorgen: Ich glaube, die meisten Geschäftsführer eines Start-ups haben kein Problem damit, ganz flache Hierarchien zu leben und viel vom Team entscheiden zu lassen. Wo ich persönlich viel Arbeit hineinstecken musste, ist, mich und das Team auf eine optimale Kommunikation auszurichten, was Kritik, Feedback, Diskussion angeht. Diese Kommunikation scheint anfangs schwieriger, als einfach nur »anzuschaffen«, aber ich kann nur sagen, dass es sich später auszahlt, hier nicht immer den einfacheren, hierarchischen Weg zu wählen.

5. Was sollten sie nicht tun?

Den Aufwand an Kommunikation nicht unterschätzen: Die regulären Meetings im Scrum-Prozess sind sehr wichtig für die Plausibilisierung der Ziele und auch, um Feedback einzuholen. Dies muss gut vorbereitet sein, dafür sollte man sich genug Zeit nehmen.

Was man auch vermeiden sollte, insbesondere im Start-up-Umfeld, ist es, die Mitarbeiter zu sehr der hierarchisch denkenden Investorenwelt auszusetzen: Als Geschäftsführer eines Start-ups hat man meist die Aufgabe, Gelder von Investoren einzuwerben. In dieser Welt herrscht immer noch die Auffassung, dass es den einen starken Mann geben muss, der den Wagen zieht. Ich würde diese Denkweise nicht ins interne Team übernehmen.

6. Wie wurden externe/interne agile Coaches eingesetzt?

Wir haben uns das meiste über Scrum und Agilität autodidaktisch angeeignet und uns mit anderen agil arbeitenden Teams in der Start-up-Szene ausgetauscht. Wir haben uns zugetraut, dass wir das entsprechende Mindset mitbringen, um agil zu arbeiten, und auch die Flexibilität haben, Fehler, die sich anfangs eingeschlichen haben, zu korrigieren. Wichtige Anregungen habe ich durch ein externes Seminar bei einem der Buchverfasser bekommen.

7. Wie waren die Reaktionen von Kunden/Mitarbeitern auf die agile Zusammenarbeit? Gab es Widerstände? Welche? Wie wurden diese gelöst?

In der Softwareentwicklung in unserem Markt wird mittlerweile erwartet, dass man agil arbeitet. Ich bin nie einem Kunden begegnet, der Scrum kritisch gegenüberstand. Bei den meisten Entwicklungsprojekten, die wir durchgeführt oder in Auftrag gegeben haben, wurde Scrum als Prozess verwendet. In jeder Art von Projekt (ob in der Produktentwicklung, im Projektgeschäft, im Produktverkauf oder während Finanzierungsrunden) hat es sich ausgezahlt, kleine Iterationen durchzuführen und rasch Zwischenergebnisse mit Kunden/ Auftraggebern zu besprechen und entsprechend auf Feedback zu reagieren. Ein bisschen Agilität ist also überall dabei.

8. Wie wurden die Verantwortlichen auf die Rollen Product Owner, Scrum Master und agiles Teammitglied vorbereitet?

Ebenfalls autodidaktisch. Wir hatten anfangs aufgrund eines sehr kleinen Teams das Problem, dass wir mehrere Rollen an eine Person knüpfen mussten. Dadurch konnte jeder mal in eine »andere Haut schlüpfen«, wodurch man ein besseres Verständnis für die einzelnen Rollen entwickelt. Ich habe gelernt, dass die Rolle des Scrum Masters, wenn nötig, von einem Teammitglied ausgefüllt werden kann, aber es ist nicht optimal. Ein Fehler ist es jedoch, den Product Owner, der bei uns die Schnittstelle zum Kunden darstellt, im Team arbeiten zu lassen, weil die agilen Prozesse und die Kommunikation mit dem Kunden darunter leiden.

Wir haben auch öfter mal die Rollen getauscht, um herauszufinden, wem die einzelnen Aufgaben am meisten zusagen. Die eigene Motivation bei der Ausfüllung der Rolle und das Feedback haben schnell die richtigen Leute identifiziert. Es war auch hilfreich, Rollen mehrfach zu besetzen, um ähnlich wie im Team in einer Art »Pairing« Gelerntes zu übermitteln.

9. Welche Schulungs- und Trainingsmaßnahmen habt ihr mit welchem Aufwand durchgeführt?

Unser Scrum Master hat sich für eine gewisse Zeit immer wieder mit anderen Scrum Mastern im Start-up-Umfeld ausgetauscht. Dies erfolgte monatlich und hat sicherlich geholfen, Prozess und Rolle zu optimieren. Ich selbst habe als Product Owner ein Seminar zur agilen Führung besucht und versucht, intern das Gelernte weiterzugeben.

Bei der Einarbeitung neuer Mitarbeiter haben wir hohen Wert auf eine umfassende Einführung in die benutzten agilen Tools gelegt – eine frühe Einbindung in die Prozesse hat geholfen, Neuzugänge schnell »auf Spur« zu bringen.

10. Wie zufrieden bist du mit dem heutigen Zustand deines agilen Unternehmens?

Die agilen Prozesse in der Produktentwicklung sind etabliert, und wir arbeiten erfolgreich mit Scrum. Wir haben bisher noch keine Deadline gerissen, Kunden sind aufgrund unserer schnellen Reaktionszeiten zufrieden, und unsere Mitarbeiter haben durch die Feedbackkultur die wesentliche Nähe zum Kunden. Ich würde gerne noch mehr agiles Arbeiten im Bereich Marketing und Vertrieb einführen, das ist definitiv noch eine Baustelle bei uns. Insgesamt bin ich aber zufrieden, da durch die agile Arbeitsweise das Unternehmen als Ganzes stets sehr (re)aktionsfähig war.

Mein Ziel ist, das Unternehmen als Ganzes agil arbeiten zu lassen, ich bin überzeugt, dass wir dadurch noch vernetzter und effektiver arbeiten können.

11. Was hat euch die agile Zusammenarbeit gebracht (Nutzen) und was war der wesentliche Aufwand dafür?

Für uns war vor allem wichtig, mit der hohen Unsicherheit umzugehen, die die Gründung eines Start-ups mit sich bringt: Keiner weiß, selbst mit allen Marktstudien der Welt, ob ein neues Produkt Erfolg haben wird oder nicht, man muss es ausprobieren. Da aber Produktentwicklung sehr viel Zeit kostet, muss man schnell Prototypen zum Kunden bringen, um falsche Richtungen zu vermeiden und auch flexibel auf Marktveränderungen reagieren zu können. Die agile Arbeitsweise hat uns diesen Handlungsspielraum gegeben.

12. Was würdest du wieder so machen und was anders?

Ich bin mir sicher, dass ich wieder agil arbeiten würde, dies ist die beste Arbeitsweise für Start-ups mit vielen Wissensträgern im Team. Ich würde mich und das Team wahrscheinlich anfangs etwas mehr vorbereiten, z. B. durch externe Fortbildungen, um auch Schwierigkeiten bei der unternehmensweiten Einführung von agilen Prozessen besser begegnen zu können und Fehler in der Kommunikationsführung von vornherein zu vermeiden.

IHR THEMEN-BACKLOG

Bitte notieren Sie Ihre Erkenntnisse und ersten Aufgaben, die Sie aus diesem Kapitel gewonnen haben.

Arbeitsunterlagen zum kostenlosen Download finden Sie unter: *www.teamwork-agil-gestalten.de/download*

Empfehlung für das Themen-Backlog:

Reflektieren Sie Ihre agilen Haltungen und Einstellungen und lassen Sie sich vom Team dazu Feedback geben. Was sind Ihre eigenen Entwicklungsschritte, damit die agile Zusammenarbeit möglich wird?

6.10 Literatur

Freisler, Renate; Greßer, Kathrin: *Leadership-Kompetenz Selbstregulation*. managerSeminare, Bonn 2017

Kindl-Beilfuß, Carmen: *Fragen können wie Küsse schmecken*. Carl-Auer, Heidelberg 2017

Kotrba, Veronika; Miarka, Ralph: *Agile Teams lösungsfokussiert coachen*. dpunkt, Heidelberg 2015

Laloux, Frederic: *Reinventing Organizations*. Vahlen, München 2015

Laloux, Frederic: *Reinventing Organizations visuell*. Vahlen, München 2017

Larman, Craig; Vodde, Bas: *Large-Scale Scrum*. dpunkt, Heidelberg 2017

Oestereich, Bernd; Schröder, Claudia: *Das kollegial geführte Unternehmen*. Vahlen, München 2017

Permantier, Martin: *Haltung entscheidet*. Vahlen, München 2019

Preußig, Jörg: *Agiles Projektmanagement*. Haufe, Freiburg im Breisgau 2015

Scheller, Torsten: *Auf dem Weg zur agilen Organisation*. Vahlen, München 2017

07 Teamdynamik steuern

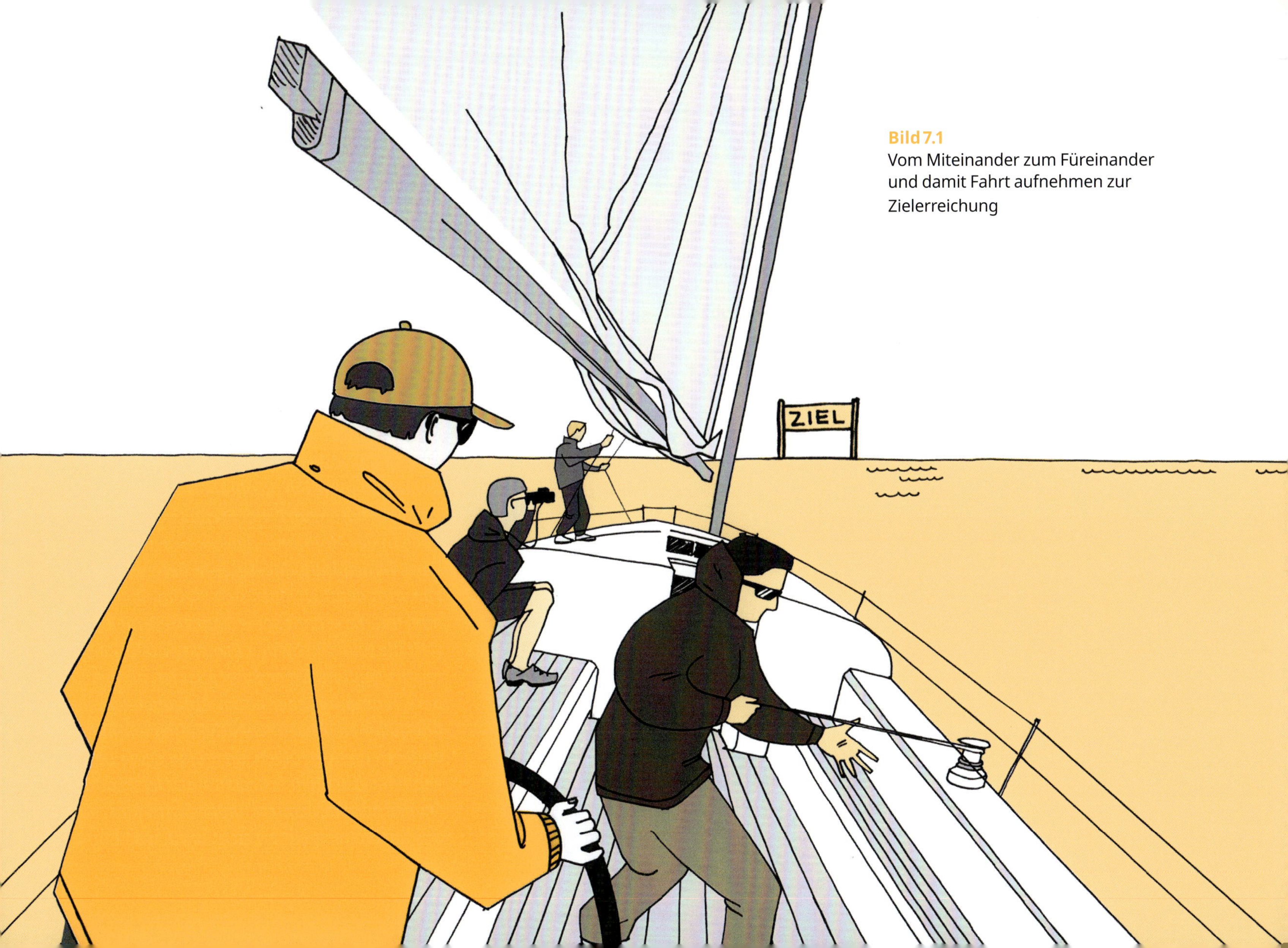

Bild 7.1
Vom Miteinander zum Füreinander und damit Fahrt aufnehmen zur Zielerreichung

Fragen, die in diesem Kapitel beantwortet werden

- Welche fördernden und hindernden Teamfaktoren gibt es?
- Wie können wir die Teamstärken besser nutzen und Hindernisse beseitigen?
- Wie können die Teammitglieder Selbstverantwortung lernen?
- Wie können Sie Teams durch eine schrittweise Delegation der Aufgaben in die Selbstorganisation bringen?
- Welche Feedbackprozesse fördern Offenheit und schaffen eine Lernmöglichkeit für neues Verhalten?
- Was können Sie tun, damit Besprechungen lösungsorientiert verlaufen?
- Wie kann Ihnen Ihr roter Faden eine gute Effizienz in Besprechungen geben?
- Wie können Teammitglieder schnell und kompetent Entscheidungen im Team treffen?
- Teams in der Problemlösung fordern und fördern – wie gelingt Ihnen dies?
- Wie kann der Teammonitor für die Weiterentwicklung eingesetzt werden?

Es ist Dienstag 10.00 Uhr und wir befinden uns im Sprint Planning Meeting eines IT-Teams bei Michael Forster, Leiter der IT in der fiktiven Dr. Erdmann GmbH. Das »Was« für den Sprint über zwei Wochen ist mit dem Product Owner geklärt. Nun geht es um das »Wie«. Die Schätzungen über die Dauer der einzelnen Aufgaben sind mit dem Product Owner besprochen und abgestimmt. Jeder hat im Kalender seine Zeitkapazitäten analysiert, und es geht jetzt darum, diese den anstehenden Aufgaben aus dem Sprint Backlog zuzuordnen. Stefan, ein ehrgeiziger Entwickler, übernimmt mehrere Aufgaben, obwohl er auch noch für zwei andere Projekte in dem Zeitraum aktiv sein muss. »Wenn ich voll konzentriert arbeiten kann, dann bekomme ich das hin!« Das Team kennt den vollen Kalender von Stefan, schweigt jedoch in der Hoffnung, dass er es schon schaffen wird. In den Daily Meetings in der zweiten Woche wird deutlich, dass sich Stefan übernommen hat. Er schafft seine Tagesziele nicht, auch weil die anderen beiden Projekte mehr Zeit kosten als geplant. Da er Spezialist ist, können andere Teammitglieder kaum Aufgaben von ihm übernehmen. Anschlusstätigkeiten können von anderen nicht erfolgen, da Stefan seine Leistungen teilweise nicht erbracht hat. Der Product Owner wird informiert, und es wird klar, dass das Sprintziel nicht erreicht wird, was Ent-

täuschung und auch Ärger bei allen Betroffenen auslöst. In der Retrospektive wird der Prozess nochmals ausgewertet, und es werden daraus Schlüsse für die weitere Teamarbeit gezogen. Dabei achtet der Scrum Master darauf, dass es nicht zu Schuldzuweisungen kommt, sondern alle aus der Situation lernen. Es wird deutlich, dass Stefan sich zu viel vorgenommen hatte. Er bekommt Feedback im Team und erkennt, dass seine Tendenz, sich zu überfordern, ein persönliches Muster von ihm ist. Auch das Team muss sich eingestehen, dass niemand bei der Planung vor zwei Wochen bei Stefans Zusagen interveniert hat, sondern froh war, dass er sich so viel vorgenommen hat. Das Team vereinbart, dass es die Zeitschätzungen noch sorgfältiger durchführen muss und Bedenken bei der persönlichen Aufgabenübernahme deutlich kommuniziert werden. Stefan will lernen, realistischer mit seiner Zeiteinteilung und Zielplanung umzugehen, und wird sich dazu Feedback im Team einholen.

Dieses Praxisbeispiel verdeutlicht, wie wichtig offene und ehrliche Kommunikation im Team ist. Direktes konstruktives Feedback gleich in der Situation hätte unter Umständen das Problem verhindern können.

7.1 Fördernde und hindernde Teamfaktoren

Beobachten und reflektieren Sie das agile Team. Besprechen Sie in einer Retrospektive, welche hilfreichen und blockierenden Faktoren im Team vorhanden sind, und entwickeln Sie daraus Maßnahmen (Bild 7.2).

Achten Sie mit dem Team auf die Stärken in der agilen Zusammenarbeit und wie diese noch besser genutzt werden können. Durch die Reflexion werden die Stärken dem Team bewusst. Machen Sie Ihr Team leistungsfähig. Zentral dabei ist, die möglichen Hindernisse zu erkennen und zu beseitigen. Fördern Sie eine offene vertrauensvolle Zusammenarbeit! Konflikte sollten offen und fair ausgetragen, Verantwortungen klar übernommen und Ziele konsequent verfolgt werden (Hofert 2016).

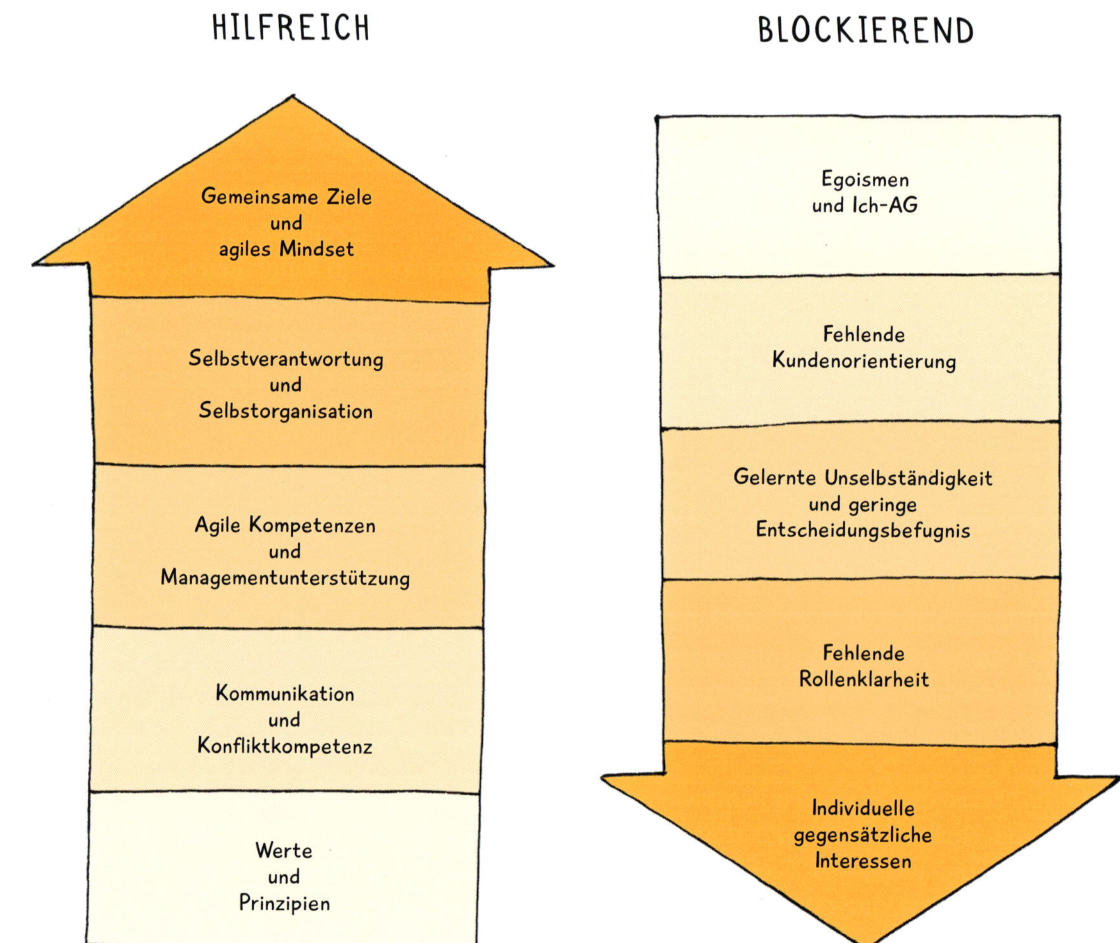

Bild 7.2
Erfolgsfaktoren und Hindernisse der agilen Teamarbeit

7.1.1 Erfolgsfaktoren agiler Teamarbeit

Das Team ist der zentrale Ort der Wertschöpfung in der agilen Zusammenarbeit. Deshalb sollen hier die Erfolgsfaktoren und Hindernisse genauer beschrieben werden, damit in der Praxis darauf geachtet werden kann. Reflexion, Schulung und Entwicklung sind gut investiert, da sich dies positiv in den Ergebnissen und in der Kundenzufriedenheit zeigt.

Werte und Prinzipien

Sie sind das Fundament der agilen Teamarbeit. Wenn die Beziehungen im Team nicht stimmen, dann wird die fachliche Zusammenarbeit immer darunter leiden. Viele Menschen sind noch ungeübt, mit Werten am Arbeitsplatz bewusster umzugehen. Geklärte Beziehungen setzen Energie frei für Leistung und Engagement für den Kunden (siehe auch Kapitel 4).

Kommunikation und Konfliktkompetenz

Wo Menschen zusammenarbeiten, entstehen Konflikte. Dies zeigt auch die Dynamik im Team von Michael Forster. Es ist Führungsaufgabe, dass die Teammitglieder lernen, miteinander offen zu reden und Konflikte konstruktiv zu lösen. IT-Spezialisten, Techniker, Kaufleute oder Juristen unterschätzen häufig die sozialen Auswirkungen auf die Leistung. Agile Teams sollen in einem schrittweisen Prozess lernen, offen und direkt zu kommunizieren und auftretende Konflikte konstruktiv zu klären.

Agile Kompetenzen und Managementunterstützung

Agile Frameworks sind anspruchsvolle Rahmen und Arbeitsweisen, die erlernt und umgesetzt werden sollen. So entstehen ein Mehrwert und eine neue Arbeitskultur im Unternehmen. Dies braucht auch Zeit und Geduld. Das Management muss den Teams eine Lernzeit zugestehen sowie räumliche und finanzielle Rahmenbedingungen schaffen, damit gut gearbeitet werden kann. Für die Implementierung braucht es Zeit, und die Produktivität wird in den ersten Wochen zurückgehen wie bei jedem anderen Change auch.

Selbstverantwortung und Selbstorganisation

Von wo aus starten Sie (siehe Kapitel 2)? Wie viel Selbständigkeit ist das Team schon gewohnt? Wenn die Mitarbeiter bisher schon sehr partizipativ geführt wurden, dann ist der Weg in die Agilität kurz. Gab es hauptsächlich Vorgaben der

Hierarchie, steht ein langer und anspruchsvoller Weg in die Selbstorganisation bevor. Fordern Sie als Führungskraft Selbstverantwortung und Selbstorganisation schrittweise ein und überfordern Sie nicht. Delegieren Sie in Schritten Aufgaben, Kompetenzen und Verantwortung ins Team. Beobachten Sie einzelne Teammitglieder, wie diese mit den Freiräumen umgehen und wie sie diese gestalten. Geben Sie durch Coaching Hilfestellungen.

Gemeinsame Ziele und ein agiles Mindset

Agile Teamarbeit ist mehr wie eine Fußballmannschaft, die gemeinsam gewinnt oder verliert. Es gibt unterschiedliche Rollen, und die Leistung ist ein Zusammenwirken aller einzelnen Spieler.

Der Kunde gibt die Ziele vor. Diese Ziele sollen klar, eindeutig und auch erreichbar sein.

Dabei ist es wichtig, dass sich alle verpflichten, diese Ziele im Sprint im Fokus zu haben. Gegenseitige Unterstützung, fachlich wie moralisch, Wissen und effiziente Arbeitsweisen sowie eine hohe Transparenz über den täglichen Arbeitsstand helfen zum Erfolg. Dazu braucht es positiv denkende und handelnde Menschen mit sozialer und fachlicher Kompetenz.

Ein gemeinsames agiles Mindset bringt Teams zur Höchstleistung.

Mindsets sind Überzeugungen und Einstellungen, die positiv oder negativ geprägt sein können. Das Team und auch der Scrum Master achten darauf, dass es eine gute und leistungsfördernde Arbeitsstimmung gibt. Nörgler und Berufspessimisten sollten möglichst nicht in agilen Teams arbeiten.

7.1.2 Hindernde Teamfaktoren

Starke Egoismen und Ich-AGs

Wenn Einzelinteressen stark im Vordergrund stehen, dann spaltet sich meist das Team. Jeder kämpft für seine Vorteile gegen andere. »Ich«- und »Die da«-Mentalitäten und -Äußerungen belasten die Zusammenarbeit. Ein gemeinsames »Wir« fehlt, was jedoch in den Anfängen der

Teamentwicklung normal ist. Es braucht konstruktives Streiten im Team, Feedback, Auseinandersetzung zur Klärung der gegenseitigen Erwartungen, Spielregeln, die aus den agilen Werten abgeleitet sind, und die Fokussierung auf die Ziele. Gemeinsame erste Erfolge können das »Wir« stärken, wenn alle dafür gelobt werden und nicht einzelne Personen. Gemeinsame interne wie externe Teamevents, Wertschätzung und Feiern unterstützen den Teamgeist. Die agile Führungskraft braucht selbst soziale Kompetenz, um diese herausfordernde Teamdynamik zu steuern. Es kann auch eine Teamentwicklungsmaßnahme mit einem externen Coach helfen, Konflikte zu klären und damit das »Wir« zu stärken.

Fehlende Kundenorientierung

Ein Kernprinzip der agilen Zusammenarbeit ist die Kundenorientierung. Fehlt diese bei einzelnen Teammitgliedern, kann es schnell zu Spannungen untereinander und mit dem Product Owner als Kundenvertreter kommen. Als agile Führungskraft können Sie einzelnen Teammitgliedern ein Coaching anbieten, um die Bedeutung des Kunden herauszustellen. Der Product Owner sollte die Bedeutung der gesamten Arbeit, die Vision und das Themen-Backlog sehr deutlich im Team darstellen. Werden Ziele im Sprint wegen fehlender oder schwacher Kundenorientierung nicht erreicht, soll dies in der Retrospektive deutlich angesprochen werden.

Geringe Entscheidungsbefugnisse und erlernte Hilflosigkeit

Wenn Sie sich als Manager schwertun, Aufgaben, Kompetenzen und Verantwortung immer mehr ins Team zu delegieren, dann bleibt der Spielraum für Agilität gering. Wir erleben in der Praxis immer wieder, dass es im Scrum Framework noch zusätzlich einen Projektleiter aus der früheren Projektorganisation gibt. Schaffen Sie diesen ab und machen Sie ihn zum Scrum Master. Welche Rolle hat der Projektleiter? Es kann sich nur um eine Übergangsphase handeln, denn sonst zerstören Sie den agilen Arbeitsansatz. Reflektieren und beschreiben Sie die Rollen aller Beteiligten, die in einem agilen Kontext zusammenarbeiten. Prüfen Sie kritisch, ob die Teammitglieder lernen, immer mehr Eigenverantwortung zu übernehmen. Nutzen Sie das Delegationskontinuum von Appelo in Abschnitt 7.3.

Die erlernte Hilflosigkeit von Menschen führt dazu, dass sich diese kaum Entscheidungen zutrauen. Sie haben in vielen Berufsjahren wiederholt erlebt, dass ihre Vorschläge und Entscheidungen immer wieder abgelehnt und kritisiert wurden. Sie ziehen sich zurück, da sie davon ausgehen, kaum Arbeitsprozesse beeinflussen zu können. Hier ist ein langwieriger Neulernprozess notwendig, der Geduld und Coaching benötigt, damit wieder mehr Selbstwert und Selbstwirksamkeit entstehen kann.

Fehlende Rollenklarheit

Wie klar sind die Rollen aller Beteiligten? Welche Verantwortung haben die agilen Rolleninhaber und was macht das hierarchische Management? In Kapitel 5 finden Sie die Rollenbeschreibung im Framework Scrum. Klären Sie die Rollen, damit die Aufgaben klar verteilt sind und jeder Rolleninhaber weiß, was zu tun ist und was nicht. Achten Sie auch darauf, was Ihre Rolle ist.

Individuelle gegensätzliche Interessen und Ziele

Dies tritt in der Praxis häufig auf, wenn einzelne Teammitglieder noch in anderen Projekten zeitgleich mitarbeiten. Andere Aufgaben werden höher priorisiert als die vereinbarten Sprintziele. Wenn möglich, sollten einzelne Teammitglieder auf Zeit in der agilen Zusammenarbeit vermieden werden.

Arbeiten Sie an einem neuen agilen Verständnis, wie Personen in die Projekte eingeplant werden.

Diese sollten möglichst die ganze Zeit oder in festen Sprints mitarbeiten, damit sie sich mehr mit den Sprintzielen identifizieren können. Es entsteht ein Bruch, wenn in der agilen Zusammenarbeit die Zuteilung der Teammitglieder nach der früheren Wasserfallmethode umgesetzt wird.

7.2 Stärken der Selbstverantwortung

Übernehmen Sie Verantwortung! Fördern Sie jegliche Verantwortungsübernahme Ihres Umfeldes. Werden Sie zum Unternehmer in Ihrem Unternehmen! Es gibt nicht mehr das Unternehmen und die Mitarbeiter, diese Dualität hat im agilen Arbeiten nichts zu suchen. So entsteht eine partnerschaftliche Beziehung, die sich durch Gleichordnung, Partizipation und Verantwortung auszeichnet (Sprenger 2013).

Es gibt Menschen, die Verantwortung scheuen und diese nicht übernehmen wollen. Ist diese Gestaltungsbereitschaft gering oder nicht ausgeprägt, werden die Freiräume schnell zur Überforderung oder aus ideologischen Gründen abgelehnt. Helfen Sie dem Mitarbeiter, seine Kompetenzen zu erweitern und sein Vertrauen in sich selbst zu steigern (Freisler, Greßer 2018).

Fordern Sie als Führungskraft auch Selbstverantwortung ein. Denn welche Arbeitsplätze gibt es noch im Unternehmen, die Selbstverantwortung ausschließen? Hier braucht es eine gute Begleitung und Coaching durch Sie als die agile Führungskraft.

Verantwortung fördern

Hierzu können Sie Folgendes tun:

- die Notwendigkeit und Bedeutung der Selbstverantwortung für den Mitarbeiter und das Unternehmen herausstellen,
- dem Teammitglied Feedback dazu geben und die Selbsteinschätzung erkunden,
- Motive und Hintergründe für die fehlende Gestaltungsbereitschaft erfragen und im Gespräch herausfinden,
- Situationen beschreiben lassen, in denen das Teammitglied schon verantwortungsvoll gehandelt hat, sowie Motive und Vorgehensweisen,
- Ängste und Befürchtungen vor falschen Entscheidungen klären, auf eine positive Fehlerkultur im Team und Unternehmen hinweisen und dem Mitarbeiter Mut machen,
- eigene Beispiele von Fehlern mitteilen und wie da mit umgegangen wurde,
- Gefühle von Unsicherheiten mehr zulassen und diese kommunizieren,
- bei einem geringen Selbstwert auf bisherige gute Leistungen und Erfolge hinweisen und erfragen, wie diese geschafft wurden,
- bei Bequemlichkeit auf die Notwendigkeit der Selbstverantwortung in agilen Teams hinweisen und diese einfordern,

- mit dem Teammitglied kleine Schritte zur Selbstverantwortung vereinbaren und dazu Feedback geben,
- das Selbstwertgefühl des Teammitglieds durch Wertschätzung stärken, wenn dieses mehr Verantwortung übernommen hat.

Sollten all die Coaching-Maßnahmen zu keinem Erfolg führen, gibt es in größeren Unternehmen auch Arbeitsplätze, die durch klassische Führung weniger Selbstverantwortung der Mitarbeiter benötigen.

Selbstorganisation und Selbstverantwortung lernen

Suchen Sie sich ein Teammitglied aus, das Sie bei seiner Selbstorganisation und Verantwortung unterstützen wollen. Bieten Sie Coaching-Gespräche an, wenn es diese Person will. Nutzen Sie die Fragen als Gesprächsleitfaden.

Name: ____________________________

Situationen und Verhaltensweisen, in denen das Teammitglied eine gute Selbstverantwortung zeigt:

____

____

Welche Motive, Vorgehensweisen und Kompetenzen bringt das Teammitglied dazu ein?

____

____

Situationen und Verhaltensweisen, in denen das Teammitglied seine Selbstverantwortung verbessern will:

____

____

Welche Bedenken, persönliche und externe Hindernisse behindern die Selbstverantwortung?

Wie kann das Teammitglied die Stärken und vorhandenen Kompetenzen nutzen?

Welche neuen Kompetenzen sollte das Teammitglied erlernen?

Wie konkret kann das Teammitglied die neuen Kompetenzen entwickeln?

7.3 Teamverantwortung mit dem Delegationspoker

Bei einem Kunden wollten die Führungskräfte mehr Verantwortung ins Team übertragen, um Agilität umzusetzen. Bei den nächsten Projekten sollten die Teammitglieder selber entscheiden, wer in welches Team geht. Es gab stundenlange Diskussionen mit keinem Ergebnis. Die Teammitglieder baten die Leiter, die Zuteilung wieder selbst zu machen, da sie sich nicht entscheiden konnten und die Meetings nur Frust erzeugten. Im Coaching wurde klar, dass die Schritte zu groß waren und das Team eine gute Moderation benötigt, um schrittweise mehr Verantwortung zu übernehmen. Im zweiten Anlauf verlief es positiv.

Dieses Praxisbeispiel zeigt, dass es Zeit und Überlegung braucht, Teams stärker agil auszurichten. Sonst entstehen schnell Überforderung und Demotivation, und das Thema Agilität bekommt negative Zuschreibungen.

Um Teams nicht zu überfordern und Führungskräften Zeit zum Loslassen zu geben, kann es einen sinnvollen Delegationsprozess in einzelnen Schritten geben. Dabei hilft Ihnen das Delegationsschema von Jurgen Appelo (Appelo 2015). Sieben verschiedene Delegationslevel beschreiben, wie Entscheidungen in der Zusammenarbeit getroffen werden können (Tabelle 7.1). Tell und Sell sind sehr hierarchisch gestaltet. Inquire und Delegate entsprechen der agilen Zusammenarbeit. Auf diesem Schema aufbauend kann mit dem Delegationspoker die für die spezifische Situation bestmögliche Entscheidungsart erarbeitet werden. Die Durchführung geschieht mit Karten, die zur Diskussion anregen und helfen, die Vor- und Nachteile abzuwägen.

Für die agile Teamentwicklung ist es wichtig, einzelne Aufgaben, Kompetenzen und Verantwortungen schrittweise auf das Team zu übertragen, da es sonst schnell zu Überforderungen kommen kann. Den Delegationsgrad soll das Team selbst entscheiden. Beim Delegationspoker werden konkrete Aufgaben und Entscheidungssituationen im Team gesammelt. Soll z. B. ein zusätzlicher Mitarbeiter für das Team gesucht werden, der vom festgelegten Budget bezahlt

Tabelle 7.1 Delegationsschema – von der hierarchischen zur selbstorganisierten Entscheidung (Appelo 2015)

Hierarchische Struktur	Tell	Führungskraft trifft alleine die Entscheidung, Team wird informiert.
	Sell	Entscheidung von der Führungskraft getroffen, diese wird begründet (beworben).
	Consult	Team berät Führungskraft bei der Entscheidungsfindung.
	Agree	Führungskraft und Team entscheiden gemeinsam.
	Advice	Führungskraft berät Team bei der Entscheidungsfindung.
Selbstorganisation	Inquire	Team entscheidet, Führungskraft ist informiert.
	Delegate	Team entscheidet autonom.

werden muss? Jedes Teammitglied hat einen kompletten Kartensatz und überlegt zuerst für sich, wer in welchem Ausmaß diese Entscheidung treffen soll, und wählt dazu die passende Karte verdeckt aus. Dies ist wichtig, um eine gegenseitige Beeinflussung in dieser Phase zu vermeiden. Wenn sich alle entschieden haben, werden die Karten aufgedeckt. Anschließend diskutieren die Teammitglieder die einzelnen Meinungen. Nach dem Austausch kann nochmals eine zweite Runde zur gewählten Fragestellung erfolgen, um zu einer möglichst einvernehmlichen Lösung zu kommen. Der vereinbarte Entscheidungslevel wird im »Delegationsboard« festgehalten. Die Teamentscheidung wird der Führungskraft mitgeteilt.

Mittelfristig ist es das Ziel, eine »Delegations-Map« zu erstellen. Dort sind die Verantwortlichen für alle wichtigen Entscheidungen aufgelistet, und alle Beteiligten finden dadurch eine gute Orientierung.

7.4 Durch Feedbackprozesse Verhalten entwickeln

Feedback in der agilen Zusammenarbeit wird häufig als Rückmeldung des Kunden zu einzelnen Inkrementen gesehen. Feedback ist auch zwischen den Teammitgliedern, Scrum Master und Product Owner wichtig, damit Störungen rechtzeitig angesprochen werden und eine wertschätzende Arbeitskultur entsteht.

In der hierarchischen Zusammenarbeit ist es üblich, dass Führungskräfte jedem einzelnen Mitarbeiter ein differenziertes Feedback im Jahresgespräch und auch situativ zu seiner Leistung und zu seinem Verhalten geben. Dadurch wird er durch Anerkennung bestätigt und durch Kritik zum Nachdenken angeregt, und es werden Maßnahmen vereinbart. Diese Feedbackgespräche sind in agilen Organisationen nicht mehr vorgesehen, da dies verstärkt in den jeweiligen Teams geschehen soll.

Voraussetzung für eine erfolgreiche agile Zusammenarbeit und Selbstorganisation ist eine konstruktive Feedbackkultur.

Die vereinbarten Werte geben eine Orientierung für jedes Teammitglied. Selbst- und Fremdbild sind wichtige Parameter für eine gute Zusammenarbeit. Dafür braucht es Offenheit und Vertrauen im Team. Dieses Vertrauen muss schrittweise wachsen. Wird es verordnet, dann verschließen sich die Menschen. Wird es nicht beachtet, dann fehlt ein sehr wichtiger Aspekt, damit die agilen Methoden und Frameworks kompetent umgesetzt werden. Sind Selbst- und Fremdbild relativ deckungsgleich, verstärkt dies eher die Zusammenarbeit, liegen diese weit auseinander, kann es leichter zu Spannungen kommen. Es gibt mehrere Stufen, wie Sie den Feedbackprozess einführen können.

1. Stufe: Feedback durch die agile Führungskraft

Sie selbst sollten mit den Feedbackregeln vertraut sein und diese in der Praxis anwenden. Führen Sie einmal im Quartal ein persönliches Feedbackgespräch mit den einzelnen Teammitgliedern durch. Fragen Sie den Mitarbeiter erst nach seinem Selbstbild, wie er die einzelnen agilen Werte lebt, und geben Sie ihm dazu eine Rückmeldung. Erarbeiten Sie die Stärken und wie er diese noch besser nutzen kann. Außerdem soll der Mitarbeiter überlegen, was er verbessern will und welche Maßnahmen sich daraus für ihn ergeben. Holen Sie sich selbst auch ein Feedback. Informieren Sie das Teammitglied vorab, dass Sie auch gerne eine Rückmeldung mit Stärken und Verbesserungen wünschen und es sich vorbereiten soll. Im Austausch mit Ihnen kann der Feedbackgeber die Drei-W-Regel (siehe 2. Stufe) erlernen, sodass er darin Routine bekommt.

2. Stufe: Speed Dating Feedback

Machen Sie die Teammitglieder mit den Feedbackregeln vertraut. Bilden Sie einen Innen- und Außenkreis, ein sogenanntes »Kugellager«. Links und rechts sollen die nächsten Personen so weit wegsitzen, dass sich diese akustisch nicht stören. Die gegenübersitzenden Personen sollen dem Gesprächspartner zwei bis drei Verhaltensweisen beschreiben, die sie schätzen, und ein bis zwei Verhaltensweisen, die sie sich anders wünschen. Geben Sie als Struktur die Drei-W-Regel vor:

- *Wahrnehmung* – konkrete Beispiele oder Situationen beschreiben, keine pauschalen Aussagen: »Im letzten Retrospektiven-Meeting bist du mir dreimal ins Wort gefallen und hast mich unterbrochen.«
- *Wirkung* des Verhaltens auf Sie, auf andere, auf die Leistung …: »Ich habe mich über dich geärgert und herabgesetzt gefühlt.«
- *Wunsch*/Erwartung an den Feedbacknehmer: »Ich erwarte von dir, dass du mir zuhörst und mich ausreden lässt.«

Auch bei den Stärken sind die drei W hilfreich und sollten angewandt werden.

Jedes Feedbackpaar hat fünf Minuten Zeit, dann rückt der Innenkreis einen Stuhl weiter nach rechts, der Außenkreis bleibt sitzen. Sie müssen auf die Zeit achten und nach zweieinhalb Minuten ein Zeichen geben und nach fünf Minuten wechseln. Wenn ein Paar noch Gesprächsbedarf hat, soll es dies nach der Übung klären. Sollte es eine ungerade Teilnehmerzahl geben, dann bleibt ein Stuhl leer. Die Person gegenüber hat dann Pause. Hören Sie hin, wie sich die Teammitglieder Rückmeldung geben. Achten Sie darauf, dass es konstruktiv ist und nicht verletzend oder beleidigend. Das frühere Einzelfeedback mit den drei W zwischen Ihnen und dem Teammitglied kann jetzt »Früchte tragen«, da die Spielregeln bereits bekannt und vertraut sind. Wenn der Innenkreis wieder an dem Ausgangspunkt angelangt ist, dann sollen sich die Personen in den jeweiligen Kreisen noch paarweise Feedback geben. Am Ende der Sitzung schildert jedes Teammitglied kurz eigene Aspekte, die es verbessern will. Dies kann in einem Protokoll mitgeschrieben werden.

3. Stufe: Moderation von offenem Feedback im Team

Ein Feedback Speed Dating kann mehrmals wiederholt werden. Eine weitere Steigerung der Offenheit und Teamreife ist das offene Feedback im Team. Dabei braucht es eine gute Moderation von Ihnen.

Jedes Teammitglied bekommt für jedes andere Teammitglied ein Blatt zur Vorbereitung. Darauf stehen folgende Beschreibungen:

Rückmeldung von .... an ....

Mit folgenden Verhaltensweisen hast du mich/das Team unterstützt:

....

Folgende Verhaltensweisen haben mich gestört und ich wünsche mir von dir:

....

Machen Sie zum Start nochmals die Feedbackregeln für Geber und Nehmer deutlich. Bitten Sie eine erste Person, die bereit ist, Feedback zu empfangen, zu starten. Jedes andere Teammitglied schildert nun kurz seine Rückmeldungen und übergibt dann das Blatt. Verständnisfragen können gestellt und kurz besprochen werden. Intensivere Klärungen sollten nach der Runde oder in einem eigenen Termin besprochen werden. Dazu bieten Sie Moderation an, und die Beteiligten sollen entscheiden, ob sie dies wollen.

Wenn eine Gruppe größer als zehn Personen ist, können auch drei oder vier Personen ausgewählt werden, die Feedback geben, damit die Runden nicht zu lange dauern.

Wenn jedes Teammitglied Feedback erhalten hat, gibt es wieder eine Abschlussrunde mit persönlichen Vorhaben zur Verhaltensverbesserung. Diese werden in einem Protokoll oder Verhaltens-Backlog festgehalten.

Lassen Sie sich am Ende der Sitzung auch Feedback geben, wie Sie diese moderiert haben, und lernen Sie, soziale Gesprächsprozesse gut zu moderieren.

7.5 Lösungsorientierte Besprechungen gestalten

In der agilen Zusammenarbeit sind verschiedene Besprechungen an der Tagesordnung. Durch die Einbindung aller relevanten Personen und Mitteilung von Wissen, Emotionen und Erfahrung wird möglichst konzentriert ein Mehrwert geschaffen. Mit kreativen Meetings sollen neue Ideen und zukunftsfähige Produkte für den Kunden entwickelt werden.

7.5.1 Das Rollenverständnis – vom Experten zum Prozessbegleiter

Jeder im Team sollte lernen, Besprechungen kompetent zu moderieren, nicht nur die agile Führungskraft. Besprechungen sind soziale Systeme mit ständigen Wechselwirkungen. So beeinflussen sich Moderator und Team sowie auch die Teammitglieder ständig gegenseitig. Dies kann sehr konstruktiv oder auch hinderlich sein, je nach Einstellungen, Interessen, Verhalten und Kommunikationskompetenz. Ihr Rollenverständnis als Moderator beeinflusst das Verhalten der Teammitglieder und umgekehrt. Wie verstehen Sie sich als Moderator?

Rollenbeschreibung eines Moderators:

- Organisator
- Koordiniert die eingegangenen Tagesordnungspunkte der Teammitglieder zu einer Agenda und versendet diese rechtzeitig an die Besprechungsteilnehmer.
- Bucht den Raum und die notwendigen Medien zur Besprechungsdurchführung.
- Klärt die Protokollführung.
- Delegiert Aufgaben an die Teammitglieder.
- Kommunikator
- Zuhören – zuhören – führen ist ein guter Rhythmus, um zum Ziel bzw. Ergebnis hinzulenken.
- Nutzt Fragetechniken (siehe Coaching), um Teilnehmer zu aktivieren, Themen zu vertiefen oder zu Lösungen zu führen.
- Fasst Zwischenergebnisse zusammen und fragt nach weiteren Aspekten.
- Schließt Themen mit einem Ergebnis/einer Zusammenfassung ab.
- Bremst Vielredner und aktiviert Schweiger.

- Achtet auf eine konstruktive Kommunikation im Team.
- Klärt die Protokollierung.
- Prozessgestalter
- Nutzt Methoden zur Bearbeitung von Arbeitsthemen, wie Diskussionen, Brainstorming, Gruppenarbeit, Blitzlicht, Mindmap, Szenarien usw.
- Achtet auf das Zeitmanagement und hält Zeitfenster mit der Gruppe ein, um eine effiziente Bearbeitung zu erreichen.
- Klärt einen Entscheidungsmodus mit dem Team ab, um alle Teilnehmer mit den unterschiedlichen Meinungen zu berücksichtigen und zu einer Lösung zu kommen.
- Nutzt die Konsentmethode, die besagt, wenn niemand erhebliche Einwände gegen den erarbeiteten Vorschlag hat, ist dieser vereinbart.
- Stellt ein Commitment her im Team, um Verbindlichkeit zu erreichen.

Konsentmethode: Es gibt keine gravierenden Einwände aller Beteiligten. (»Ich habe nichts dagegen.«)

Konsensmethode: Übereinstimmende Zustimmung aller Beteiligten erforderlich. (»Ja, ich stimme zu.«)

Rollenbeschreibung des Themen-Owners:

- Bringt ein Thema/Anliegen für die Besprechung mit ein.
- Klärt die Bearbeitung vorab mit dem Moderator.
- Erklärt die Bedeutung des Ziels, das er in der Besprechung erreichen will.
- Bringt seine Hintergründe, Motive für das Thema ein.
- Stellt den Nutzen seines Anliegens für den Kunden, das Team oder andere Stakeholder dar.
- Hört sich die Meinung der anderen Teammitglieder in Ruhe an.
- Klärt sachliche Einwände gegen seinen Vorschlag.
- Ist offen für Kritik und Verbesserungen.
- Nimmt konstruktive Vorschläge und Veränderungen aus dem Team an und integriert diese.
- Bringt sein eventuell leicht verändertes Anliegen am Ende nochmals ein und fragt nach, ob es noch starke Bedenken gibt; wenn nicht, dann ist es im Team beschlossen.

Rollenbeschreibung der Besprechungsteilnehmer:

- Bereiten sich auf die Besprechung vor.
- Hören aktiv zu und wollen die Meinung, Argumente und Motive anderer Personen verstehen.
- Beteiligen sich aktiv, ohne andere zu dominieren.
- Drücken ihren Standpunkt klar und deutlich aus.
- Können sich auf andere Meinungen beziehen.
- Entwickeln Ideen weiter und schaffen Synergien.
- Analysieren die Stärken und Schwächen anderer Ideen und teilen diese mit.
- Übernehmen Aufgaben zur Umsetzung von Maßnahmen.
- Geben Feedback zum Verlauf des Meetings.
- Übernehmen Mitverantwortung für das Gelingen.

7.5.2 »Roter Faden« für die Besprechung

Als Moderator benötigen Sie einen klaren »roten Faden«, damit die Besprechung in einer bestimmten Zeit mit einem guten Ergebnis endet. Die Teilnehmer bestimmen die Inhalte. Sie geben der Teamarbeit die nötige Struktur. Agile Besprechungen sind geplant und nicht chaotisch. Ihre Klarheit führt auch zu einer Orientierung im Team und umgekehrt. Bei der Planung und Leitung von Besprechungen hilft Ihnen der in Tabelle 7.2 dargestellte »rote Faden«.

Legen Sie mit dem Team/einzelnen Mitarbeitern vorab die Themen fest, die in der Besprechung geklärt werden. Formulieren Sie mit dem Themen-Owner das Ziel, das mit dem Thema erreicht werden soll. Überlegen Sie sich eine methodische Bearbeitung des jeweiligen Themas, den Zeitbedarf und die technischen Mittel, die dazu nötig sind. Der Themen-Owner sollte sein Anliegen nicht moderieren, da er sich in eine Doppelrolle begibt, die hinderlich sein kann. Er soll seine Situation darstellen, gut argumentieren, auf Bedenken und Einwände eingehen und mit den anderen Lösungen entwickeln. Als Moderator steuern Sie den Bearbeitungsprozess und helfen dem Team, in einem bestimmten Zeitfenster durch intensive Interaktionen zu einem guten Abschluss zu kommen.

7.5.3 Entscheidungen in agilen Teams treffen

Teams müssen durch die Selbstorganisation Entscheidungen treffen und sollten dafür die Zeit gut nutzen.

Wir sind wieder in einem Projektteam von Michael Forster. Petra, eine engagierte Mitarbeiterin, ist Themen-Ownerin und will im Entwicklungsteam erreichen, dass für spezielle Programmierarbeiten ein Freelancer eingestellt wird. Sie erkennt, dass die Sprintziele oft nur mit etlichen Überstunden zu erreichen sind, da Tätigkeiten notwendig sind, wo nur bedingt Kompetenzen vorhanden sind. Ein Spezialist kann dies schneller und besser erledigen. Außerdem muss sie täglich um 16.30 Uhr ihre Tochter vom Kindergarten abholen und hat wenig Puffer für Überstunden.
Dazu wendet Sie sich an den Scrum Master Klaus. Dieser soll ein Meeting in den nächsten zwei Tagen für das ganze Team einberufen und leiten. Es wird ca. 30 Minuten dauern. Petra hat das Anliegen, einen Freelancer einzustellen. Darüber muss das Team entscheiden. Nachdem Klaus sich einen Überblick in den einzelnen Kalendern verschafft hat, legt er das Meeting auf Dienstag von 11.00 bis 11.30 Uhr.
Klaus eröffnet als Moderator kurz die Besprechung, teilt das Thema, Petras Ziel und das geplante Zeitfenster mit. Außerdem bittet er Tom um eine Protokollmitschrift am Laptop. Dann übergibt er an Petra.
Diese hat sich gut vorbereitet. Sie bittet das Team, eine Entscheidung zu treffen, dass für die anstehenden Überstunden und speziellen Aufgaben im Projekt ein Freelancer als externer Mitarbeiter eingestellt wird. Dieser kann spezielle Programmierarbeiten schneller und sehr kompetent bearbeiten und wird nur dafür gebraucht. Sie schätzt den Zeitgewinn für das

Tabelle 7.2 Besprechungsplanung

Thema	Ziel	Vorgehen	Zeit	Verantwortlich
Effizienz im Team steigern	Zeitfresser reduzieren	Zeitfresser auf Flipchart sammeln, diskutieren, priorisieren Lösungen, Maßnahmen	10‘ 15‘ 15‘	Petra
Status Umsetzung letzte Retrospektive	Verbindlichkeit herstellen	Protokoll aktualisieren und Umsetzung klären	15‘	Klaus

Team ein und hat die Kosten grob kalkuliert. Da auch die Überstunden der Teammitglieder vom Projektbudget bezahlt werden müssen, wäre es auf der Kostenseite nur eine Verschiebung. Es würde jedoch den Arbeitsdruck senken, und es gäbe wieder mehr Privatzeit. Petra erzählt auch kurz, dass ihre Möglichkeiten zu Überstunden durch ihre Tochter sehr begrenzt sind, auch wenn sie meist schon um 07.00 Uhr am Arbeitsplatz ist.

Die anschließende Fragerunde ist nur kurz, da Petra sehr überzeugend ihre Argumente auf zwei Flipcharts vorgetragen hat.

Klaus bittet nun jedes Teammitglied um eine Stellungnahme. Dabei gibt es die drei Haltungen Zustimmung, Bedenken, Veto. Wenn ein Teammitglied ein Veto einbringt, dann muss der Vorschlag nochmals überarbeitet werden oder er wird komplett zurückgezogen.

Stefanie stimmt dem Vorschlag gleich zu und begründet es damit, dass für jedes Teammitglied noch Arbeit genug übrig ist. Sie arbeitet noch in einem anderen Projekt und wäre für eine Entlastung froh. Tom äußert seine Bedenken, dass damit notwendiges Wissen im Team nicht aufgebaut wird. Peter kann Tom und Petra verstehen und stimmt dann doch Petras Vorschlag zu. Markus legt ein Veto ein, da er ähnlich wie Tom Bedenken hat, wenn eine gewisse Fachkompetenz zugekauft wird und das Team diese nicht selbst entwickelt. Außerdem sieht er auch noch in der Verringerung langer Suchzeiten für falsch abgelegte Dokumente Möglichkeiten für eine Zeitersparnis.

Max wägt alle Aspekte nochmals ab und stimmt dann Petras Vorschlag zu. Auch Claudia unterstützt Petras Idee.

Klaus fasst nochmals alle Meinungen kurz zusammen. Daraufhin zieht Petra ihren Vorschlag zur Beratung zurück. In zwei Tagen gibt es ein weiteres Meeting zur selben Zeit.

Petra setzt sich noch am gleichen Tag mit Tom und Markus zusammen, um ihre Bedenken zu klären. Dabei geht sie auf die Einwände ein und sucht mit ihnen nach Lösungen. Sie überlegen gemeinsam, wie eine mögliche Überlastung verringert werden kann und die weitere Fachkompetenz aufgebaut wird. Tom hat die Idee, den Freelancer so lange zu beschäftigen, bis Markus und er sich gut in diese neue Kompetenz eingearbeitet haben. Der Freelancer kann durch eine Pairingsituation, also eine Bearbeitung zu zweit helfen, wobei der Externe Tom über die Schultern schaut und ihm konkrete

Hilfestellungen gibt. Dadurch wird Tom sein schon vorhandenes Wissen noch kompetent verbessern und bei der Bearbeitung erheblich schneller sein als bisher. Bei Bedarf kann der Externe auch noch Markus einarbeiten, oder wenn möglich kann dies Tom umsetzen. Dies soll situativ entschieden werden.

Petra erklärt im folgenden Meeting den überarbeiteten Vorschlag. Sie bekommt dafür von allen eine Zustimmung. Nun müssen Maßnahmen festgelegt werden, um möglichst schnell den passenden Freelancer zu finden. Petra und Tom erklären sich bereit, die weiteren notwendigen Schritte umzusetzen. Markus wird bei der nächsten Retrospektive das Thema Ablage und Zeiteffizienz als Themen-Owner auf die Agenda setzen.

Jedes Teammitglied ist Themen-Owner und kann seine Anliegen im Team einbringen. Dazu wird der Scrum Master um eine Einladung und Moderation angefragt.

Der Themen-Owner sollte sich gut vorbereiten, die Vorteile seines Vorschlags möglichst konkret einbringen und mit Zahlen und Daten überzeugen. Er kann auch mögliche Einwände und Bedenken gleich klären.

Jedes Teammitglied kann in einer anschließenden Fragerunde an den Themen-Owner nochmals alle wichtigen Details besprechen.

Anschließend bezieht jedes Teammitglied inhaltlich Stellung und kann zustimmen, Bedenken äußern oder ein Veto einlegen. Bei einem Veto wird der Vorschlag blockiert. Ist dies inhaltlich von großer Bedeutung oder gibt es viele Teammitglieder, die starke Bedenken haben, kann der Themen-Owner sein Anliegen komplett zurücknehmen. Gibt es jedoch Klärungsbedarf, setzen sich der Themen-Owner und Vetoeinleger außerhalb des Meetings zusammen, um eine Lösung zu finden. Dabei macht es auch Sinn, die Personen, die erhebliche Bedenken äußern, mit einzuladen. Sollte es dabei zu keiner Lösung kommen, kann der Themen-Owner den Vorschlag komplett zurückziehen oder nochmals in ein zweites Meeting einbringen.

Ein Veto ist im zweiten Durchgang nicht mehr möglich, da sonst eine Einzelperson alles blockieren kann.

Mit der Konsentmethode wird nun eine Lösung im zweiten Durchgang gesucht. Dabei stellt der Themen-Owner seinen überarbeiteten Vorschlag vor. Wenn es keine gravierenden Bedenken mehr gibt, dann ist der Vorschlag angenommen. Dies geht schneller als die Konsensmethode, bei der jeder Teilnehmer mit allen Aspekten möglichst einverstanden sein muss. Starke Bedenken aus der ersten Runde sollten im zweiten Vorschlag berücksichtigt werden.

7.5.4 Gemeinsam Sachprobleme kompetent lösen

Komplexe Besprechungsthemen brauchen eine gute Bearbeitungsstruktur (Bild 7.3). Es macht sich bezahlt, wenn einzelne Teammitglieder und auch der Scrum Master eine hohe Moderationskompetenz besitzen. Somit wird Zeit gespart, das Team in Lösungen eingebunden und die Qualität der Ergebnisse verbessert.

Das nachfolgende Beispiel illustriert die Vorgehensweise.

Das agile Entwicklungsteam trifft sich heute zur Retrospektive des letzten Sprints. Markus hat vor einigen Tagen dem Vorschlag, einen Freelancer einzustellen, zugestimmt, da heute die Themen Ablagedisziplin und Verbesserung der Arbeitseffizienz geklärt werden.

Besprechungseröffnung und Themeneinführung

Moderator Klaus erklärt zum Start nochmals die beiden Themen: verbesserte Nutzung der Teamablage und Effizienzsteigerung in der Zusammenarbeit. Er macht deutlich, dass es bei guten Ergebnissen zukünftig zu Zeitersparnissen kommt und damit der Druck auf das Team weniger wird. Außerdem legt er das Zeitfenster auf eine Stunde fest und erklärt kurz, wie er die Bearbeitung strukturiert hat, damit es am Ende konkrete Maßnahmen gibt. Er bittet Stefanie um die Protokollierung der Ergebnisse mit Laptop und Beamer.

Stellen Sie den Nutzen des Themas dar. Bringen Sie ein Beispiel aus der Zusammenarbeit, das die Effizienz verbessert hat. Erklären Sie kurz das Ziel, die Arbeitsweise und das Zeitfenster zur Bearbeitung des Tagesordnungspunktes. Komplexe Themen werden in einer bestimmten Reihenfolge bearbeitet. Es wird schnell chaotisch und sehr zeitintensiv, wenn der Moderator keinerlei Struktur und Leitung erkennen lässt. Fragetechniken helfen dabei zur Aktivierung der Teilnehmer (siehe Coaching).

Bild 7.3
Besprechungsphasen: von der Themeneinführung zur Umsetzungskontrolle

Analyse der Ist-Situation

Markus als Themen-Owner hat ein Flipchart mit ineffizienten Suchzeiten und deren Ursachen zusammengestellt und präsentiert diese dem Team. Die Teilnehmer können Ergänzungen anbringen. Markus einigt sich mit der Gruppe auf die drei wichtigsten Ursachen. Klaus moderiert die Antworten der Teilnehmer zur Frage: Welche Zeitfresser in der Zusammenarbeit kosten uns unnötig Zeit? Stefanie schreibt für alle sichtbar am Laptop in Stichworten mit. Am Ende bittet Klaus die Gruppe, die drei wichtigsten Zeitfresser von allen zwölf Vorschlägen festzulegen. Die Gruppe einigt sich auf »Zeitabsprachen werden nicht eingehalten«, »Ansprache der Kollegen, egal was diese gerade tun« und »enorme Suchzeiten wegen fehlender Ablagedisziplin« aus der Prioliste von Markus.

Die Analyse der Ursachen sollte sich auf die wesentlichen Aspekte konzentrieren. Dies kann vorbereitet sein, wie durch Markus, und die Gruppe ergänzt noch, oder komplett mit der Gruppe erarbeitet werden, wie bei der zweiten Fragestellung. Durch die Visualisierung bleibt die Gruppe mehr am Thema, da über Auge und Ohr wahrgenommen und diskutiert wird. Bei mehr als fünf Vorschlägen empfehlen wir, mit der Gruppe die drei wesentlichen Aspekte zu priorisieren, damit an diesen weitergearbeitet wird. Bei der Ideensammlung sollen möglichst viele Lösungsideen gefunden werden. Hier werden die Kreativität, der Erfahrungs- und Wissensbereich des Teams aktiviert. Mit der Priorisierung muss sich das Team fokussieren und auf das Wesentliche konzentrieren. Es geht nicht um Perfektion. Diese ist zu zeitaufwendig.

Lösungsideen sammeln

Stefanie schreibt die drei Hauptursachen sichtbar für alle ins Protokoll und bittet die Teilnehmer, ihre Lösungsideen zuzurufen. Klaus moderiert und achtet darauf, dass auch die ruhigen Teilnehmer sich einbringen. Markus will gleich eine Idee von Tom diskutieren und unterbricht damit die Sammlung. Klaus bittet ihn, sich zu gedulden, und führt wieder auf die Ideensammlung zurück. Als der Gedankensturm verebbt, bringt Klaus noch die Frage auf, in welchen Situationen das Zeitmanagement und die Ablagedisziplin gut geklappt haben und was dabei anders war. So kommen noch weitere Ideen hinzu. Es entstehen viele gute Ideen aus der gemeinsamen Gruppenarbeit, und das Team ist stolz über die Vielfalt der Lösungsansätze.

Bitten Sie um konkrete Vorschläge und notieren Sie alle Ideen z. B. auf ein Flipchart, oder der Protokollant schreibt die Ideen auf ein Excel-Sheet, das über den Beamer für alle sichtbar ist. Lassen Sie während dieser Phase keine Diskussion zu, da sonst der Ideensturm schnell versiegt. In sehr ruhigen Gruppen können Sie reihum jeden bitten, seine Vorschläge, die er sich vorab überlegen konnte, mitzuteilen. So gibt es keine passiven Teilnehmer.

Vorschläge diskutieren, bewerten und priorisieren

Klaus gibt nun der Gruppe Zeit für Verständnisfragen zu einzelnen Vorschlägen. Nicht alle Ideen sind für alle gleich verständlich.
Mit welchen Ideen lösen wir unsere drei Probleme am besten? Mit dieser Frage eröffnet Klaus die Diskussion in der Runde. Er geht alle Vorschläge durch und bittet um die Vor- und Nachteilargumente durch die Teammitglieder. Beim Thema »Zeitabsprachen besser einhalten« stehen drei Ideen, die alle für wichtig halten.
Das Thema »Spontanansprachen der Kollegen« hat zehn Lösungsideen und wurde heftig diskutiert. Hier gibt Klaus jedem Teammitglied vier rote Klebepunkte. Es können maximal zwei Punkte auf eine Lösungsidee geklebt werden. Die drei Ideen mit den meisten Punkten werden umgesetzt. Zum Thema »Ablagedisziplin« liegen nur zwei Vorschläge vor, die von allen akzeptiert werden.

Wenn der Gedankensturm vorbei ist, kann bei Unklarheit einzelner Vorschläge kurz besprochen werden, was damit gemeint ist.

Mit welchen Vorschlägen erreichen wir die besten Lösungen? Es braucht eine Auswahlfrage, nach der die einzelnen Vorschläge gesichtet, kurz diskutiert und bewertet werden. Jeder Teilnehmer bekommt etwas weniger Punkte als 50 % der Auswahlmöglichkeiten, um diese den Vorschlägen zu geben, die aus seiner Sicht den höchsten Mehrwert für das Team haben. Bei zehn Ideen hat jeder vier Punkte, die er vergeben kann. Er kann maximal zwei Punkte für einen Vorschlag vergeben. Aus der Punktevergabe ergibt sich schnell eine gruppengesteuerte

Priorisierung. Wenn es nur zwei oder drei Vorschläge gibt, dann ist eine Priorisierung nicht zwingend.

Lösungen konkretisieren und Maßnahmen vereinbaren

Klaus fragt nun nach, wer bereit ist, einzelne Maßnahmen umzusetzen, und bis wann ein Ergebnis erreicht ist. Die Gruppe einigt sich, dass alle vorgeschlagenen Maßnahmen bis zum nächsten Sprintende in zwei Wochen umgesetzt sein müssen, damit eine Effizienzsteigerung schnell erreicht wird. Petra, Tom, Stefanie und Markus übernehmen verschiedene Aufgaben und hängen diese als Karten in das Themen-Backlog für den nächsten Sprint. Alle Teammitglieder erklären sich bereit, dass sie bis spätestens in zwei Wochen ihre persönlichen Dateien und Ablagen nach Unterlagen durchsuchen, die in die Teamablage gehören. Zukünftig sollen gleich alle Unterlagen richtig abgelegt werden, damit andere daran weiterarbeiten können und diese schnell finden. So ist nun für alle sichtbar, ob an den Themen schon gearbeitet wird und was abgeschlossen wurde. Dafür hängt sich jeder noch eine Karte in das Themen-Backlog.

Maßnahmen sollen konkret formuliert sein. Wer macht was bis wann? Hier werden die Vorschläge mit konkreten Handlungen versehen, damit ein Mehrwert für das Team entsteht. So verpflichtet sich jedes Teammitglied, innerhalb der nächsten zwei Wochen die privaten IT-Ablagen nach Dokumenten zu untersuchen, die auf das gemeinsame Laufwerk gehören. Alle Maßnahmen sollen in das Themen-Backlog oder in das Sprint Backlog, wenn klar ist, dass diese bis zum Sprintende erledigt sein sollen. So hat jeder Einzelne und auch das Team einen Überblick und Kontrolle über den Umsetzungsgrad.

Umsetzung reflektieren

Klaus fragt bei der nächsten Retro nochmals nach, wie der Umsetzungsgrad der Maßnahmen ist. Dies kann sehr kurz dauern, und bei guter Umsetzung wird dazu auch Wertschätzung gezeigt. Bei fehlender Umsetzung gibt es weiteren Klärungsbedarf.

Bei der nächsten Retrospektive wird nochmals kurz auf die Umsetzung eingegangen und nachgefragt, ob jedes Teammitglied das gemeinsame Laufwerk aktualisiert hat. Dies ist wichtig, da bei guter Erledigung Anerkennung gezeigt und die Verbindlichkeit von Vereinbarungen betont wird. Jeder ist dem Team gegenüber verantwortlich. Wenn eine Aufgabe nicht erledigt wurde, sind die Ursachen zu klären und Lösungen dafür zu suchen.

7.6 Mit dem Teammonitor gemeinsam steuern

Mit dem Teammonitor kann das agile Team sich selbst besser reflektieren und steuern. Die Teammitglieder geben vierteljährlich in einer Retrospektive eine Einschätzung »aus der Vogelperspektive« ab, erkennen positive Tendenzen ihrer agilen Arbeit und dringenden Handlungsbedarf. Es werden Maßnahmen entwickelt und in das Sprint Backlog zur Bearbeitung integriert. Durch die Beobachtung über vier Quartale erkennt das Team, ob die jeweiligen Maßnahmen auch zu einer Verbesserung geführt haben. Die Einschätzungen können dem Product Owner, anderen Teams, Kunden und weiteren Stakeholdern gezeigt werden.

Die Themenfelder des Monitors sollen mit dem Team entwickelt werden. Maximal sechs bis acht Kriterien zur Steuerung sind ausreichend. Achten Sie darauf, dass auch Themen gewählt werden, die den Einzelnen und das Team betreffen und nicht nur die Organisation. Es ist wichtig, »auch vor der eigenen Türe zu kehren«.

Kriterien

Ein Punkt: Zustand des Themenfeldes ist kritisch, sofortiges Handeln notwendig

Zwei Punkte: Zustand ist zu verbessern

Drei Punkte: Zustand ist in Ordnung

Vier Punkte: Zustand ist sehr gut

Mit der Pfeileinschätzung wird die Entwicklungstendenz der letzten vier Wochen beschrieben:

- verbessert sich: ↗
- bleibt gleich: →
- verschlechtert sich: ↓

Durchführung

Jedes Teammitglied gibt eine Punkteinschätzung und eine Entwicklungstendenz der letzten vier Wochen mit Begründungen zu dem jeweiligen Themenfeld ab. Besprechen Sie ein Themenfeld mit der ganzen Gruppe. Wenn dies geklärt ist, dann nehmen Sie sich das nächste Themenfeld vor. Die Einschätzungen werden vom Moderator auf einem Flipchart visualisiert. Ähnlich wie beim Delegationspoker werden die Unterschiede besprochen und wird eine Konsententscheidung getroffen. Achten Sie darauf, dass Zeit für Diskussionen bleibt und es nicht zu oberflächlich bleibt. Andererseits sollte bei sehr diskussionsfreudigen Teams auf die Effizienz geachtet werden. Das Team soll am Ende der Einschätzungen notwendige Maßnahmen formulieren und umsetzen.

Tabelle 7.3 Beispielchart Teammonitor

Themenfelder	Quartal	Quartal	Quartal	Quartal
Zusammenarbeit Product Owner	•• ↗			
Zusammenarbeit Agiler Coach	••• →			
Selbstorganisation	•• ↓			
Zusammenarbeit im Team	••• ↗			
Innovationen aus dem Team	• →			
Ergebnisqualität	••• ↓			
Unterstützung durch Organisationen	•• →			

7.7 Fazit

- Klären Sie mit dem Team dessen Stärken und wie sie diese noch besser nutzen können.
- Unterstützen Sie Einzelpersonen und das Team durch Feedback und Coaching in der Selbstorganisation und Verantwortung.
- Klären Sie mit dem Team behindernde Verhaltensweisen und beseitigen Sie gemeinsam Hindernisse. Nutzen Sie dazu Teamworkshops und Retrospektiven.
- Führen Sie Feedbackgespräche in Stufen ein, damit es keine Überforderung gibt. Achten Sie

darauf, dass Feedback konstruktiv gegeben wird.
- Delegieren Sie Aufgaben, Kompetenzen und Verantwortung schrittweise ins Team und sorgen Sie dafür, dass dafür Lernmöglichkeiten geschaffen werden.
- Lassen Sie das Team diskutieren, wer welche Entscheidungen trifft.
- Schätzen Sie selbst Ihre agilen Fähigkeiten ein, holen Sie sich Feedback und erarbeiten Sie Ihre Stärken und Entwicklungspotenziale. Dies sollten auch die Teammitglieder für sich selbst tun. Überlegen Sie sich Maßnahmen, wie Sie sich als Persönlichkeit weiterentwickeln können.
- Achten Sie darauf, dass Besprechungen gut strukturiert und lösungsorientiert geführt werden.
- Helfen Sie dem Team als Moderator mit einer guten Struktur und kompetenter Gesprächsführung, eigenständige Entscheidungen zu treffen und Sachprobleme gut zu lösen, ohne dass Sie Inhalte einbringen.
- Nutzen Sie mit dem Team den Teammonitor. Aus der »Vogelperspektive« lassen sich Entwicklungen erkennen, Aktivitäten umsetzen und lässt sich Bewusstsein schaffen.

Empfehlung für das Themen-Backlog:

Nutzen Sie das Delegationspoker, um mit dem Team zusammen die nächsten Schritte in die Selbstverantwortung zu gehen.

IHR THEMEN-BACKLOG

Bitte notieren Sie Ihre Erkenntnisse und ersten Aufgaben, die Sie aus diesem Kapitel gewonnen haben.

Arbeitsunterlagen zum kostenlosen Download finden Sie unter: *www.teamwork-agil-gestalten.de/download*

7.8 Literatur und Links

Appelo, Jurgen: *Management 3.0. Leading Agile Developers, Developing Agile Leaders*. Addison-Wesley, Boston 2015

Freisler, Renate; Greßer, Katrin: *Leadership-Kompetenz Selbstregulation*. managerSeminare, Bonn 2018

Hofert, Svenja: *Agiler führen*. Springer Gabler, Wiesbaden 2016

Sprenger, Reinhard K.: *Das Prinzip Selbstverantwortung*. Campus, Frankfurt am Main 2013

Karten für Delegationspoker:

https://management30.com/product/delegation-poker/

https://www.meinspiel.de/delegation-poker-logo-gestalten-drucken-kaufen?gclid=EAIaIQ

Vorteile nutzen – Hindernisse überwinden

Bild 8.1
Der Weg der Agilität ist voller Hürden – doch die Anstrengung lohnt sich!

Fragen, die in diesem Kapitel beantwortet werden

- Welche fünf Typen zeigen welche Widerstände?
- Welche Vorteile der agilen Zusammenarbeit gibt es?
- Welche Hindernisse und Herausforderungen gilt es zu meistern?
- Wie werden Erfolge gemessen?
- Wie können Sie SCARF im Change einsetzen?
- Wie können Sie den erreichten Reifegrad Ihrer agilen Zusammenarbeit ermitteln?

8.1 Agilität: fünf Typen, fünf Sichten

Wenn es um Agilität in Unternehmen geht, treffen Sie immer wieder auf die folgenden fünf Sichtweisen und Typen:

1. Euphoriker

Dazu zählen wir Jeff Sutherland – Mitunterzeichner des Agilen Manifests und »Vater« von Scrum, gemeinsam mit Ken Schwaber im Jahr 1986. In seinem Buch *Scrum. The Art of Doing Twice the Work in Half the Time* schildert er die Entwicklungsgeschichte von Scrum am Beispiel des FBI bei der Neuentwicklung eines Hardware- und Softwaresystems. Dabei stellt er die positiven Aspekte der Arbeit mit Scrum in den Vordergrund. Eines seiner Kapitel nennt er »Happiness is Success« und schreibt z. B.: »Teams are what make the world go 'round.« Wenn Sie sich selbst oder Kollegen positiv inspirieren wollen, sollten Sie es unbedingt lesen. Er stellt alle wichtigen Elemente des Scrum Frameworks auf sehr launige Art vor.

2. Befürworter

Zu den Befürwortern zählen wir André Häusling, Gründer und Geschäftsführer der HR Pioneers GmbH. Im Buch *Agile Organisationen* entwickelt er das TRAFO-Modell der agilen Transformation mit den sechs Dimensionen:

1. Strategie,
2. Struktur,
3. Prozesse,
4. Führung,
5. HR-Instrumente,
6. Kultur.

Er stellt außerdem ausführlich und gut nachvollziehbar die Erfahrungen von 13 deutschen Unternehmen als agile Pioniere vor. Die sehr unterschiedlichen Wege und Vorgehensweisen können für Ihre »Reise« eine gute Orientierung sein und liefern viele Argumente, um Ihre Zweifler zu überzeugen.

3. Pioniere

Das sind unter anderem die ca. 200 Unternehmen im Anhang.

4. Skeptiker, Zweifler, Zauderer, Bremser und Widerständler

Bei dieser Gruppe überwiegen trotz fast 70-jähriger Erfahrung mit agilen Methoden Aussagen wie: »Das ist doch nur was für Softwareentwickler.« Oder: »Das eignet sich weder für unsere Branche noch unser Unternehmen und schon gar nicht für meinen Bereich.«

Auch hier verweisen wir Sie auf Bücher, in denen diese Argumente klar widerlegt werden:

- Axel Schröder bietet in seinem Buch *Agile Produktentwicklung* einen tiefen Einblick in Industrieunternehmen wie Bosch, Continental, Dräger, Festol, Linde, Osram, Siemens, Stihl und Trumpf. Alle Beispiele beziehen sich auf den Einsatz agiler Methoden in der Produktentwicklung und Produktion. Es beinhaltet viele gute Beispiele, um speziell Ingenieure und Techniker zu überzeugen.
- Steven Goldman und seine Mitverfasser stellen in *Agil im Wettbewerb* mehr als 100 Beispiele agiler Unternehmensführung vor. Sie haben bei der Gründung des Agility-Forums und beim Lehigh-Report (vgl. Ausführungen im Vorspann) eine wichtige Rolle gespielt.

Mit diesen umfangreichen Informationen können Sie jetzt auf über 300 erfolgreiche Unternehmen verweisen und Ihre unternehmensinternen Zweifler, Skeptiker usw. überzeugen.

Ein weiteres nützliches Beispiel ist das Buch von Sipgate *24 Work Hacks… we wish we had discovered sooner (www.sipgateblog.de).* Darin beschreibt das Unternehmen sehr gut visualisiert seine insgesamt sechsjährige agile Transition. Sehr lebendig, sehr anschaulich beschrieben und ist bestens geeignet für Ihre Diskussionen mit »Widerständlern«.

5. Promotoren

Dazu werden wir unter Abschnitt 8.4 ausführliche Argumente liefern.

VORTEILE DER AGILITÄT

1. Schnellere Auslieferung von Produkten

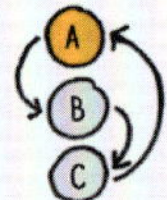

2. Besseres Management wechselnder Prioritäten

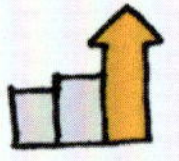

3. Steigerung der Produktivität

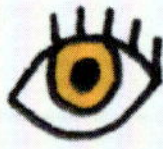

4. Bessere Projektübersicht

5. Bessere interne Zusammenarbeit mit der IT-Abteilung

6. Reduzierung der Projektrisiken

7. Steigerung der Teammoral

8. Vorhersagbarkeit der Produktauslieferung verbessern

9. Verbesserung der Entwicklungsdisziplin

10. Verteilte Teams besser managen

11. Reduzierung der Projektkosten

Bild 8.2 Vorteile der agilen Zusammenarbeit

8.2 Vorteile agiler Zusammenarbeit

Nach dem Hinweis auf gut 200 Unternehmensbeispiele wollen wir nun die konkreten Vorteile der agilen Zusammenarbeit vorstellen. Wir beziehen uns dabei unter anderem auf den »State of Agile Development Report« des amerikanischen Unternehmens VersionOne *(www.versionone.com)*, der in diesem Jahr bereits zum elften Mal erschienen ist. Dabei wurden mehrere Tausend Unternehmen im Zeitraum von Juli bis Dezember 2016 befragt. Ca. 30 % der Teilnehmer kamen aus Europa. Alle wichtigen Industriebereiche waren gut vertreten. Die Befragten hatten zu ca. 30 % drei bis vier Jahre Erfahrung mit agilen Entwicklungspraktiken.

Die in Bild 8.2 dargestellten Vorteile basieren auf den Angaben von ca. 2000 erfolgreichen agilen Unternehmen. Es handelt sich also nicht um Hirngespinste von »agilen Fans«.

Wir beziehen uns neben unserer eigenen, mehrjährigen Praxiserfahrung auf eine aktuelle Studie der Boston Consulting Group (BCG) *(www.bcg.com/de)* aus dem Jahr 2017: »Agile Unternehmen sind bis zu fünfmal erfolgreicher als Wettbewerber, die immer noch auf Scrum, Kanban usw. verzichten.« BCG befragte 1100 Führungskräfte in über 40 Ländern.

Mit diesen Ergebnissen sollten Sie Ihre Zögerer und Zauderer endgültig überzeugen können. Die wichtigsten Kriterien zur Messung der Erfolge waren mit Abstand:

1. zeitgerechte Auslieferung der entwickelten Produkte,
2. wirtschaftlicher Mehrwert,
3. Kundenzufriedenheit.

Insgesamt 98 % der Befragten gaben an, mit agiler Zusammenarbeit erfolgreich zu sein, nannten aber auch die folgenden Herausforderungen und Hindernisse.

8.3 Konsequente Ermittlung der Reifegrade der agilen Zusammenarbeit

Sie haben sich durch unsere Empfehlungen im Buch anregen lassen und bereits folgende Aktivitäten erfolgreich umgesetzt:

1. Einschätzung Ihrer agilen Reife mit dem Fragebogen in Kapitel 2
2. Durchführung einiger Experimente und Pilotprojekte in Teilprozessen Ihres Unternehmens
3. Auswertung der Erfahrungen und entsprechende Anpassung Ihres Vorgehens
4. Ausbreitung (Rollout) der agilen Zusammenarbeit in weitere Prozesse und Funktionen des Unternehmens
5. Ständige Weiterentwicklung wegen herausfordernder interner und externer Veränderungen

In dieser Situation empfehlen wir Ihnen eine quartalsweise Ermittlung des Reifegrades Ihres Agilitätsstandes. Orientieren Sie sich dabei am Fragebogen „Wie agil sind Sie schon?“ und der Auswertung in Form der Radargrafik (vgl. Punkt 2.9 im Buch).

Besonders gute Erfahrungen haben wir mit folgender Vorgehensweise gemacht:

- Sorgen Sie für ein möglichst breites Feedback. Holen Sie sich nach Ihrer Selbstbewertung die Einschätzung von Product Ownern, Scrum Mastern, agilen Coaches, Mitgliedern des agilen Entwicklungsteams und der in den jeweiligen Funktionsbereichen betroffenen Mitarbeiter ein.
- Setzen Sie die zwölf nachstehend aufgeführten Themenfelder nach Anpassung auf die aktuelle Situation in Ihrem Unternehmen ein:
  - Kundenzufriedenheit bei agilen Projekten
  - Rollenbesetzung und Qualität der Rolleninhaber
  - Schulung, Training, Coaching der betroffenen Mitarbeiter
  - Gelebte Wertebasis
  - Ausprägung der Vertrauenskultur
  - Umsetzung des OKR-Modells
  - Qualität der Sprints
  - Qualität Daily Scrum, Reviews, Retrospektiven
  - Führungsverhalten

- Entwicklung der Time-to-Market, weitere Innovationen
- Visualisierung der zu erledigenden Aufgaben in z. B. Kanban Boards
- Kosteneinsparungen bei durchgeführten Projekten

Je nach individueller Situation können Sie in Ihrem Unternehmen weitere Themenfelder entwickeln oder einige streichen.

Bilden Sie die Ergebnisse möglichst in den folgenden fünf Kategorien ab:

1. Einführungsphase
2. Etablierung
3. Skalierung
4. Optimierung
5. Weiterentwicklung

Mit dieser Vorgehensweise haben Sie stets einen aktuellen Überblick über den Stand der agilen Zusammenarbeit nach sehr unterschiedlichen Bereichen in Ihrem Unternehmen und können kurzfristig mit Anpassungen und Verbesserungen weitere Optimierungen einleiten.

Zur Vertiefung empfehlen wir Ihnen die Zeitschrift *OrganisationsEntwicklung* 2/18. Dort finden Sie zwei passende Fallbeispiele und weitere Fragen zur Team- und Organisationsreife.

8.4 Hindernisse und Herausforderungen

An erster Stelle stand beim State of Agile Development:

1. Die bestehende Unternehmenskultur steht im Widerspruch zu agilen Werten und Prinzipien.

Dann folgen:

2. Fehlende Erfahrungen und Kenntnisse agiler Methoden.
3. Fehlende Unterstützung durch das Management.
4. Genereller organisatorischer Widerstand gegenüber Veränderungsinitiativen.
5. Fehlende oder schwache Besetzung der Rollen von Product Owner und Scrum Master.
6. Ungenügende Schulung der betroffenen Mitarbeiter.
7. Weiterbestehende traditionelle Entwicklungsmethoden.
8. Agile Methoden und bestehende Prozesse passen nicht zusammen.
9. Zusammenarbeit in Teams und über Teamgrenzen hinaus ist schlecht entwickelt.

10. Staatliche Regeln und Vorschriften schränken agile Zusammenarbeit ein.

Nachfolgend einige Ideen, wie Sie mit diesen zehn Aspekten umgehen können.

1. Unternehmenskultur

Wir haben bereits in Kapitel 2 unterschiedliche Kulturtypen dargestellt und die »Command and Control«-Kultur als hinderlich für Agilität dargestellt. Als sehr förderlich haben wir Ihnen die »Kultivations«-Kultur vorgestellt. Versuchen Sie, Ihre Kultur dahin zu entwickeln. Vertrauen, Lernen und Veränderungsfähigkeit sind dabei die zentralen Kulturelemente, an denen Sie ansetzen können.

2. Fehlende Erfahrungen

Im folgenden Interview mit Narges Weber von Check24 finden Sie ein Beispiel, wie sich das Unternehmen durch die Gewinnung neuer Mitarbeiter mit Erfahrungen bei agilen Methoden Know-how ins Haus geholt und eigene agile Coaches entwickelt hat.

3. Fehlende Unterstützung

Agilität kann nicht ohne die ausdrückliche Zustimmung der Führung umgesetzt werden. Sie brauchen Promotoren, die die Entscheidungsbefugnis über den Einsatz von Ressourcen wie Personal, Ausstattung und Finanzmitteln haben. Zusätzlich ist es vorteilhaft, wenn die Unternehmensspitze als positives Vorbild für agile Zusammenarbeit agiert und Initiativen in diese Richtung aktiv unterstützt. Für Mitarbeiter ist das ein deutliches Zeichen für die Ernsthaftigkeit des Projekts »Veränderung«.

4. Genereller Widerstand

In vielen Unternehmen herrscht eine »Müdigkeit des Wandels« vor. Zu viele Initiativen wurden angepackt, aber nicht wirklich erfolgreich abgeschlossen. Die Mitarbeiter müssen in den »Wandelruinen« arbeiten und stehen neuen Initiativen skeptisch gegenüber. In mehreren Coaching-Projekten haben wir gute Erfahrungen mit dem Einsatz des SCARF-Modells gemacht. SCARF steht für Status, Certainty, Autonomy, Relatedness und Fairness. Mit diesem aus den Neurowissenschaften stammenden Modell von David Rock kann das individuelle Verhalten von Mitarbeitern besser verstanden und interpre-

Entwicklung interner agiler Coaches

Interview mit Narges Weber, Check24, Referentin Personalentwicklung

Mit dem gezielten Fokus auf Innovationen braucht das Unternehmen Schnelligkeit und Flexibilität, um seinen Kunden echten Mehrwert zu bieten. Dazu wird kontinuierlich mit kurzen Iterationen am Produkt gearbeitet, um die sich wandelnden Bedürfnisse der Kunden stets im Blick zu haben.

Für diese anspruchsvollen Aufgaben wurden Mitarbeiter mit Vorerfahrung gesucht, teilweise mit entsprechender Ausbildung. Mitarbeiter ohne Vorerfahrungen beschäftigen sich intensiv mit agilen Methoden, lesen viel, tauschen sich mit erfahrenen Kollegen aus oder besuchen hausinterne Schulungen. Wichtig sind gegenseitiges Lernen der Teams untereinander und der Einsatz interner Experten, die als Trainer und Coaches eingesetzt werden. Viele der Mitarbeiter bringen Vorerfahrungen von vorherigen Arbeitgebern mit.

Agiles Arbeiten wird im Unternehmen durch den CTO getrieben. Die Teams wählen je nach unternehmerischer Herausforderung die geeigneten agilen Methoden aus und adaptieren sie. Das funktioniert sehr gut und verhindert Widerstände.

Bei Mitarbeitern, die sich mit der Umstellung schwertun, ist es Aufgabe der Führungskraft, diese Step-by-Step ins Boot zu holen. Es hilft nur: erklären, einbeziehen, heranführen. Klassisches Change Management ist also gefragt.

Für das Unternehmen ist agiles Arbeiten nach dem Lehrbuch nicht das Nonplusultra, sondern ein Koffer mit unterschiedlichsten Bausteinen – immer mit einem kritischen Blick darauf, ob ihr Einsatz im jeweiligen Bereich Sinn macht oder nicht. Agil gearbeitet wird immer dort, wo projektbasiert gearbeitet wird, also vor allem im Zusammenspiel von Softwareentwicklung und Produktmanagement.

Weitverbreitet sind klassische Aktivitäten wie das Daily Scrum oder Sprintretrospektiven.

Das Unternehmen muss sich demnach nicht zwangsweise umstrukturieren, um seine Schnelligkeit und Flexibilität zu wahren, es nimmt oftmals lediglich agile Methoden, die hilfreich erscheinen, und nutzt diese in bestehenden Strukturen.

tiert werden. Es bietet die Möglichkeit, Bedrohungen zu minimieren und Belohnungen zu maximieren und das Verhalten der Mitarbeiter positiv zu beeinflussen. Widerstände können so minimiert werden. Vertiefende Informationen finden Sie bei Reinhardt (2014).

5. Rollen gar nicht oder schwach besetzt

Wenn Sie sich für das agile Framework Scrum entschieden haben, sind drei Rollen eindeutig definiert: Product Owner, Scrum Master und Entwicklungsteam (siehe auch Abschnitt 5.1.2):

- Wenn Sie nicht nach den in Scrum klar definierten Rollen arbeiten, sollten Sie die Aufgaben, Kompetenzen und Verantwortung nach agilen Prinzipien definieren. Achten Sie darauf, dass die Stelleninhaber ihre Rolle kompetent und wirksam ausüben.

6. Ungenügende Schulung

Es genügt nicht, Mitarbeiter und Rolleninhaber zu schulen. Auch Entscheider in Unternehmen sollten mit agilen Methoden und Verfahren vertraut gemacht werden. Bei zu gering ausgeprägten Fähigkeiten und Fertigkeiten fallen die Betroffenen gerne wieder in ihre alten, gewohnten Arbeitsformen zurück.

Wie es ganz anders und extrem erfolgreich gehen kann, zeigt das folgende Interview mit Dr. Kai Rödiger.

Begeisterte Schulungsteilnehmer initiieren Agilität

Interview mit Dr. Kai Rödiger, Agile Coach & Scrum Master, Seibert Media

In den Jahren 2008 und 2009 kamen einige Mitarbeiter begeistert von Scrum-Schulungen zurück und initiierten ein Pilotprojekt. Die positiven Ergebnisse führten dazu, dass alle Mitarbeiter ermutigt wurden, Scrum-Schulungen zu besuchen. Bis 2012 hatten sich dann beinahe alle Teams mit agiler Methodik beschäftigt. Das Unternehmen hielt es für sinnvoll, die anfallenden Kosten zu tragen.

Als Atlassian-Partner (Anbieter von Software zur Zusammenarbeit und Softwareentwicklung) nutzt Seibert Media intensiv eine Vielzahl von Tools wie Linchpin, Confluence, Jira, Slack usw. sowohl intern als auch in der Zusammenarbeit mit Kunden.

Für Entscheider in anderen Unternehmen gibt es folgende Empfehlungen:

Es gibt kein richtig oder falsch.

Ausprobieren, reflektieren und, wenn es nicht funktioniert hat, etwas anderes ausprobieren (inspect und adapt).

Das einfache Nachahmen von »Blaupausen« ist nicht zielführend.

Agilität erreicht man nicht durch Tools, sondern durch einen ganzheitlichen Wandel des eigenen Mindsets.

Führung ist ein wichtiges Thema. Hier muss jedes Unternehmen selbst herausfinden und experimentieren, an welchen Stellen Führung enger erfolgen muss und wo mehr Freiheiten gegeben werden sollten.

Klein anfangen und aus den Fehlern und guten Erfahrungen lernen und dann Step-by-Step wachsen.

7. Traditionelle Entwicklungsmethoden

Wir halten nichts davon, in einer Tabula-rasa-Aktion bewährte Methoden abzuschaffen. Geben Sie den Betroffenen genügend Zeit und Training, sich mit agilen Methoden vertraut zu machen und sich bei deren Einsatz sicher zu fühlen. So können Sie aufkommenden Widerständen erfolgreicher begegnen.

8. Agile Methoden und bestehende Prozesse

Wenn Sie nach Scrum arbeiten, sind Sie in ein strenges Regelwerk eingebunden, und das widerspricht oft Ihren bestehenden Prozeduren. Die weitgehende Autonomie der Entwicklungsteams ist eine davon. Bestehende Reporting-Methoden werden z. B. ersetzt durch Burndown Charts und Kanban-Tafeln, für traditionelle Entscheider höchst gewöhnungsbedürftig.

9. Zusammenarbeit

Die funktionale Gliederung von Unternehmen wird oft als Silomentalität beklagt. Durch die Bildung funktionsübergreifender Teams können Sie diese Herausforderung meistern. Gute Erfahrungen haben wir mit maximal sieben bis neun Teammitgliedern gemacht.

10. Regelungsdichte

Im Umfeld der Qualitäts- und Zertifizierungsbewegung haben sich viele Unternehmen mit umfangreichen Vorgaben und Regeln ein dichtes Netz von Regulatorien geschaffen. Prüfen Sie, was davon tatsächlich noch nützlich ist. Beseitigen Sie Vorschriften, wo es nur geht. Bei der Fülle externer Regelungen hilft oft nur Geduld.

Notieren Sie mindestens sieben Hindernisse, denen Sie voraussichtlich in Ihrem Unternehmen auf dem Weg zur Agilität begegnen werden. Haben Sie erste Ideen, wie Sie diese überwinden können?

8.5 Finanzielle Aspekte

Es sind recht wenige Hinweise zu den finanziellen Auswirkungen der Agilität zu finden.

Vier Ausnahmen wollen wir erwähnen:

1. Rini van Solingen, der niederländische Professor für Global Software Engineering an der TU Delft und CTO von Prowareness in Düsseldorf, greift in seinem Buch *Scrum for Managers* (2015) mit der Frage »What is the Return on Investment of Scrum?« diesen Aspekt auf und hält 7500 Dollar für Schulung und Training eines Mitarbeiters für angemessen und kalkuliert bei einem erwarteten ROI von eins zu zehn den möglichen Ertrag auf 75 000 Dollar.
2. David F. Rico, der amerikanische IT-Investmentanalyst hat mehr als 20 erfolgreiche agile Transformationen begleitet und ist auf ROI-Untersuchungen der diversen Softwareentwicklungsmethoden spezialisiert. Er nennt folgende Zahlen zum ROI: bei Scrum eins zu sieben, bei agilen Methoden insgesamt eins zu 19.

   Ein Besuch auf seiner Homepage *(www.davidfrico.com/)* ist lohnend. Er bietet eine Fülle von Themen rund um Agilität und viele ausführliche Berechnungen zu den einzelnen agilen Methoden.
3. Jeff Sutherland, einer der Mitentwickler von Scrum, hält für ein 60-köpfiges Team zum Start ein Budget von ca. 400 000 Dollar für angemessen (Die Scrum Revolution, 2015).

Sie sehen, die Zahlen von Sutherland und van Solingen liegen in der gleichen Größenordnung. Ihre eigenen Zahlen hängen davon ab, ob Sie mit internen oder externen agilen Coaches arbeiten. Und ob Sie sich Berater für die Transformation ins Haus holen. Ein weiterer Faktor sind die Kosten für die eingesetzten Software-Tools zur Zusammenarbeit in den Teams und mit Kunden. Weitere Informationen zu den Tools, allerdings ohne Angaben von Kosten, finden Sie im Interview mit Alexander Leupold in Kapitel 5.

4. Christopher G. Worley, ist Professor an der University of Southern California's Center of Effective Organization. Auf Basis der Befragung von 60 Unternehmen mit 4700 Führungskräften hält er Unternehmen davon ab, »to barking up the wrong tree« und plädiert für ständiges Neulernen und Entlernen und zeigt, wie »high performing companies continually recreate themselves« (Worley 2014).

Empfehlung für das Themen-Backlog:

Unter Punkt 8.3 können Sie Ihren aktuellen agilen Reifegrad ermitteln.

IHR THEMEN-BACKLOG

Bitte notieren Sie Ihre Erkenntnisse und ersten Aufgaben, die Sie aus diesem Kapitel gewonnen haben.

8.6 Literatur und Links

Ambler, Scott: *An Executive's Guide to Disciplined Agile*. Disciplined Agile Consortium, Newtown Square, PA 2017. Besonders geeignet für Unternehmen, die flächendeckend agil werden wollen.

Broza, Gil: *The Human Side of Agile*. 3P Vantage Media, Toronto 2012. Er stellt alle wesentlichen Teamaspekte in den Vordergrund.

Flahiff, Joseph: *Being Agile in a Waterfall World*. Eigenverlag, 2014. Er beschreibt den Weg, wie Sie agil werden können.

Gloger, Boris: *Scrum. Think b!g*. Hanser, München 2017. Gut geeignet für Unternehmen, die skalieren wollen.

Goldman, Steven et al.: *Agil im Wettbewerb*. Springer, Berlin 1996. Bringt viele Beispiele für agile Anwendungen in Industrieunternehmen.

Grantham, Charles: *Corporate Agility*. Amacom, New York City 2007. Stellt einen Zusammenhang zwischen Agilität und Immobilienbewirtschaftung her.

Häusling, André: *Agile Organisationen*. Haufe, Freiburg im Breisgau 2018

Häusling, André: *Praxisbuch Agilität*. Haufe, Freiburg im Breisgau 2018. »A must read« für alle potenziellen Agilisten. Viele gute Praxis- und Unternehmensbeispiele.

Holbeche, Linda: *The Agile Organization*. Kogan Page, London 2015. Stellt die resiliente agile Organisation vor.

Mois, Tim; Baldauf, Corinna: *24 Work Hacks … we wish we had discovered sooner*. Sipgate, Düsseldorf 2016. Für Entscheider mit wenig Zeit. Dennoch werden gut visualisiert alle wichtigen Elemente der Agilität dargestellt.

Ramsauer, Christian et al.: *Erfolgsfaktor Agilität*. Wiley, Hoboken 2017. Beschreibt ausführlich die Agilitätsstellhebel mit Schwerpunkt Produktion.

Reinhardt, Rüdiger: *Neuroleadership*. Oldenbourg, München 2014. Bietet eine sehr praxisnahe Einführung in Neuroleadership.

Rico, David F.: *Business Value of Agile Software Methods*. J. Ross, Plantation FL 2009. Beschreibt in diesem und in weiteren Büchern den Nutzen/ROI von agilen Methoden im Detail. Ein Besuch auf der Homepage lohnt sich.

Scheller, Torsten: *Auf dem Weg zur agilen Organisation*. Vahlen, München 2017. Er sagt, »best practices« sind »past pratices« und »alles beginnt mit dem Sinn, dem Wozu«. Sehr praktisch und pragmatisch.

Schröder, Axel: *Agile Produktentwicklung*. Hanser, München 2017

Schwaber, Ken: *Scrum. The Art of Doing Twice the Work in Half the Time*. Currency, Redfern 1986

Solingen, Rini van: *Scrum for Managers*. Happy Melly Express, Rotterdam 2015. Schreibt für Entscheider und legt viel Gewicht auf Ergebnisorientierung.

Sutherland Jeff: *Die Scrum Revolution*. Campus, Frankfurt am Main 2015

Worley, Christopher G. et al.: *The Agility Factor*. Jossey-Bass, San Francisco 2014. Er verbindet finanzielle Performance mit Strategie und organisatorischen Fähigkeiten.

www.bcg.com/de
www.davidfrico.com/
www.sipgateblog.de
www.versionone.com

Design und Koordination der agilen Transformation

Bild 9.1
Schritt für Schritt in die agile Welt

Fragen, die in diesem Kapitel beantwortet werden

- Wie können Sie Verständnis für Agilität im Unternehmen entwickeln?
- Welche Rolle sollte das Topmanagement einnehmen?
- Wie schützen Sie sich bei der agilen Implementierung vor Überlastung?
- Worauf ist bei der agilen Konzepterstellung zu achten?
- Schulen und Coachen – in welchem Umfang?
- Worauf ist bei Pilotprojekten zu achten?
- Wie verbessern Sie das agile Unternehmen nach der Implementierung?
- Wie richten Sie Organisationseinheiten agil aus?
- Wie können Sie Reflexionsschleifen und die Theorie U nutzen?

9.1 Schritte zur Implementierung

Mit einer schrittweisen Implementierung und Reflexionsschleifen wird Agilität agil eingeführt und umgesetzt.

9.1.1 Ein gemeinsames agiles Verständnis schaffen

Wir erleben in der Praxis immer wieder, dass zu wenig Zeit in ein gemeinsames agiles Verständnis im Unternehmen investiert wird. Das Thema ist sehr komplex und es gibt viele Aspekte, die zur Agilität gehören. Es fehlt oft ein Basiswissen auf allen hierarchischen Ebenen und bei den Mitarbeitern. Dadurch entstehen agile Mythen und Wunschvorstellungen, die mit der Realität leider wenig gemeinsam haben. Mit den folgenden konkreten Fragen und Maßnahmen können Sie gezielt ein gemeinsames agiles Verständnis schaffen.

Wichtige Fragen sind:

- Was macht Agilität aus (Ziele, Werte, Prinzipien, Frameworks, Werkzeuge)?
- Mit welchen Frameworks können und wollen wir bei welchen Aufgaben arbeiten?
- Was passt zu unserer Unternehmenskultur und wie wollen wir diese damit weiterentwickeln?
- Mit welchen Teams und Arbeitsweisen wollen wir starten und erste »Experimente« umsetzen?

Folgende Maßnahmen können Ihnen eine Anregung dazu geben:

- Überlegen Sie mit dem Team, wie sie sich alle gut informieren können.
- Gründen Sie im Unternehmen eine freiwillige agile Wissens-Community, die sich regelmäßig austauscht.
- Stellen Sie agile Begrifflichkeiten ins Intranet und erklären Sie diese kurz und verständlich.
- Laden Sie einen Unternehmer ein, der Agilität schon eingeführt hat.
- Lassen Sie jedes Teammitglied ein agiles Thema wie Frameworks, Werte, Prinzipien usw. auswählen und sich dazu informieren. Anschließend soll jeder seine Informationen im Team vorstellen.
- Besuchen Sie ein agiles Team mit den Mitarbeitern/Entscheidern und lassen Sie sich informieren.
- Führen Sie mit einem externen Coach Workshops durch, um Geschäftsleitung, Führungsebenen, Projektleiter und Mitarbeiter zu informieren.
- Laden Sie wichtige Stakeholder zu den agilen Besprechungen als passive Teilnehmer ein, damit sich diese vor Ort Informationen einholen können.
- Lassen Sie in einer »agilen Woche« die Pilotteams täglich während der Mittagszeit vor der Kantine mit einem Infostand Kollegen informieren und zur Diskussion anregen, nachdem es erste Erfahrungen in der Umsetzung gibt.

9.1.2 Das Topmanagement und den Betriebsrat mit einbinden

Häufig erleben wir, dass vom Mittelmanagement der entscheidende Impuls zur Agilität ausgeht. Personalabteilung, IT, Projektmanagement oder die Produktentwicklung sind Treiber der Agilität. Die Geschäftsleitung oder der Vorstand müssen jedoch unbedingt mit eingebunden werden, wenn Agilität in größeren Organisationseinheiten eingeführt werden soll. Auch der Betriebs- oder Personalrat muss den veränderten Arbeitsbedingungen zustimmen. Überlegen Sie sich mit dem Team Nutzenvorteile der Agilität für jede Zielgruppe.

Bei mehreren Vorständen oder Geschäftsführern muss ein interner Bewusstseinsprozess im Leitungsteam entstehen, damit alle mit den geplanten Veränderungen einverstanden sind und es nicht zum Steckenpferd einer Einzelperson wird. Dies benötigt Zeit, und häufig behindern die eingeschliffenen Verhaltensmuster, Rollenverhalten und Machtspiele diesen Prozess, so wie bei anderen Themen auch. Es kann auch zur Entscheidung kommen, Agilität nicht einzuführen. Meist fehlt es an der Bereitschaft, dass Mitarbeiter mehr Verantwortung und Kompetenzen bekommen und sich auch durch den Kulturwandel und veränderte Prozesse im Unternehmen der Einfluss der Geschäftsleitung verringert. Eine klare Entscheidung zu einem frühen Zeitpunkt spart Kosten, Zeit und Nerven.

Ressourcen bereitstellen

Für die Information und Schulung im Unternehmen muss vom Topmanagement Zeit und Geld bereitgestellt werden. Meist wird erwartet, dass der normale Betrieb weiterläuft und nebenbei geschult und sich eingearbeitet wird. Entsprechend ist die Qualität. Während der ersten sechs Monate benötigt das Team ca. 20 % der Zeit für Schulungen, Coaching, Experimente und Reflexion, bis eine hohe agile Qualität erreicht wird. Im zweiten Halbjahr reduziert sich dies auf 5 bis 10 % der Zeit. Außerdem ist ein externer agiler Coach hilfreich, der mit Erfahrung agile Transformationen schon erfolgreich umgesetzt hat.

Agil wozu?

Diese zentrale Frage sollte vom Topmanagement geklärt werden, bevor es losgeht. »Agil wozu?« ist in die Zukunft gerichtet. Die Mitarbeiter im Unternehmen und auch das Projektteam müssen Antworten kennen, warum sie sich agil verändern sollen.

Interne und externe Kunden begeistern

Dies ist ein zentrales Ziel in einem volatilen Umfeld und ein wesentlicher Sinn der agilen Zusammenarbeit. Der Kunde sollte immer besser verstanden und seine Bedürfnisse optimal befriedigt werden. Damit der externe Kunde von der Leistung begeistert ist, müssen bei komplexen Themen auch die internen Kunden, die in den Prozess eingebunden sind, entsprechend informiert sein. Bei den Kunden verändern sich auch Rahmenbedingungen, und sie müssen schneller und kompetenter am Markt agieren als früher. Es gibt dadurch eine Rückkopplung, die durch die agile Zusammenarbeit im eigenen Unternehmen aufgefangen werden soll und dadurch die Wettbewerbsfähigkeit stärkt.

Schneller, besser und kostengünstiger arbeiten

Die agile Zusammenarbeit schafft Haltungen und Prozesse, die bei guter Umsetzung zu mehr Effizienz und besseren Ergebnissen führen. Die Teammitglieder sollen Interesse und Motivation für die agile Zusammenarbeit mitbringen. Es kann während der Einführung zu Problemen und Verzögerungen kommen, die sich meist schnell lösen lassen, wenn sie professionell begleitet werden (siehe Kapitel 8).

Identifikation und Motivation der Teammitglieder

Die agile Zusammenarbeit führt bei einem guten Teamgeist und interessanten Aufgaben zu einer intrinsischen Motivation und starken Identifikation mit den Aufgaben. Da das Team erhebliche Freiräume zur Mitgestaltung und Verantwortung für die Ergebnisse hat, sollten sich die Mitarbeiter auch um betriebswirtschaftliche Zusammenhänge kümmern. Manche Teams bekommen die Budgetverantwortung und können selbst entscheiden, ob neue Mitarbeiter eingestellt oder wegen anstehender Mehrarbeit die Gehälter erhöht werden.

Kontinuierliche Verbesserungen erreichen

Organisationen sind lebendige Organismen. Durch die regelmäßigen Retrospektiven werden die Arbeitsweisen immer effektiver und effizienter. Es kann auch sein, dass die Teams Abläufe verändern, weil sie sich davon eine wesentliche Verbesserung versprechen. Die Organisation verändert sich in kleinen Schritten, und die Mitarbeiter übernehmen Verantwortung für die Gestaltung guter Arbeitsprozesse.

Als Arbeitgeber attraktiver werden

Wer junge Arbeitnehmer sucht, steigert seine Attraktivität durch agile Zusammenarbeit. Junge Menschen wollen in der Regel Freiräume, mitdiskutieren und mitentscheiden, meist auch gerne gut vernetzt im Team und in der Organisation. Auch das Homeoffice kommt ihren Bedürfnissen entgegen. In stark hierarchischen Organisationen findet dies eher seltener statt.

Agilität als Teil der Unternehmensstrategie

Die agile Ausrichtung als ein Teil der Unternehmensstrategie wird heute von immer mehr Kunden erwartet. Vernetzen Sie diesen Aspekt mit anderen strategischen Ausrichtungen im internen und externen Bereich. Damit schaffen Sie

Glaubwürdigkeit und geben dem Thema Agilität den entsprechenden Platz im Unternehmen. Ebenso ergeben sich daraus neue Handlungsoptionen.

9.1.3 Implementierungsteam beauftragen

Das Implementierungsteam, bestehend aus fünf bis sieben Teammitgliedern, kann selbst agil mit wechselnden Moderationsrollen arbeiten und sich ein Themen-Backlog erstellen, wie es bei der Implementierung der Agilität vorgehen will. Das Team sollte sich dafür einen Auftrag von der Geschäftsleitung holen.

Suchen Sie Personen im Unternehmen, die von der agilen Zusammenarbeit begeistert, und auch Personen, die konstruktiv kritisch sind. Der Product Owner ist Auftraggeber und eine verantwortliche Person aus der Geschäftsleitung. Die Teammitglieder sollten an der agilen Zusammenarbeit großes Interesse haben, lernbereit sein und Einfluss in der Organisation besitzen. Eine gemischte Gruppe aus Führungskräften, Projektleitern und Mitarbeitern aus unterschiedlichen Abteilungen ist hilfreich. Dieses Team sollte von einem externen Coach geschult und begleitet werden. Dabei lernt es verschiedene agile Ansätze kennen und erwirbt die Kompetenz, eine konkrete Vorgehensweise zu entwickeln.

Passendes Framework suchen

Es gibt verschiedene agile Modelle und Frameworks, die alle ihre Stärken und Schwächen haben (siehe Kapitel 5). Welches passt am besten zu Ihrem Unternehmen? Richten Sie sich anfangs eher an einem Modell aus und entwickeln Sie dieses dann nach kompetenter Umsetzung mit anderen Modellaspekten weiter. Anregungen können Sie sich von Scrum, Design Thinking, Holacracy, Kanban, Lean Management und Large-Scale Scrum holen.

Achten Sie bei Ihrem Konzept auf

- Ziele,
- Prinzipien,
- Werte,
- Vorgehensweisen,
- Methoden und Werkzeuge,
- Rollenbeschreibungen.

Erarbeiten Sie Entscheidungshilfen für das Management, für den Betriebsrat und für Mitarbeiter und stellen Sie einzelne Frameworks vor, mit allen Vor- und Nachteilen. Diese sollen in einem Workshop diskutiert werden, und dann wird entschieden, welches Framework als Pilotprojekt umgesetzt wird.

Erstellen Sie ein Implementierungs-Backlog mit allen wichtigen Aufgaben, wie Sie die agile Veränderung umsetzen wollen, und priorisieren Sie diese. Stellen Sie dieses Backlog einem Managementgremium vor und holen Sie sich Feedback ein. Achten Sie auf das Commitment durch das Management.

Training der Beteiligten

Das Implementierungsteam sollte von einem erfahrenen externen Coach trainiert werden. Gut wäre es, wenn die Geschäftsleitung auch an einem Training teilnimmt, um praktische Erfahrungen zu sammeln. Häufig wird in der Praxis die Dimension und Komplexität von Agilität unterschätzt. Es geht um einen Paradigmenwechsel im Unternehmen. Dies gelingt nicht mit einer dreistündigen Unterweisung in Agilität. Pro Team sind eine zweitägige Schulung und ein eintägiges Follow-up unbedingt notwendig, um die Werte, Prinzipien, Vorgehensweisen und Werkzeuge anwenden zu können. Hilfreich ist eine zusätzliche professionelle Begleitung bei der Einführung der Teams, damit diese schnell und erfolgreich »ins Laufen kommen«.

9.1.4 Mit Pilotprojekten starten

Wählen Sie zwei bis drei geeignete Pilotprojekte aus, die mit dem agilen Prozess starten:

- Diese Projekte sollten nicht länger als maximal ein Jahr dauern und mit ausgewählten Mitarbeitern besetzt werden. Die Teammitglieder sollten neugierig und lernbereit für die agile Zusammenarbeit sein und freiwillig mitarbeiten.
- Wenn Sie mit Scrum arbeiten, dann werden die Rollen des Scrum Masters und Product Owners sowie die Aufgaben der Teammitglieder definiert und alle Beteiligten intensiv geschult. Wenn Sie nicht mit Scrum oder einer anderen agilen Vorgehensweise arbeiten, dann sollten Sie sich die notwendigen Rollen überlegen und diese klar definieren.
- Die Teilnehmer lernen in Intervallen (Sprints) von zwei bis vier Wochen immer wieder neue Aspekte der agilen Zusammenarbeit. Definieren Sie mit dem externen Coach das Ausbildungs-Product-Backlog für die gesamte Einführung und überlegen Sie mit dem Team die Inhalte des jeweiligen Sprints, die in dieser Phase gelernt werden.
- In den Retrospektiven reflektieren Sie den Um-

setzungsgrad der agilen Zusammenarbeit mit allen Beteiligten und überlegen die nächsten Schritte.

- Wir empfehlen, mit den agilen Vorgehensweisen und Werkzeugen zu starten, da diese den Teilnehmern oft am leichtesten zugänglich sind. Werte und Feedback sind wichtig und dürfen nicht vergessen werden.
- Nutzen Sie eine gute Visualisierung. Wir empfehlen, mit einem Kanban Board zu arbeiten. Wenn alle Teammitglieder vor Ort sind, dann kann dies auch mit Post-its oder Metaplankarten geschehen (siehe Kapitel 5). Wenn das Team räumlich getrennt arbeitet, dann gibt es hilfreiche Softwaretools wie Jira, Trello, Slack oder Teams.
- Achten Sie auch auf eine gute Öffentlichkeitsarbeit im Unternehmen. Informieren Sie die Stakeholder, lassen Sie diese passiv an den Teammeetings teilnehmen. Die Retrospektive gehört dem Team und sollte nicht von teamfremden Teilnehmern besucht werden, da dies die Offenheit hemmen kann.
- Ihre agilen Pilotprojekte sollten möglichst gelingen, damit alle Beteiligten motiviert bleiben und Skeptiker im Unternehmen durch erste Erfolge überzeugt werden.

Die meisten Organisationen entwickeln eine agile Welt in der hierarchischen Organisation. Dies führt an den Schnittstellen zu erheblichen Herausforderungen, da die Prozesse und Vorgehensweisen nicht zusammenpassen. Als T-Shaped Manager ist es Ihre Aufgabe, diese Welten sinnvoll zu vernetzen (siehe Kapitel 6). Nehmen Sie Mitarbeiter aus der agilen und hierarchischen Welt und klären Sie Berichtswesen, Controlling, Budgetierung, Personalrichtlinien sowie Führungsinstrumente, Beurteilungen, Bonuszahlungen, Einstellungen bzw. Beförderungen und Kündigungen.

9.1.5 Wertschöpfungsketten agil ausrichten

Werten Sie die Erfahrungen der Pilotprojekte aus und nutzen Sie deren Erkenntnisse für die Einführung agiler Zusammenarbeit in Organisationseinheiten. Einzelne agile Teams bringen keinen wesentlichen Mehrwert. Sie können hervorragende agile Arbeit leisten, und trotzdem entsteht nicht mehr Gewinn.

Wenn Sie bei einem 20 Meter langen Schlauch in der Mitte einen Meter herausschneiden und dieses Stück durch einen Schlauch von größerem Durchmesser ersetzen, dann kommt am Ende auch nicht mehr Wasser heraus. Gestalten Sie ganze Wertschöpfungsketten schrittweise agil. Erst dann wird ein wesentlicher Erfolg für das Unternehmen möglich. Wie Sie agile Arbeitsweisen skalieren und für größere Organisationseinheiten nutzen können, finden Sie in Kapitel 5.

Um als agile Organisation zu wachsen, halbiert ein Unternehmen agile Teams bei gleicher Tätigkeit und besetzt die freien Stellen mit neuen Mitarbeitern. So können diese schnell in die agilen Prozesse und Haltungen eingearbeitet werden und die Teamgröße von maximal zehn bis zwölf Personen bleibt bestehen.

Achten Sie auf den Kulturwandel in der Organisation. Die unterschiedlichen Arbeitsweisen und Werte (agil und hierarchisch) schaffen zwei Firmen in einer Organisation. Es sollten immer wieder gemeinsame Veranstaltungen, Workshops, Meetings und Feiern stattfinden, um als ein Unternehmen wahrgenommen zu werden.

9.1.6 Qualitätskriterien und Erfolgsmessung der Implementierung

Im Implementierungs-Backlog sollten verschiedene Qualitätskriterien festgehalten werden. Es handelt sich dabei um eine Definition of Done für die Einführung agiler Zusammenarbeit. Diese soll zum Start mit dem Topmanagement geklärt werden und gilt als Qualitätsmerkmal für die agile Einführung. Hängen Sie diese Definition of Done zu dem Kanban Board. Dazu gehören

- Zustandekommen der Pilotteams,
- Durchführung der vorbereitenden Schulungen,
- Zufriedenheit über Qualität und Zeitbedarf für die einzelnen Besprechungen während eines Sprints (Einschätzung durch die Teammitglieder),
- Umsetzung und Erreichung der Sprintziele (Feedback durch Product Owner),
- Einhaltung von Terminen (Timeboxing, Feedback durch Scrum Master),
- Zufriedenheit des Kunden/Produkt Owners mit den Ergebnissen am Ende des Sprints (Feedback Product Owner),

- Anzahl und Bedeutung der Verbesserungen aus den Retrospektiven (Anzahl neuer Ideen zur Verbesserung im nächsten Sprint Backlog),
- Anzahl der aktiv gesuchten und beseitigten Hindernisse durch den Scrum Master (Hindernisse-Burndown-Chart)
- Zufriedenheit des Kunden, Product Owners, der Teammitglieder, Scrum Master und des Managements mit dem Implementierungsprozess (Feedback einholen und Skaleneinschätzung).

9.1.7 Kontinuierliche Weiterentwicklung

Wenn Sie mit der agilen Zusammenarbeit starten und diese auf einem hohen Niveau umsetzen, dann wird sich die Organisation ständig verändern. Nach jeder Retrospektive gibt es wieder einzelne Änderungsschritte. Greifen diese auf andere Teams über, dann gründen Sie ein Scrum of Scrums. Es gibt ein neues Team aus einzelnen Mitgliedern der betroffenen Gruppen. Diese klären die Überschneidungsthemen. Wenn sich größere Organisationseinheiten agil ausrichten, dann nutzen Sie bei bis zu 100 Mitarbeitern LeSS oder bei größeren Einheiten LeSS Huge oder SAFe. Diese Skalierungsschritte sollten Sie mit einem erfahrenen Coach durchführen, der Sie und die Organisation professionell begleiten kann.

Verzahnen Sie agile Organisationseinheiten mit den hierarchischen Bereichen und umgekehrt. Nutzen Sie Sprintintervalle auch für die Wasserfallmethode. Achten Sie auf Ihr SAP-System. Wie können agile Daten sinnvoll ins Berichtswesen eingespeist werden und was geht nicht? Wie halten wir es mit Bonussystemen, Personalakquise, Gehaltsklärungen und Weiterbildung? Klären Sie all die internen Fragen mit einem interdisziplinären Team. Hier sind Sie als T-Shaped Manager gefragt (siehe Kapitel 6).

Achten Sie unbedingt darauf, dass die agile Zusammenarbeit eigenständig und sich selbst treu bleibt.

In der Praxis erleben wir immer wieder, dass die agile Zusammenarbeit sehr verwässert wird und sich immer wieder hierarchisches Denken und Handeln breitmacht und damit den Nutzen erheblich schmälert.

Hilfreich für das Implementierungsteam und

Topmanagement sind auch die larmanschen Gesetze als kritische Sicht zu organisatorischem Verhalten (Larman, Vodde 2017):

1. »Organisationen sind implizit dazu optimiert, den Status quo sowohl des unteren und mittleren Managements als auch von Spezialisten hinsichtlich Position und Machtstruktur nicht zu verändern.
2. Als eine Folge von (1) wird jede Änderungsinitiative darauf reduziert, neue Begrifflichkeiten so umzudeuten oder zu überfrachten, dass sie im Grunde wieder den Status quo beschreiben.
3. Als eine Folge von (1) wird jede Änderungsinitiative als ›puristisch‹, ›theoretisch‹, ›revolutionär‹ verspottet, denn man ›brauche schließlich pragmatische Anpassungen für lokale Belange‹ – was lediglich vom Aufdecken von Problemen und dem Status quo von Managern und Spezialisten ablenken soll.
4. Kultur folgt Struktur.«

9.2 Theorie U zur Reflexion nutzen

Claus Otto Scharmer hat mit seiner Theorie U ein Reflexionsmodell geschaffen, das sich für die Auswertung komplexer Situationen, wie eine Implementierung, gut eignet (Bild 9.2; Friebe 2016). Dabei geht es um Tiefgang, damit die wesentlichen Aspekte deutlich werden und nicht nur ein oberflächlicher Aktionismus umgesetzt wird. Was bewegt die handelnden Menschen wirklich?

9.2.1 Die vier Ebenen verstehen

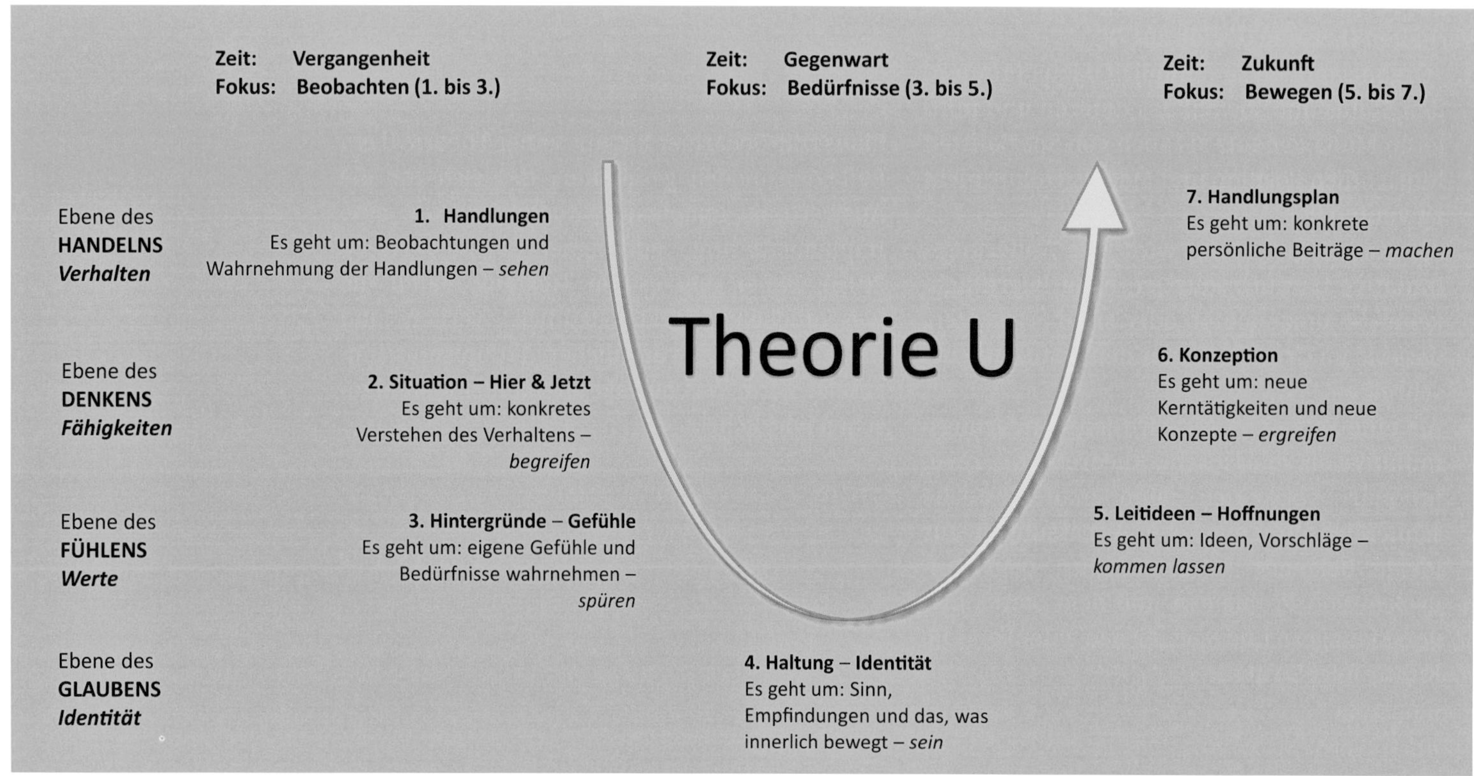

Bild 9.2 Theorie U nach Claus Otto Scharmer (Friebe 2016)

Das U bildet den Tiefgang ab, zeigt die Komplexität und Verschiedenartigkeit auf, die je nach Situation und Beteiligtem angemessen gewählt werden soll, um zum Wesentlichen zu kommen, und die Betroffenen nicht überfordern darf. Es ist auch ein lösungs- und ressourcenorientiertes Verfahren mit konkreten Umsetzungsschritten, das die Beteiligten zum Handeln bringt.

Die Theorie U besteht aus vier Ebenen. Diese sind: Handeln – Denken – Fühlen – Sein:

- *Handlungsebene*

Entscheidend sind die aktuellen Handlungen der Beteiligten, die möglichst konkret mit Beispielen beschrieben werden sollen. Wie stellt sich die Ist-Situation der Einzelpersonen und der Teams dar. Was ist geschehen? Wie schildert der Fallgeber die aktuelle Situation? Wie ist seine subjektive Sichtweise? Was schildert er wie?

- *Denkebene*

Welche Annahmen und vermuteten Motive stecken hinter den Handlungen der beteiligten Personen? Wie können einzelne Handlungen verstanden werden? Hier ist es wichtig, Antworten zu finden. Dabei muss deutlich werden, dass der Betrachter der Situation seine subjektiven Wahrheiten hat. Dieser beschreibt die Situation aus seiner Sicht.

- *Gefühlsebene*

Gefühle sind eine wesentliche Triebfeder für Handlungen. Welche Gefühle bewegen den Betrachter? Was gibt ihm Energie und was lähmt ihn? Welche Gefühle sind bewusst und welche werden vermieden? Was wird als belastend erlebt und was beflügelt?

- *Seinsebene*

Der Betrachter reflektiert, wie die Situation seine Identität berührt. Machen seine Handlungen Sinn? Vertritt er seine Werte und Überzeugungen?

Die Theorie U beschreibt die drei Zeitzonen *Vergangenheit – Gegenwart – Zukunft.*

Jede Reflexion bezieht sich auf die drei Zeitebenen Vergangenheit, Gegenwart und Zukunft. Mit der Vergangenheit beschreiben wir den bisherigen Prozess. Was ist bis jetzt geschehen? Wie haben die einzelnen Personen agiert? Die Gegenwart schildert die Ist-Situation. Was ist der aktuelle Stand? Mit der Zukunft werden neue Handlungsschritte überlegt, um einen Zustand zu verbessern. Was soll geschehen und welche Maßnahmen sind dafür notwendig?

9.2.2 Distanz schaffen – Reflexionsschleifen nutzen

Michael Forster, Teamleiter in der IT der fiktiven Dr. Erdmann GmbH, hat die ersten Projekte mit der Scrum-Methode umgesetzt, und es gibt noch viele Fragen zu den einzelnen Vorgehensweisen. Die ausführliche Auftragsklärung mit den Kunden ist für beide Seiten noch ungewohnt. Zeitschätzungen für die einzelnen Aufgaben dauern noch sehr lange. Ein Team will die Retrospektive, also die Reflexion der bisherigen Arbeit im Sprint nicht umsetzen, um mehr Zeit für das Tagesgeschäft zu bekommen. In einem Team ist zwischen zwei Mitarbeitern ein heftiger Streit über die Aufgabenzuständigkeit ausgebrochen, was den Scrum Master überfordert. Michael versucht zu schlichten und überlegt sich mit dem Scrum Master eine gute Vorgehensweise. Ein externer Coach begleitet ihn und die Teams bei der schrittweisen Einführung von agilen Arbeitsweisen und Werten. Die Geschäftsleitung hat dies angeordnet, und es gibt Befürworter und Gegner unter Mitarbeitern und Führungskräften. Die Einführung läuft nebenbei. Das Tagesgeschäft mit den Kunden muss selbstverständlich aufrechterhalten werden. Einen Leistungsabfall mit den anderen Projekten und dem Tagesgeschäft darf es nicht geben. Wunsch und Wirklichkeit liegen noch weit auseinander. Michaels Chef und auch die Geschäftsleitung erwarten die bisherigen Berichte zum Stand der agilen Projekte und denken in den alten Mustern. Sie wollen immer wieder wissen, ob die agilen Projekte rot, gelb oder grün im Status sind. Außerdem wollen sie den beiden agilen Pilotteams noch nicht die Budgethoheit geben, da sie befürchten, dass diese nicht verantwortungsvoll damit umgehen und überfordert sind. Michael Forster gibt sich große Mühe, die beiden agilen Teams voranzubringen. Er merkt, dass sein Chef und die Geschäftsleitung noch nicht verstanden haben, was agile Zusammenarbeit auch für sie selbst bedeutet, und dass sie die bisherigen Vorgehensweisen sehr schlecht »loslassen« können. Es fehlt an Vertrauen zu den Mitarbeitern, zu ihm und den agilen Arbeitsweisen. Beim täglichen Stand-up Meeting berichtet ein Mitarbeiter, dass die Zollpapiere für Indien falsch ausgefüllt wurden und es deshalb zu Problemen mit den Partnern kam. Damit das Team weiterarbeiten kann, übernimmt Michael die Klärung und Lösung.
Nach vielen Zehnstundentagen merkt Michael

Forster, dass er so nicht weiterarbeiten kann. Er ist zu operativ tätig und reibt sich völlig auf. Mit dem externen Coach reflektiert er die letzten acht Wochen, die ihn ausgelaugt haben. Er ist mit der Situation und mit sich selbst nicht zufrieden, da er zu viele »Baustellen« bearbeitet und die Ansprüche der Chefs, der Mitarbeiter und seine eigenen nicht erfüllen kann. Michael Forster reflektiert seine Situation mit dem Coach und mithilfe der Theorie U:

Bisherige Handlung

Michael beschreibt seine Situation mit den beiden Scrum-Teams und seine Rolle als Teamleiter und den vielen »Baustellen«, die er zu bearbeiten hat. Dabei ist er meist voller Energie. Seine Stimme klingt teilweise ärgerlich, vorwurfsvoll und auch wieder resigniert. Etliche Teammitglieder haben die agile Philosophie und den Nutzen der professionellen Anwendung von einigen Werkzeugen und Vorgehensweisen noch nicht verstanden. Einige Mitarbeiter können noch nicht alleine anstehende Konflikte konstruktiv klären. Ihm wird klar, wie er immer mehr zum »Retter« sehr unterschiedlicher Situationen wird und sich selber dazu macht. Wenn eine »Baustelle« bearbeitet ist, dann tut sich eine neue auf. Er vermisst die notwendige Unterstützung des Topmanagements und von seinem Chef.

Aktuelle Situation

Er ist mit sich unzufrieden, da er die Anforderungen von allen Seiten nicht erfüllen kann. Er zweifelt an sich und seiner Kompetenz, ob die Einführung von Scrum richtig gelaufen ist. Bisher hat er oft herausfordernde Situationen im Unternehmen gelöst und ist bekannt als ein Manager für Kriseninterventionen. Er hat Angst, seinen guten Ruf zu verlieren. Im Gespräch mit dem Coach wird ihm klar, dass er viel zu viel von sich selbst erwartet und wahrscheinlich auch den Eindruck bei seinem Chef vermittelt, dass er es alleine schon schafft. Er merkt, dass er zu operativ an die Probleme herangeht und dass er in seinem Handeln strategischer werden muss.

Hintergründe und eigene Bedürfnisse und Gefühle

Michael fühlt sich mit den vielen Baustellen überfordert und kann sich dies nur schwer ein-

gestehen. Seinen Status als hervorragender Manager hat er bisher immer auch aus dem hohen Engagement als Problemlöser gezogen. Er hat Angst, zu versagen, und es fällt ihm schwer, dass er sich dies eingesteht. Er fühlt sich auch allein gelassen vom Management. In der Situation merkt er, dass er alleine die Probleme nicht mehr lösen kann. Auch bei der SAP-Einführung vor fünf Jahren gab es am Anfang schlechtere Leistungen, und es musste ein Projekt verlängert werden, da die Zeitressourcen der Mitarbeiter für die Implementierung verwendet wurden. Dies wurde damals auch vom Topmanagement akzeptiert. Der Coach macht ihm klar, dass seine Erwartungen an sich selbst und die Scrum-Einführung unrealistisch sind. Die Gefahr des Scheiterns liegt an seiner unrealistischen Haltung und seinen daraus entwickelten Annahmen und Handlungen.
Michael denkt immer öfter darüber nach, das Unternehmen zu verlassen und sich eine Arbeitsstelle mit weniger Problemen zu suchen. Auch in seinem Privatleben wirkt er sehr angespannt und teilweise gedanklich abwesend, was ihm seine Partnerin vorwirft.

Haltung und Identität

Michael stellt sich die Frage, welchen Sinn das noch für ihn macht. Ihm wird klar, dass er so nicht weitermachen will. Ein »weiter so« würde seine Situation nur mehr verschlimmern. Es müssen grundsätzliche Verbesserungen eintreten, damit er sich mit seiner Aufgabe und Rolle weiter identifizieren kann und hoch motiviert arbeitet. Trotz aller Anlaufschwierigkeiten ist er von der agilen Zusammenarbeit begeistert. Er erkennt den Mehrwert für das Unternehmen und will nicht aufgeben. Er ist von seiner Reflexionsfähigkeit, seiner Energie und seiner hohen Lösungsorientierung überzeugt, als ihn der Coach nach seinen Stärken und Fähigkeiten fragt.

Hoffnung und Lösungen finden

Mit dem Coach sucht er nach ersten Lösungen, die für ihn passen würden. Die Probleme müssen strategischer gelöst werden. So wird ihm klar, dass die Organisation, die Mitarbeiter und auch er völlig überlastet sind, wenn es keinerlei Zeitressourcen für die Einführung der agilen Arbeit gibt. Alles nur nebenbei und zusätzlich zum Tagesgeschäft ist nicht möglich. Fehler und Fehl-

zeiten durch Krankheit häufen sich auch durch die chronische Überlastung. Er braucht mehr Zeit für das Coaching der Scrum Master, damit diese die Einzelpersonen und die Teams besser begleiten können sowie Konflikte und Minderleistung klären lernen. Der Leiter Entwicklung im Unternehmen ist von der agilen Arbeit auch angetan. Diesen will er als »politischen Unterstützer« für das Topmanagement gewinnen.

Konzeption

Er will zwei Projekte zeitlich verschieben, um mehr Ressourcen für die Einführung der agilen Zusammenarbeit zu bekommen. Dafür muss er sich die Zustimmung des Managements einholen. Mit den Scrum Mastern gibt es zukünftig eine einstündige wöchentliche Coaching-Runde, um deren agile Kompetenz zu erhöhen und Praxisfälle zu klären. Der externe Coach soll nochmals mit den beiden Teams eine Schulung zu den agilen Methoden, vor allem zur Retrospektive und konstruktiven Konfliktklärung durchführen. Michael wird nicht mehr selber in den agilen Teams aktiv, da dies ihn überlastet und die Scrum Master schwächt. Er wird den Kontakt zum Leiter Entwicklung suchen, um eine gemeinsame Marketingstrategie für die agile Zusammenarbeit im Unternehmen zu entwickeln.

Handlungsplan

Um sich nicht gleich wieder zeitlich zu überfordern, nimmt er sich zwei konkrete Schritte vor. Er vereinbart mit seinem Chef einen Termin, um diesen über die aktuelle Situation und die Auswirkungen auf die Arbeitsqualität und die eigene Befindlichkeit zu informieren. Außerdem will er mit ihm eine Strategie überlegen, wie der Geschäftsleitung die Rückstellung zweier Projekte vermittelt werden kann, um die notwendige Zeit für die Scrum-Einführung zu erhalten. Den Scrum Mastern will er noch heute den Vorschlag zu einer wöchentlichen Coaching-Runde machen.
Michael wird wieder handlungsfähig, und dies motiviert ihn. Er sieht eine Alternative zum bisherigen »Dahinwurschteln«. Wie erfolgreich er mit dem Plan wird, hängt natürlich auch von den anderen Beteiligten ab. Er erlebt das Gespräch mit dem externen Coach als hilfreich und vereinbart weitere Treffen.

Fragen zur agilen Einführung

Was habe ich in den letzten vier Wochen bei der agilen Implementierung gut gemacht und was will ich an mir verbessern?

Was sind die Ursachen der notwendigen Verbesserung bei mir und was sind dazu gute Lösungen?

Mit dem Team: Was ist uns in den letzten vier Wochen bei der agilen Implementierung gut gelungen und was werden wir verbessern (Prozesse, Verhalten, Leistung, interne und externe Zusammenarbeit)?

Was sind die Ursachen der notwendigen Verbesserung (Prozesse etc.) und was sind dazu gute Lösungen?

Was ist in den letzten vier Wochen in meinem Verantwortungsbereich gut gewesen und was werde ich verbessern?

Was sind die Ursachen der notwendigen Verbesserung und was sind dazu gute Lösungen?

Meine/unsere Maßnahmen sind:

»Viele Wege führen nach Rom« – welcher ist Ihrer, wenn es um die agile Veränderung im Unternehmen geht? Es gibt nicht den einen Weg der agilen Einführung. Welcher Weg zu Ihrem Unternehmen passt, muss erarbeitet werden. Sie sollten dabei auch die Erfahrungen von anderen Unternehmen oder agilen Coaches für sich nutzen. Auch Modelle geben Anregungen.

9.3 Fazit

- Zu Beginn der Einführung ist es essenziell, ein gemeinsames Bewusstsein und Verständnis zum Thema Agilität im Unternehmen zu schaffen. Anschließend kann ein gemischtes Implementierungsteam zusammengestellt werden.

- Geeignete Informationstools zu den Veränderungen in der Organisation sollen allen Mitarbeitern zur Verfügung gestellt werden.
- Das Topmanagement muss die agile Transformation mittragen und dafür Zeit-, Personal- und Schulungsressourcen zur Verfügung stellen.
- Nehmen Sie sich zu Beginn intensiv Zeit für Schulung und Coaching der agilen Teams. Unterschätzen Sie den Lernbedarf nicht!
- Anfangs ist es wichtig, sich an einem agilen Konzept auszurichten und dieses erst nach erfolgreicher Umsetzung zu ergänzen. Wir haben gute Erfahrungen mit Scrum gemacht. Sie können sich über www.scrumguides.org den Scrum Guide herunterladen und finden dort eine gute und praktikable Zusammenfassung.
- Agile Pilotprojekte sollten nicht länger als ein Jahr angedacht werden. Arbeiten Sie mit klar definierten Rollen, wie es sie z. B. bei Scrum gibt. Achten Sie auf eine gute Öffentlichkeitsarbeit im Unternehmen und ziehen Sie externe Coaches zurate.
- Informieren Sie über erste Erfolge und stellen Sie alle Boards den Stakeholdern zur Information zur Verfügung.
- Ihr agiles Unternehmen befindet sich nun in einem stetigen Wandel. Jede Retrospektive wird neue Erkenntnisse und Veränderungen bringen. Somit können Sie die agile Zusammenarbeit immer mehr ausweiten.
- Einzelne agile Teams bringen dem Unternehmen noch keinen wesentlichen Mehrwert. Nutzen Sie die Erfahrungen aus den Pilotprojekten und übertragen Sie diese schrittweise auf ganze Organisationseinheiten. Skalieren Sie agile Konzepte auf größere Organisationseinheiten oder Großprojekte mit LeSS oder SAFe.
- Nutzen Sie Reflexionsmodelle, wie z. B. die Theorie U, um die Komplexität zu erkennen und zum Wesentlichen zu gelangen

Empfehlung für das Themen-Backlog:

Seien Sie mutig. Experimentieren Sie mit dem Team bei der Einführung und werten Sie gemeinsam die Ergebnisse aus. Verbessern Sie agile Vorgehensweisen oder überlegen Sie mit dem Team passendere Lösungen, um mehr Agilität zu erreichen.

IHR THEMEN-BACKLOG

Bitte notieren Sie Ihre Erkenntnisse und ersten Aufgaben, die Sie aus diesem Kapitel gewonnen haben.

Arbeitsunterlagen zum kostenlosen Download finden Sie unter: *www.teamwork-agil-gestalten.de/download*

9.4 Literatur und Links

Friebe, Jörg: *Reflektierbar*. managerSeminare, Bonn 2016

Larman, Craig; Vodde, Bas: *Large-Scale Scrum*. dpunkt, Heidelberg 2017

Psarros, Anastasios; Lanen, Rob van; Solingen, Rini van: *Scrum für Manager*. Prowareness/weon, Düsseldorf 2015

Scheller, Torsten: *Auf dem Weg zur agilen Organisation*. Vahlen, München 2017

www.scrumguides.org

10 Starten Sie!

Bild 10.1
Agilität bedeutet Bewegung in die richtige Aktivität

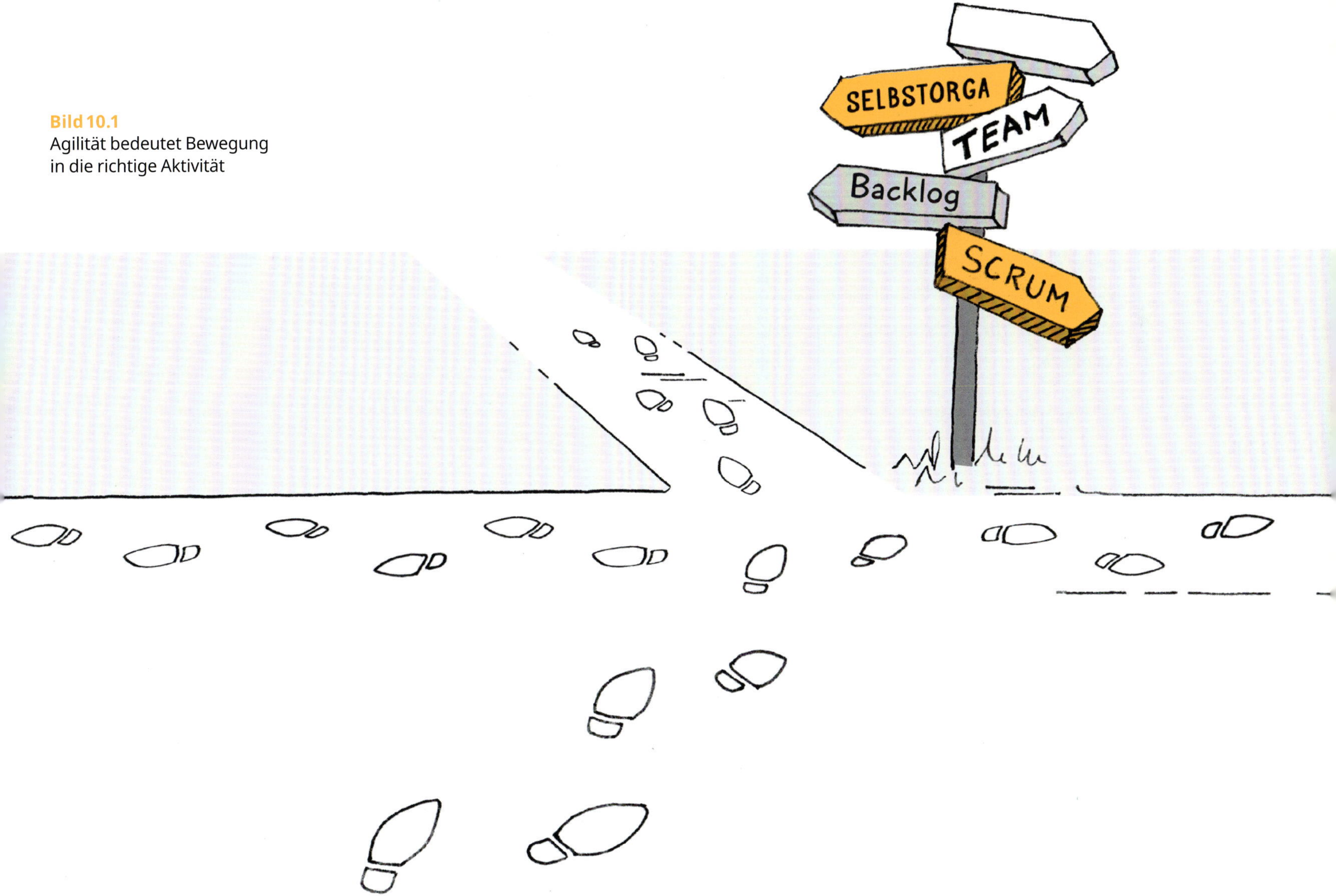

Fragen, die in diesem Kapitel beantwortet werden

- Wie können Sie Ihre Willensstärke steigern und sich selbst motivieren?
- Wie führen Sie alle Anregungen und Maßnahmen aus den einzelnen Kapiteln zusammen?
- Wie gestalten Sie Ihr Umsetzungs-Backlog?
- Wie steigern Sie Ihre Veränderungskompetenz?
- Wie erreichen Sie mit Fokussierung, Durchhaltevermögen, Selbstbelohnung und hoher Selbstwirksamkeit herausfordernde Umsetzungsschritte besser?

Sie sind am Ende des Buches angekommen. Was wollen Sie tun? Sie können nun die ersten Schritte planen und an die erfolgreiche Umsetzung gehen. Dazu soll Ihnen dieses Kapitel helfen.

10.1 Willensstärke und Selbstmotivation stärken

Ihre wichtigste Aufgabe steht nun erst an, nämlich Ihre Ideen schrittweise umzusetzen, wenn Sie sich selbst, das Team oder größere Organisationen agil ausrichten wollen. Dieser Weg gleicht oftmals einer Marathonstrecke mit Hindernissen, aber es wird auch Unterstützer geben, die Ihnen Mut machen und Sie motivieren.

Fokussieren Sie Ihre Gedanken und konzentrieren Sie sich auf wenige Aufgaben. Sonst droht Überforderung. Sie erledigen dann keine Aufgabe richtig, Ihre Motivation und Willensstärke werden schwinden. Achten Sie auch auf Ihr Durchhaltevermögen. Die agile Einführung und Veränderung ist ein Marathonlauf. Sie brauchen ein gutes Durchhaltevermögen.

Entwickeln Sie ein Selbstbelohnungssystem, wenn Sie wichtige oder herausfordernde Schritte in der agilen Einführung umgesetzt haben. Dies sollte zeitnah erfolgen und angemessen sein. Variieren Sie Ihre Selbstbelohnungsaktivitäten. Feiern Sie mit dem Team Erfolge und gute Zwi-

Nutzen Sie die Kraft der positiven Gedanken! Positive Gedanken zur Selbstmotivation und Willensstärkung können sein:

- »Ich habe schon viele Veränderungen gut umgesetzt und schaffe diese auch.«
- »Ich mache häufig die Erfahrung, dass ich mich auf meine Fähigkeiten und Kompetenzen verlassen kann.«
- »Ich lenke meine Energien auf wesentliche Ziele.«
- »Auch in unerwarteten Situationen fallen mir gute und kreative Lösungen ein.«
- »Ich kann mich gut mit gleichgesinnten Menschen solidarisieren, und wir bewegen zusammen große Vorhaben.«
- »Ich spüre in mir Energie und werde erste Schritte mit der agilen Zusammenarbeit ausprobieren.«
- »Ich überlege und plane meine nächsten Schritte, setze um und hole mir Feedback. Dann setze ich die weiteren Schritte.«
- »Es macht mir Mut, dass ich bei meinen Experimenten auch scheitern darf. Daraus ziehe ich Energie und Leidenschaft, den ersten Schritt heute zu tun.«

schenergebnisse. Wertschätzung lautet hier das Zauberwort!

Stärken Sie Ihre Selbstwirksamkeit. Dies ist die Kompetenz, Handlungen erfolgreich auszuführen, auch wenn diese anspruchsvoll und schwierig sind. Überlegen Sie sich, welche Herausforderungen Sie in der Vergangenheit schon gut gelöst haben, damit Sie mehr an sich glauben. Welchen Personen in Ihrem Umfeld gelingen gute Lösungen bei anspruchsvollen Tätigkeiten? Wie gehen diese vor? Was können Sie von diesen Personen lernen? Wer traut Ihnen was zu? Wer glaubt an Sie? Wer macht Ihnen Mut und sucht mit Ihnen gute Lösungen, damit Sie die Herausforderungen umsetzen?

10.2 Umsetzungs-Backlog entwickeln

Sie haben in jedem Kapitel Ihre wesentlichen Themen und Erkenntnisse festgehalten. In diesem Backlog können Sie nun die wichtigsten Punkte zusammenführen und fokussieren.

> Nutzen Sie Ihre Themen-Backlogs aus den einzelnen Buchkapiteln!

Aus den Anregungen und Aktivitäten der einzelnen Kapitel beschreiben Sie Ihr Umsetzungs-Backlog. Achten Sie dabei darauf, dass Sie Ihren Zeitbedarf für den Schritt gut schätzen, die Priorität festlegen und bestimmen, in welchem wöchentlichen »Sprint« Sie das Ergebnis erreicht haben wollen.

IHR UMSETZUNGS-BACKLOG

Bitte sammeln Sie alle Ihre Aufgaben aus den Kapitel-Backlogs und beschreiben Sie diese nach der vorgegebenen Struktur in Ihr Umsetzungs-Backlog.

THEMEN	PRIO	ZEITBEDARF	SPRINT
Beispiel: Eigenes agiles Verständnis entwickeln	A	Eintägiger Workshop	1
Beispiel: Management für Agilität gewinnen	A	3 Stunden	1

10.3 Veränderungskompetenzen steigern

Umsetzungsstärke können Sie erlernen. Beachten Sie folgende Vorgehensweisen.

Umsetzungskompetenz

Auf das Wesentliche fokussieren
Wo stehen Sie in der agilen Umsetzung und was ist der nächste wesentliche Schritt für Sie, um Agilität weiterzuentwickeln?

Selbstmotivation zur Umsetzung
Was treibt Sie selber an? Welche persönlichen Bedürfnisse können Sie sich mit der agilen Zusammenarbeit erfüllen?

Wer wird Ihre Aktivitäten wertschätzen und Sie unterstützen?

Was kann Ihre Entschlossenheit unterstützen?

Welche Hindernisse können durch wen auftreten und was werden Sie dagegen tun?

Wie könnten Sie sich selbst oder andere Menschen davon überzeugen, am Ball zu bleiben und konsequent die Ziele weiter zu verfolgen?

Welche »inneren Schweinehunde« oder sonstige Hindernisse können durch wen auftreten? Was können Sie dem konkret entgegensetzen?

Wie werden Sie sich selbst für Ihre Erfolge belohnen?

Welche Anerkennung und Wertschätzung gibt es für Ihre Erfolge im Unternehmen?

10.4 Fazit

- Formulieren Sie positive innere Sätze, die Ihre Willenskraft stärken, und entwickeln Sie ein Selbstbelohnungssystem, wenn Sie wichtige Ziele erreicht haben.
- Fassen Sie Ihre Erkenntnisse und Maßnahmen aus den einzelnen Kapiteln zusammen und fokussieren Sie diese.
- Beschreiben Sie daraus das Umsetzungs-Backlog, das die jeweiligen Themen, Prioritäten, den Zeitbedarf und Sprintturnus enthalten soll.
- Umsetzungsstärke ist lernbar: Überlegen Sie sich Ihre Motivation und Energie für die anstehenden Veränderungen. Dies steigert Ihre Veränderungskompetenz.

10.5 Literatur

Braun, Otmar: *Selbstmanagement und mentale Stärke im Arbeitsleben*. Springer, Berlin 2019

Hörry, Thomas: *Die Kunst des reifen Handelns*. SCM, Witten 2018

Stritzelberger, Reinhold: *Dauerhafte Selbstmotivation.* Haufe, Freiburg im Breisgau 2016

Willmann, Hans-Georg: *Willenskraft*. Gabal, Offenbach am Main 2012

Würzburger,Thomas: *Die Agilitätsfalle*. Vahlen, München 2019

11 Anhang

Agile Unternehmen

Nachfolgend eine Auswahl von Unternehmen, die bereits die agile Arbeitsweise umgesetzt haben (Stand Sommer 2020):

- 1&1
- 3M
- ABB
- Adidas
- Adventure Works
- Air Freight Services
- Air Products
- Airbnb
- Airbus
- Alibaba
- Allianz
- Allsafe Jungfalk
- Amazon
- Andrena Objects
- AOE
- Apple
- AT&T
- Audi
- AutoScout24
- Basecamp (37signals)
- Baidu
- Bausch & Lomb
- BMW
- Boeing
- Bosch
- Bose
- Bundesdruckerei
- C&S Wholesale Grocers
- Car2go
- Carlsberg
- Carpenter Technologies
- Caterpillar
- Check24
- Chrysler
- Cisco
- Citicorp
- Coca-Cola
- Compuserve
- Continental
- CSC
- Daewoo
- Daimler
- Danfoss
- Dark Horse
- DB Mobility Networks
- DB Systel
- DEC
- Deutsche Bank, Digitalfabrik
- Deutsche Post
- Diverse Fintechs
- dm
- Drägerwerk
- DriveNow
- eBay
- ECC Repenning
- Eckes-Granini
- Elbdudler
- Elektrobit Corporation
- Ergo Direkt
- Eurodata
- Fabrikam
- Facebook
- Favi
- Festool
- Fiducia
- Ford
- Formel-1-Teams
- Frey Research
- Friatec
- General Electric
- General Motors
- GEZE
- Goodyear
- Google
- Gore
- Grupo Azteca
- h.it 360 Consulting

- Haier
- Harley-Davidson
- Haufe-umantis
- Helaba
- Hermelink Anwaltskanzlei
- Hewlett Packard
- Holisticon
- Honda
- Hyundai
- IBM
- ING-DiBa
- Intronis, Cloud-Dienstleister
- IT-Economics
- Jimdo
- John Deere
- Jovoto
- Kegon
- Kickstarter
- Kion
- Klöckner & Co
- KUKA
- LEGO
- Lemonade
- Leoni
- Levi Strauss
- LinkedIn
- Litware
- Lockheed
- Lufthansa Group
- Magna Copper
- Magna Steyr
- MCS
- Metro Systems
- Microsoft
- Miele
- Mission Bell Winery
- Modus Next
- Molecular Design
- Moovel
- Morning Star
- Motorola
- Myboshi
- Napster
- NCR
- NDR
- Nemetschek
- Net Pioneer
- Netflix
- Netscape
- Nike
- Nikon
- Nintendo
- Nissan
- NTT Data
- Nucor
- Nvidia
- OmPrompt
- OMT
- Onpage
- Oose
- OpenView Venture Partners
- Osram
- Otis
- Otto Versand
- Patagonia
- Partake
- PayPal
- Philips
- Polyas
- Porsche
- Procter & Gamble
- Protonet
- PTV
- REWE
- Roche
- RWE
- Salesforce
- Saloodo
- SAP
- Schindler
- Scitex

- Scrooser
- Secure-Techs div.
- Sega
- Seibert Media
- Semler Company
- Shell
- Siemens
- Siemens Healtheneers
- Sipgate
- Sonnen GmbH
- Sony
- SoundCloud
- Sparda-Bank
- Spotify
- Springer-Verlag
- Starbucks
- Steylight
- Swisscom
- Synaxon
- Systematic
- Taco Bell
- Talanx
- Telefonica Germany
- Telekom
- Tesla
- Testbirds
- Texas Instruments
- Thalia
- Toshiba
- Trumpf
- T-Systems
- TUI
- Uber
- UBS
- Valeo
- Valve
- Vaude
- VEGA Grieshaber
- Victorinox
- Virgin Group
- Vodafone
- Whatever
- Weleda
- Westinghouse
- WhatsApp
- Whole Foods
- Wingtip
- Würth
- XING
- Yahoo
- Zalando
- Zappos
- Zara
- Zipcar

Wenn Sie, lieber Leser, noch weitere agile Unternehmen kennen, schreiben Sie uns bitte eine E-Mail: *paul.maisberger@as-team.net*. Danke für Ihre Unterstützung.

12 Literatur

Adkins, Lyssa: Coaching Agile Teams. Addison-Wesley, Boston MA 2010

Ambler, Scott W.; Lines, Mark: An Executive's Guide to Disciplined Agile. Agile Consortium, 2017

Ambler, Scott W.; Lines, Mark: Disciplined Agile Delivery. IBM, Crawfordsville 2012

Andresen, Judith: Agiles Coaching. Hanser, München 2018

Appelo, Jurgen: Management 3.0. Addison-Wesley, Boston MA 2015

Arnold, Hermann: Wir sind Chef. Haufe, Freiburg im Breisgau 2016

Backerra, Hendrik; Malorny, Christian; Schwarz, Wolfgang: Kreativitätstechniken. Hanser, München 2007

Bäumer, Nils: Mit strukturierter Agilität zu außergewöhnlichen Ideen. Business Village, Göttingen 2018

Böhm, Janko: Erfolgsfaktor Agilität. Springer, Berlin 2019

Borget, Stephanie: Die Irrtümer der Komplexität. Gabal, Offenbach am Main 2015

Bosch, Thorsten: Führung made in Germany. Gabal, Offenbach am Main 2015

Brades, Ulf; Gemmer, Pascal: Management Y. Campus, Frankfurt am Main 2014

Braun, Otmar: Selbstmanagement und Mentale Stärke im Arbeitsleben. Springer, Berlin 2019

Broza, Gil: The Human Side of Agile. 3P Vantage Media, Toronto 2012

Buchholz, Ulrike; Knorre, Susanne: Interne Kommunikation in agilen Unternehmen. Springer Gabler, Wiesbaden 2017

Buck, Bernd; Buck, Ulrike: Innerinnovation. literatur-vsm, Wolkersdorf 2014

Burow, Olaf-Axel: Team-Flow. Beltz, Weinheim 2015

Cichy, Uwe: Vertrauen gewinnt. Schäffer-Poeschel, Stuttgart 2011

Cohn, Mike: Succeeding with Agile – Software Development Using Scrum. Addison-Wesley, Boston MA 2010

Cole, Tim: Digitale Transformation. Vahlen, München 2015

Connors, Roger; Smith, Tom; Hickman, Craig: Das Oz-Prinzip. Pro Business, Berlin 2016

Cornelius, Dave: Transforming Your Leadership Character. JC Walk, 2016

Davies, Rachel; Sedley, Liz: Agiles Coaching. mitp, Bonn 2010

Eckstein, Jutta; Buck, John: Unternehmensweite Agilität. Vahlen, München 2018

Elssamadisy, Amr: Agile Adoption Patterns. Addison-Wesley, Boston MA 2009

Eppler, Martin J.; Hoffmann, Friederike; Pfister, Roland A.: Creability. Schäffer-Poeschel, Stuttgart 2014

Exner, Alexander; Exner, Hella; Hochreiter, Gerhard: Selbststeuerung von Unternehmen. Campus, Frankfurt am Main 2009

Flahiff, Joseph: Being Agile in a Waterfall World. Amazon, 2014

Foegen, Malte; Kaczmarek, Christian: Organisation in einer digitalen Zeit. wibas, Darmstadt 2016

Foegen, Malte; Solbach, Mareike; Raak, Claudia: Der Weg zur professionellen IT. Springer, Berlin 2006

Foegen, Malte et al.: Der ultimative Scrum Guide. wibas, Darmstadt 2017

Gloger, Boris: Scrum. Think b!g. Hanser, München 2017

Gloger, Boris; Häusling, André: Erfolgreich mit Scrum. Hanser, München 2011

Gloger, Boris; Rösner, Dieter: Selbstorganisation braucht Führung. Hanser, München 2014

Goldman, Steven L. et al.: Agil im Wettbewerb. Springer, Berlin 1996

Granneman, Ulrich; Seele, Hagen: Führungsaufgabe Change. Springer Gabler, Wiesbaden 2016

Grantham, Charles E.; Ware, James P.; Williamson, Cory: Corporate Agility. Amacom, New York City 2007

Hamel, Gary: Worauf es jetzt ankommt. Wiley-VCH, Weinheim 2013

Häusling, André: Agile Organisationen. Haufe, Freiburg im Breisgau 2018

Häusling, André; Römer, Esther; Zeppenfeld, Nina: Praxisbuch Agilität. Haufe, Freiburg im Breisgau 2018

Hinnen, Hannes; Krummenacher, Paul: Großgruppen-Interventionen. Schäffer-Poeschel, Stuttgart 2012

Holbeche, Linda: The Agile Organization. Kogan Page, London 2015

Hoogendoorn, Sander: Das kleine Agile-Buch. Pearson, Hallbergmoos 2012

Innovation Dark Horse: Digital Innovation Playbook. Murmann, Hamburg 2016

Innovation Dark Horse: Thank God it's Monday. Econ, Düsseldorf 2016

Ivanov, Peter: Powerteams ohne Grenzen. Gabal, Offenbach am Main 2017

Kaltenecker, Siegfried: Selbstorganisierte Teams führen. dpunkt, Heidelberg 2016

Kaltenecker, Siegfried: Selbstorganisierte Unternehmen. dpunkt, Heidelberg 2017

Koglin, Patrick: Agil moderieren. Amazon, 2017

Kruse, Peter: next practice. Gabal, Offenbach am Main 2015

Kühmayer, Franz: Leadership Report. Zukunftsinstitut, Frankfurt am Main 2015

Lang, Michael; Schwerber, Stefan: Agiles Management. Innovative Methoden und Best Practices. Symposion, Kissing 2015

Lehky, Maren: Leadership 2.0. Campus, Frankfurt am Main 2011

Lencioni, Patrick: Die 5 Dysfunktionen eines Teams. Wiley-VCH, Weinheim 2002

Mathis, Christoph G.: SAFe – Das Scaled Agile Framework. dpunkt, Heidelberg 2018

Maximini, Dominik: Scrum – Einführung in der Unternehmenspraxis. Von starren Strukturen zu agilen Kulturen. Springer Gabler, Wiesbaden 2013

Maximini, Dominik: The Scrum Culture. Springer, Berlin 2015

Meyer, Pamela: The Agility Shift. Bibliomotion, 2015

Mois, Tim; Baldauf, Corinna: 24 Work Hacks ... auf die wir gerne früher gekommen wären. sipgate, Düsseldorf 2016

Morris, Langdon; Ma, Moses; Wu, Po Chi: Agile Innovation. Wiley, Hoboken 2014

Niermeyer, Rainer; Postall, Nadia: Mitarbeitermotivation in Veränderungsprozessen. Haufe, Freiburg im Breisgau 2013

Nowotny, Valentin: Agile Führung. Leadership 4.0. Amazon, 2017

Nowotny, Valentin: Agile Strukturen. Amazon, 2017

Nowotny, Valentin; Schaaf, Alexander: Agile Tools, agile Praktiken. Amazon, 2017

Oestereich, Bernd; Schröder, Claudia: Agile Organisationsentwicklung. Vahlen, München 2020

Oestereich, Bernd; Schröder, Claudia: Das kollegial geführte Unternehmen. Vahlen, München 2017

Ostermeier, Alexander: Servant Leadership in sozialen Organisationen. Grin, München 2012

Pal, Nirmal; Pantaleo, Daniel C.: The Agile Enterprise. Springer, Berlin 2005

Patrzek, Andreas: Systemisches Fragen. Springer Gabler, Wiesbaden 2015

Paulus, Georg; Schrotta, Siegfried: Systemisches Konsensieren. Danke, Holzkirchen 2013

Üermantier, Martin: Haltung entscheidet. Vahlen, München 2019

Petry, Thorsten: Digital Leadership. Haufe, Freiburg im Breisgau 2016

Pfläging, Niels; Hermann, Silke: Komplexithoden. Redline, München 2016

Pflüger, Gernot: Erfolg ohne Chef. Econ, Düsseldorf 2009

Pieper, Fritz-Ulli; Rook, Stefan: Agile Verträge. dpunkt, Heidelberg 2017

Pink, Daniel H.: Drive. Was Sie wirklich motiviert. Ecowin, Elsbethen2009

Preußig, Jörg: Agiles Projektmanagement: Scrum, Use Cases, Task Boards & Co. Haufe, Freiburg im Breisgau 2015

Ramsauer, Christian; Kayser, Detlef; Schmitz, Christoph: Erfolgsfaktor Agilität. Wiley-VCH, Weinheim 2017

Rasfeld, Margret; Spiegel, Peter: EduAction. Wir machen Schule. Murmann, Hamburg 2013

Redmann, Britta: Agiles Arbeiten im Unternehmen. Haufe, Freiburg im Breisgau 2017

Robertson, Brian J.: Holacracy. Vahlen, München 2016

Röpstorf, Sven; Wiechmann, Robert: Scrum in der Praxis. dpunkt, Heidelberg 2012

Rose, Nico: Arbeit besser machen. Haufe, Freiburg im Breisgau 2019

Rothman, Johanna: Create Your Successful Agile Project. Pragmatic Bookshelf, Raleigh 2017

Rustler, Florian: Innovationskultur der Zukunft. Midas Management, Zürich 2017

Sahota, Michael: An Agile Adoption and Transformation Survival Guide. InfoQ, Raleigh 2012

Sander, Constantin: Change! Bewegung im Kopf. BusinessVillage, Göttingen 2017

Sattelberger, Thomas; Welpe, Isabell; Boes, Andreas: Das demokratische Unternehmen. Haufe, Freiburg im Breisgau 2015

Scherber, Stefan; Lang, Michael: Agile Führung. Symposion, Kissing 2015

Schwab, Klaus: The Future of Jobs. http://www3.weforum.org/docs/WEF_Future_of_Jobs.pdf. World Economic Forum, 2016

Schwaber, Ken: The Enterprise and Scrum. Microsoft, 2007

Schwaber, Ken; Sutherland, Jeff: Software in 30 Tagen. dpunkt, Heidelberg 2014

Semler, Ricardo: Das Semco System. Heyne Business, München 1993

Setili, Amanda: The Agility Advantage. Jossey-Bass, San Francisco 2014

Smith, Greg: Becoming Agile. Manning, Birmingham 2009

Stach, Michaela: Agil moderieren. Business Village, Göttingen 2016

Stritzelberger, Reinhold: Dauerhafte Selbstmotivation. Haufe, Freiburg im Breisgau 2016

Summerer, Alois; Maisberger, Paul: Der Agilitätsnavigator, Hanser, München 2019

Sutherland, Jeff: Die Scrum-Revolution. Campus, Frankfurt am Main 2015

Sutherland, Jeff: Scrum. The Art of Dowing Twice the Work in Half the Time. Currency, Redfern 2014

Uebernickel, Falk et al.: Design Thinking. Frankfurter Allgemeine Buch, Frankfurt am Main 2015

Viljakainen, Pekka; Müller-Eberstein, Mark: Digital Cowboys. Wiley-VCH, Weinheim 2011

Vullings, Ramon; Heleven, Marc: Not Invented Here. Hanser, München 2016

Weiler, Adrian et al.: Agile Optimierung in Unternehmen. Haufe, Freiburg im Breisgau 2018

Wolf, Carolin: Gemeinsam Denken. Business Village, Göttingen 2019

Worley, Christopher G.: The Agility Factor. Jossey-Bass, San Francisco 2014

13 Glossar

Agiler Coach

Er sorgt im Entwicklungsteam für die Einführung, Umsetzung und disziplinierte Einhaltung der agilen Methoden.

Agilität

Agilität ist eine Haltung, eine Unternehmenskultur mit gelebten Werten. Es gibt klare Vorgehensweisen und Werkzeuge, die die Selbstorganisation von Einzelpersonen, Teams und Organisationen unterstützen. Ziele der agilen Zusammenarbeit in einem komplexen und volatilen Umfeld sind: die Kundenzufriedenheit zu steigern, bessere Produkte in kürzerer Zeit zu liefern, die Mitarbeiterzufriedenheit zu erhöhen und eine hohe Attraktivität des Unternehmens für junge Mitarbeiter zu erreichen.

Agile Rollen

Im agilen Framework Scrum werden folgende drei Rollen definiert: der Product Owner, das Entwicklungsteam und der Scrum Master.

Backlog

Ist eine Liste mit allen Anforderungen an das zu entwickelnde Produkt. Es kann sich während des Prozesses verändern und wird ständig priorisiert. Die Anforderungen sind immer aus Kundensicht beschrieben.

Burndown Chart

Dieses Visualisierungstool bietet einen Überblick über den Stand der bereits geleisteten und der noch verbleibenden Arbeiten.

Daily Stand-up Meeting

In einem 15-Minuten-Meeting treffen sich die Teammitglieder täglich und besprechen, was sie erreicht haben, was sie erreichen möchten und was sie hindert, ihre Ziele zu erreichen.

Definition of Done

Das Entwicklungsteam einigt sich auf vorher festgelegte Qualitätsmerkmale, die im jeweiligen Sprint erfüllt sein müssen.

Estimation Meeting (Schätzklausur)

Die Teams schätzen den Aufwand einzelner Tätigkeiten, die im Backlog verzeichnet sind.

Impediment

Dies sind Barrieren und Hindernisse, die das Team daran hindern, produktiv zu arbeiten. Diese können organisatorischer, technischer oder auch zwischenmenschlicher Natur sein. Aufgabe des Scrum Masters ist es, diese Hindernisse zu beseitigen und damit die Produktivität des Teams zu steigern.

Minimum Viable Product

Ist ein Prototyp für den Kunden mit ausreichender Funktionalität sofort nutzbar und in Sprint-Reviews unter Beteiligung des Kunden kritisch reflektiert.

Product Owner

Er vertritt im Entwicklungsteam die Interessen des Kunden und verantwortet die volle Funktionalität des Produkts.

Retrospektive
Sie erfolgt nach jedem Sprint und wird als Teamfeedback und Prozessfeedback durchgeführt und dient der besseren Durchführung des nächsten Sprints.

Scrum Master
Er moderiert alle Teamereignisse und beseitigt Hindernisse. Außerdem sorgt er für eine möglichst gute Arbeitsumgebung. Er coacht Einzelpersonen und das Team.

Servant Leadership
Ist die Bezeichnung für »dienende Führung«.

Sprint
In diesem zentralen Element bei Scrum findet die tägliche Entwicklungsarbeit statt. Sprints sollten immer gleich lang getaktet sein und nicht länger als zwei Wochen dauern. In jedem Sprint werden fertige Produktfunktionalitäten entwickelt.

Stakeholder-Management
Kommunikation, Interessensklärung und Abstimmung mit wichtigen Personen innerhalb und außerhalb des Unternehmens.

Themen-Owner
Personen im Team mit Spezialwissen und Verantwortliche für konkrete Themen bei Besprechungen.

Timebox
Ist ein Zeitabschnitt, der nicht überschritten werden darf, und ist ebenfalls einer der grundlegenden Aspekte in Scrum. Sie gilt für Meetings und Sprints.

T-Shaped Manager
Vernetzt die agile Welt mit der hierarchischen Organisation. Er besitzt vertieftes agiles Wissen und Können.

Velocity
Sie bezeichnet die Arbeitsgeschwindigkeit in einem Entwicklerteam.

Work in Progress (WIP)
Hilft, Engpässe zu verhindern und die Zahl der angefangenen Arbeiten zu limitieren.

14 Index

Z

15 Die Autoren

ALOIS SUMMERER ist Trainer, Coach, Berater, Inhaber und Unternehmer von AS TEAM, einer Beratungs- und Trainingsfirma. Er berät u. a. Unternehmen, auf ihrem Weg in die Agilität, trainiert und coacht Führungskräfte sowie Mitarbeiter bei der Umsetzung.
E-Mail: alois.summerer@as-team.net

PAUL MAISBERGER ist Berater, Coach und Aufsichtsrat für mittelständische Unternehmen. Davor war er Inhaber und Geschäftsführer einer PR-Agentur mit zahlreichen Veröffentlichungen.
E-Mail: paul.maisberger@as-team.net

Unser Motto: *»Nichts ändert sich, außer du änderst dich!«*

Weitere Informationen unter:
www.teamwork-agil-gestalten.de
www.as-team.net